企業戰略管理

(第四版)

王德中 著

財經錢線

第四版前言

　　戰略管理是一門比較年輕的學科。它適應第二次世界大戰后社會環境複雜多變、市場競爭日趨激烈、企業經營難度增大的形勢，在20世紀70年代首先在美國形成。作為管理學科的分支，它集中研究一個組織如何制定和實施科學的發展戰略，謀求自身的生存和持續發展。它適用於各類社會組織，但重點是工商企業。從20世紀80年代開始，美國各大學的管理院系普遍開設了這門課程。

　　管理院系也在20世紀80年代中期開始開設戰略管理這門課程，從20世紀90年代初開辦的工商管理碩士（MBA）教育，也將戰略管理列為必修課之一。這是一門高度綜合性的課程，它將經濟學、管理學、會計學、統計學、市場行銷管理、生產作業管理、人力資源管理、公司理財等多門學科的研究成果匯聚起來，用以研究和解決企業全局性、長遠性的戰略問題，著重為企業高層管理者經營決策服務。而MBA的培養目標正是未來的企業和經濟管理部門的高層管理者。

　　本教材是為MBA研究生和一部分高年級本科生的專業必修課「企業戰略管理」編寫的，於1999年發行初版，經過2002年、2009年的兩次修訂再版，現在再度修訂出版第四版。

　　從多年教學使用的實踐看，本教材第三版的結構體系、寫作體例和主要內容都比較適合學習對象的要求，因此，這一次修訂保留了原書的結構體系和主要內

容，但在下列諸方面作了必要的改動：

按照「吐故納新」的原則，對各章的內容進行審閱，刪除已經陳舊的內容，補充新鮮的內容，特別是對教材中引用的中外企業的事例，都增添了近幾年的業績資料。對第六、第七、第十章的部分內容，還作了適當的調整。

在案例方面，一是將章前案例全部改放在章後，利於教師用於案例教學，且並不妨礙學生預習；二是更換了第二、第三、第十、第十一、第十二五章的案例，實現「吐故納新」原則；三是取消了第四篇即案例篇的全部案例，因為前面已有足夠的案例，足以應對案例教學的需要（任課教師還可自選案例），而且可以節省全書篇幅。

在「新視角」方面，按照「吐故納新」原則，刪除了一個「新視角」，更換了三個「新視角」，新增了十四個「新視角」，這樣，全書的「新視角」由原來的四十個增加到五十三個。

這次修訂的教材繼續選用了中國一些知名企業的實際資料，如海爾集團、海信集團、聯想集團、萬向集團、華為公司、長虹公司、遠大科技公司、TCL集團、格力公司、萬科公司等，他們創造的寶貴經驗值得其他企業和MBA專業師生學習，謹在此向這些企業表示崇高的敬意和誠摯的謝意。

限於自己的水平，加以調查研究不夠，本書中的缺點乃至錯誤在所難免，誠懇希望廣大讀者提出寶貴意見，以便日後再次修訂時加以改正。

作者

第一章　戰略管理概論　\1
　　第一節　戰略　\2
　　第二節　戰略管理過程　\8
　　第三節　企業戰略管理的作用　\13
　　第四節　企業戰略管理層次與戰略經營單位　\15
　　第五節　企業戰略管理者與戰略性思維　\16
　　復習思考題　\21
　　案例　海爾集團的戰略演變　\22
　　附錄　戰略管理理論與學派　\25

第一篇　戰略調研

第二章　宏觀環境調研　\29
　　第一節　宏觀環境調研的目的　\30
　　第二節　宏觀環境調研的內容　\31
　　第三節　宏觀環境調研的方法　\41
　　復習思考題　\43
　　案例　用發展新理念指導企業發展戰略　\44
第三章　產業環境調研　\46
　　第一節　產業環境調研的目的　\46
　　第二節　產業狀況調研　\47

第三節　市場狀況調研　\53

第四節　競爭狀況調研　\56

復習思考題　\66

案例　瓶裝水企業盯上青藏高原　\67

第四章　企業狀況調研　\69

第一節　企業狀況調研的目的與方法　\69

第二節　資源條件調研　\73

第三節　能力調研　\78

第四節　文化、業績和問題調研　\85

復習思考題　\88

案例　遠大科技集團的核心競爭力　\88

第五章　戰略調研成果綜合分析　\91

第一節　調研成果綜合分析的必要性及其內容　\91

第二節　關鍵因素分析　\93

第三節　機會、威脅分析　\96

第四節　優勢、劣勢分析　\105

第五節　綜合形勢分析　\113

復習思考題　\116

案例　蘿娜科技公司的 SWOT 分析　\117

第二篇　戰略制定

第六章　戰略制定活動的組織　\123

第一節　確定企業的使命和遠景　\124

第二節　確定企業的經營理念和方針　\129

第三節　建立企業的經營目標　\133

第四節　選擇和制定企業經營戰略　\136

復習思考題　\141

案例　三星電子：爭做明星　\141

第七章　企業發展戰略　\143
　　第一節　集中發展戰略　\144
　　第二節　多元化戰略　\146
　　第三節　一體化戰略　\154
　　第四節　兼併與聯盟戰略　\158
　　第五節　穩定型戰略　\167
　　第六節　緊縮型戰略　\168
　　第七節　組合與重組戰略　\169
　　復習思考題　\172
　　案例　海爾集團的多元化戰略　\173
　　附錄　企業邊界　\175

第八章　企業競爭戰略　\178
　　第一節　基本競爭戰略　\179
　　第二節　不同產業環境中的競爭戰略選擇　\186
　　第三節　不同競爭地位的競爭戰略選擇　\192
　　第四節　不同規模企業的競爭戰略選擇　\198
　　復習思考題　\203
　　案例　阿迪達斯公司與耐克公司　\203
　　附錄　競爭動力學　\206

第九章　企業國際化經營戰略　\209
　　第一節　企業國際化經營概述　\210
　　第二節　選擇競爭範圍和進入方式的戰略　\215
　　第三節　多國戰略與全球戰略　\221
　　第四節　國際化經營與競爭優勢　\224
　　復習思考題　\227
　　案例　海爾與海信國際化經營戰略的比較　\228

第十章　企業戰略的選擇、檢驗和評價　\230
　　第一節　企業戰略的選擇　\230
　　第二節　影響戰略選擇的實踐因素　\240
　　第三節　戰略檢驗和評價方法　\243

第四節　自發性理解的戰略制定　\249
　　　復習思考題　\254
　　　案例　萬豪酒店集團的自發性戰略　\254
　　　附錄一　有關制定成功的企業戰略的十三條訓誡　\255
　　　附錄二　應當避免的戰略　\257

第三篇　戰略實施

第十一章　戰略實施活動的組織　\261
　　　第一節　戰略實施活動的內容　\261
　　　第二節　組織結構的建立或調整　\263
　　　第三節　人事安排與激勵　\269
　　　第四節　職能性戰略的制定和協調　\273
　　　第五節　通過計劃（預算）落實戰略　\279
　　　復習思考題　\282
　　　案例　中鋁投資秘魯　講究「相處之道」　\282
第十二章　戰略控制與戰略變革　\284
　　　第一節　戰略控制　\284
　　　第二節　作業控制的過程和方法　\286
　　　第三節　戰略變革　\295
　　　復習思考題　\302
　　　案例　數碼時代拋棄膠卷巨人　\302

第一章
戰略管理概論

本章學習目的

○ 理解戰略的概念及其特性
○ 掌握戰略管理的概念及其工作內容
○ 聯繫實際深刻領會企業戰略管理的作用
○ 瞭解企業戰略管理層次與戰略經營單位的概念
○ 識別企業戰略管理者和戰略性思維

　　戰略管理（Strategic Management）是在 20 世紀 70 年代，適應第二次世界大戰后企業競爭激烈、環境複雜多變、經營難度加大的形勢，在美國逐步形成的一門新興學科。它作為管理學科的分支，集中研究組織如何制定和實施科學的發展戰略，以保障組織的持續、快速、健康的發展。它適用於各類社會組織，如政府機關、工商企業、學校、醫院等，但重點是針對工商企業。我們根據工商管理碩士（MBA）培養目標的要求，將開設的課程直接命名為「企業戰略管理」。進入 21 世紀，隨著科學技術的迅猛發展和經濟全球化、信息化，企業戰略管理將變得更加重要和複雜。

　　我們學習和應用企業戰略管理學科的知識，是為了迎接 21 世紀全球性科技進步和市場競爭的挑戰，迅速提高中國各類工商企業的管理水平，為實現建設中國特色社會主義的目標服務。本章作為概論，將討論在開始學習本學科時首先需要明確的一些基本問題，它將對全書后續各章起統率作用。

第一節　戰略

一、戰略概念的發展過程

學習戰略管理，首先要弄清什麼是戰略。「戰略」一詞古已有之，但其概念隨著戰爭和軍事活動以及政治、經濟、文化活動的發展而有一個逐漸演變的過程。因此，我們必須簡要回顧歷史。

在中國，戰略顧名思義是指指導戰爭的謀略，即克敵制勝的決策。早在春秋時代，齊人孫武總結戰爭經驗寫成的《孫子兵法》，就蘊含著豐富的戰略思想，流傳至今，影響甚廣，只是未用「戰略」來命名而已。三國時代，諸葛亮向劉備提出的《隆中對》，是中國歷史上軍事戰略系統分析與決策的典型，被劉備採納後，形成了三國鼎立之勢。在西晉的司馬彪之后，才出現一系列用「戰略」命名的專著，典型的有明代軍事家茅元儀編著的《二十一史戰略考》等。①

在西方，戰略（Strategy）一詞來源於希臘語「Strategos」或演變出的「Stragia」。前者意為「將軍」，后者意為「戰役」「謀略」，均指指揮軍隊的藝術和科學。從19世紀起，西方的戰略理論逐漸形成不同派別，如約米尼的《戰爭藝術》、克勞塞維茨的《戰爭論》、利德爾·哈特的《戰略論》等。②

無論在中國還是在西方，戰略都產生於戰爭和軍事活動，它是對這些活動實踐的理論概括，通過實踐檢驗，又可用以指導實踐。毛澤東在1936年年末總結了第二次國內革命戰爭的經驗，寫出《中國革命戰爭的戰略問題》一文。他指出：「一切帶原則性的軍事規律，或軍事理論，都是前人或今人做的關於過去戰爭經驗的總結。」他進而區分戰略和戰術，說「只要有戰爭，就有戰爭的全局⋯⋯研究帶全局性的戰爭指導規律，是戰略學的任務。研究帶局部性的戰爭指導規律，是戰役學和戰術學的任務。」「戰略問題是研究戰爭全局的規律的東西。」③

到了現代，人們將戰略引申到政治活動中。一個政府或政黨制定的一定歷史時期內的全局性的路線、方針，包括預定實現的總體目標和為實現目標所作的力量部署、採用手段等，即可視為戰略。如中國共產黨在1987年十三大上明確提出社會主義初級階段的基本路線，簡稱「一個中心，兩個基本點」，就可看成中國在整個社會主義初級階段的總體發展戰略。此后，在1994年，國家明確提出科教興國戰略，以促進科技與教育的改革和發展；在1997年黨的十五大上，又將過去提出的可持續發展方針稱為可持續發展戰略，要求正確處理經濟發展同人

---

① 汪應洛，席西民. 戰略研究理論及企業戰略 [M]. 西安：西安交通大學出版社，1990：1.
② 汪應洛，席西民. 戰略研究理論及企業戰略 [M]. 西安：西安交通大學出版社，1990：2.
③ 毛澤東選集：第1卷 [M]. 北京：人民出版社，1966：159-165.

口、資源、環境的關係。1999年，黨中央又提出，國家要實施西部大開發戰略，以加快中西部地區的發展。近期，國家提出了創新驅動戰略。

人們還將戰略引申到經濟活動中。第二次世界大戰後，許多國家的政府都對帶全局性、長遠性的經濟發展方向和道路進行了認真研究，制定出指導國民經濟或某些關鍵產業發展的方針、規劃或戰略。中國政府制訂歷次的五年計劃就是一個個戰略規劃。在國家的社會經濟發展戰略指導下，各級地方政府也相應地制定各自地區範圍內的經濟發展規劃或戰略。

西方的工商企業明確地引進戰略概念，大約是從20世紀60年代開始的。由於科學技術高速發展，生產力水平不斷提高，國內外競爭日益激烈，外部環境更加複雜，企業經營難度空前加大，許多企業加深了「商場如戰場」的認識，產生了研究和運用戰略的需要，於是提出了企業經營戰略。美國的教授安索夫（H. Igor Ansoff）在1965年首先出版了《公司戰略》一書；通用電氣公司在1971年首先編製出戰略規劃；哈佛商學院的教授波特（Michael E. Porter）於1980年出版的《競爭戰略》一書，被企業界奉為必讀的「聖經」；日本企業不甘落後，索尼有「馴馬戰略」，豐田有「反思戰略」，松下有「集優戰略」，本田有「反求戰略」，等等。制定和實施正確的戰略，已被看作企業成功的關鍵。

中國企業也在引進戰略概念，如四川長虹電器公司過去一貫奉行「根據地戰略」「獨生子戰略」「制高點戰略」，桂林三金藥業集團公司執行的是「二年基礎、三年改觀、五年騰飛、上水平、創特色、走向世界」的十年發展戰略。戰略研究已經受到越來越多的企業的重視。

綜上所述，戰略一詞來源於戰爭和軍事活動，但現在已擴展到政治、經濟、文化活動中，擴展到宏觀經濟和微觀經濟中。在各類不同活動中的戰略概念有其共性，但也有其個性。即以企業常說的「商場如戰場」而言，商場畢竟不是戰場，競爭也不同於戰爭。[1] 下面將集中研究企業戰略的概念和有關問題。

二、戰略的定義

什麼是企業戰略，對此眾說紛紜。歸納起來，大約有下列五種解釋：

（1）用戰略的構成要素（或內容）來解釋。如最早研究公司戰略的安索夫認為，戰略包括四個要素即產品與市場範圍、增長向量（發展方向）、競爭優勢、協同作用（整體效應）。[2] M. E. 波特提出，戰略是公司為之奮鬥的一些終點（目標）與公司為達到它們而尋求的途徑（政策）的結合物。[3]

---

[1] 周三多. 孫子兵法與經營戰略 [M]. 上海：復旦大學出版社，1995：2-3.
[2] 解培才. 工業企業經營戰略 [M]. 北京：中國人民大學出版社，1990：10-13.
[3] M E 波特. 競爭戰略 [M]. 夏忠華，等，譯. 北京：中國財政經濟出版社，1989.

這種解釋不易掌握戰略的總體概念，如波特所言，更難分清戰略同目標、政策的區別。

（2）將戰略定義為決策。如拜亞斯（Lloyd L. Byars）認為，「戰略包括對實現組織目標和使命的各種方案的擬訂和評價，以及最終選定將要實行的方案。」[1] 擬訂方案、評價方案和最終優選一方案，本是決策過程的幾個重要環節，拜亞斯認為這就是戰略。

企業戰略的制定和實施，是一系列的決策過程，要解決一系列的問題，但不應把戰略本身解釋為決策。

（3）將戰略定義為計劃。如格魯克（William F. Glueck）認為，「戰略就是企業發揮戰略優勢、迎接環境挑戰而制訂的統一的、內容廣泛的、一體化的計劃（Plan）。」[2] 其目的在於保證實現企業的基本目標。

企業戰略是企業據以制訂中長期計劃的基礎，中長期計劃又指導著年度計劃乃至更短期計劃的制訂，所以戰略要落實或具體化為計劃，但不宜說戰略就是計劃。

（4）將戰略解釋為指導思想。如貝茨（Donald L. Bates）和艾德雷奇（David L. Eldredge）二人認為，戰略可以定義為組織投入其資源、實現其目標的指導哲學，它為組織做出必要的行動決策提供約束和限制。[3] 與此相似，國內也有人提出：「戰略是貫穿於一個系統在一定歷史時期內的決策或活動中的指導思想，以及在這種思想指導下做出的關係到全局發展的重大謀劃。」[4]

企業戰略的制定和實施是由其經營思想來指導的，經營思想是戰略管理的首要依據，但不宜說戰略就是經營思想或包括了經營思想。

其他學者的解釋還很多，各有特點。我們在新視角 1-1 中舉出一些戰略管理專家的戰略定義示例。

（5）我們的戰略定義。根據理論界和企業界多數人的意見，企業戰略可定義為：企業在市場經濟、競爭激烈的環境中，在總結歷史經驗、調查現狀、預測未來的基礎上，為謀求生存和發展而做出的帶長遠性、全局性的謀劃或方案。它是企業經營思想的體現，是一系列戰略性決策的結果，又是制訂中長期計劃的依據。

---

[1] L L 拜亞斯. 戰略管理 [M]. 王德中，等，譯. 北京：機械工業出版社，1988.
[2] W F GLUECK. Strategic Management and Business Policy [M]. McGraw-Hill, 1980：9.
[3] D L BATES, D L ELDREDGE. Stragegy and Policy [M]. WCB Publishers, 1984：11.
[4] 汪應洛，席西民. 戰略研究理論及企業戰略 [M]. 西安：西安交通大學出版社，1990：7.

新視角 1-1：

一些戰略管理專家給出的戰略定義

安德魯斯（Kenneth R. Andrews）：

「公司戰略是公司決策的模式（Pattern），它確定和揭示公司的目的或目標，制訂實現這些目的的主要的方針和計劃，規定公司將從事的業務範圍、公司現在的或期望的經濟和人文組織類型，以及公司期望為其股東、雇員、顧客和社區做出的經濟與非經濟的貢獻。」[1]

波特（Michael E. Porter, 2000）：

「戰略就是創造一個唯一的、有價值的、涉及不同系列經營活動的地位。持續的戰略定位需要轉換，戰略就是在競爭中進行轉換。戰略的實質是決定該幹什麼。」

哈默爾（Gary Hamel）：

「戰略就是革命，就要有革命精神，制定出革命性戰略，敢於標奇立異，推陳出新。」

德威特（Bob de Wit）和耶爾（Ron Meyer）：

「戰略就是為實現組織目標而採取的一系列行為過程。」[2]

科里斯（David J. Collis, 2000）與蒙哥馬利（Cynthia A. Montgomery, 2000）：

「公司戰略就是公司通過協調和配置或構造其在多個市場上的活動來創造價值的方式。」

奎因（James Brian Quinn）：

「戰略是一種模式或計劃（Pattern or plan），它把組織主要的目的、方針和系列活動整合成一個整體。一個制定得好的戰略有助於依據組織內部的能力和弱點、預測環境的變化和聰明（競爭）對手的偶然舉措，將組織的資源分配和排列成一個獨特的、具有活力的姿態。」[3]

明茨伯格（Henry Mintzberg）：

「戰略是一種計劃（Plan），它安排一系列的有意識的活動，充當應對（外部）情景的準則。

「作為計劃，戰略又可能是一種伎倆（Ploy），旨在戰勝競爭對手的特殊的

---

[1] K R ANDREWS. The Concept of Corporate Strategy [M]. Richard D. Irwin, Inc., 1980.
[2] 德威特，梅耶爾. 戰略管理 [M]. 江濤，譯. 北京：中國人民大學出版社，2008：24.
[3] J B QUINN. Strategies for Change: Logical Incrementalism [M]. Richard D. Irwin, Inc., 1980.

計謀。

「戰略是一種模式（Pattern），一系列活動的模式。換言之，戰略把所期望的或不期望的行為連貫起來。

「戰略是一種定位（Position），將組織定位於環境中的特定手段。

「戰略是一種觀點（Perspective），它包含著觀察世界的習慣方式（An Ingrained Way）。」[1]

我們對戰略的定義說明了下列問題：

（1）企業戰略出現於市場經濟體制下，適應激烈競爭的環境。如中國過去實行計劃經濟體制，排斥競爭，企業就不須制定戰略。西方國家一直實行市場經濟，但只是在第二次世界大戰之后市場競爭日趨激烈的形勢下，企業才研究戰略問題，正式制定和實施戰略。

（2）企業戰略建立在總結歷史經驗、調查研究現狀和預測未來發展的基礎之上，並非主觀設想，也不是單憑經驗或照搬照抄。馬克思主義的辯證唯物論以及西方管理理論中的系統觀和權變觀，是企業戰略研究的科學的方法論。

（3）企業戰略是企業為求生存和發展而做出的帶長遠性、全局性的謀劃或方案。謀劃即謀略、計策，求生存謀發展的謀劃顯然是關係興衰成敗的大政方針。長遠即非短期，全局即非局部，短期的或局部的打算只能稱為戰術。

（4）企業戰略同經營思想、決策、計劃等概念都有密切聯繫，但不可把它們混同起來。

三、戰略的特性

從企業戰略的定義中，我們可以認識到它具有以下特性：

（1）競爭性。戰略是適應市場競爭的需要而產生的，是為了增強企業的競爭能力、適應能力和贏得競爭優勢而制定的，競爭性因此成為戰略的首要特徵。其具體表現是，密切註視市場競爭態勢和企業自身的相對競爭地位，抓住機遇，迎接挑戰，發揮優勢，克服弱點，以求在「商戰」中克敵制勝，保障企業的生存和發展；而且要勝不驕、敗不餒，再接再厲，頑強拼搏。不考慮競爭和挑戰的方案不能稱為戰略。

當然，競爭也有道。企業之間的競爭一定要遵紀守法，遵守競爭規則和國際慣例，在科技實力和管理水平上較量，在產品品種、質量、成本、價格和銷售服務等方面較量，而不是爾虞我詐、坑蒙拐騙、不擇手段、擠垮對方。我們已有

---

[1] H MINTZBERG. Five Ps for Strategy [M]. The California Management Review, Fall, 1987.

《中華人民共和國反不正當競爭法》。

（2）創新性。這也就是 G. 哈默爾所說的革命性。[1] 企業要在競爭中獲勝，必須贏得持久的競爭優勢，而要使競爭優勢能持久不衰，就必須堅持不斷地創新。所以戰略的競爭性就要求創新性。戰略的制定要敢於標新立異，出乎競爭對手預料，而不能墨守成規或盲目跟隨他人；戰略要促進企業在技術、組織、管理等領域的創新，並充分利用這些創新成果，增強競爭優勢，鞏固競爭地位。

（3）長遠性。企業戰略都是較長遠的謀劃，考慮了較長遠的效益。「長遠」是指 1 年以上，一般是 3~5 年。現代企業的許多活動如新產品開發、市場開拓、改擴建工程、技術改造、人員培訓等，往往都要跨幾個年度才能完成或產生效益，所以戰略要做長遠謀劃，反對行為短期化，戰略的成效也要以長遠效益來衡量。短期打算或權宜之計不能稱為戰略。

（4）全局性。企業戰略以企業全局為對象，規定出企業的總體行動，追求企業的總體效益。全局是由若干局部所組成，但局部必須服從全局，那種從局部出發、只顧局部利益的打算是不能列入企業戰略的。

不過，全局和局部的劃分是相對的。子系統相對於系統而言是一個局部。在系統制定出其戰略之後，如把子系統視為一個全局，也可以制定比系統戰略低一個層次的、適用於該子系統的戰略。這就是戰略的層次性。[2] 當然，低層次戰略要服從於高層次戰略，各個低層次的戰略之間要相互協調配合。

（5）靈活性。企業戰略是在總結歷史經驗、調查現狀、預測未來的基礎上制定和實施的。無論企業的外部環境或自身條件，都是發展變化的，未來又存在許多不確定性，很難預測準確。因此，戰略應當有較強的靈活性，能隨機應變地指導企業的總體行為。當然，戰略又必須相對穩定，如變動頻繁，就會失去指導作用，使人們無所適從。

（6）主客觀結合性。企業戰略應有客觀依據，遵循事物發展的客觀規律，決不能超越客觀條件許可的範圍企圖「戰爭」的勝利。但是企業制定戰略又應充分發揮企業的主觀能動性，主動地、先人一步地尋找機遇，避開威脅，改善自身條件，在客觀條件許可的範圍內去爭取「戰爭」的勝利。主客觀的完美結合，尊重客觀實際又充分發揮主觀能動性，是戰略成功的重要因素。正如毛澤東所言：「軍事家活動的舞臺建築在客觀物質條件的上面，然而軍事家憑著這個舞臺，卻可以導演出許多有聲有色威武雄壯的活劇來。」[3]

---

[1] 見新視角 1-1 中 G. 哈默爾的戰略定義。
[2] 本章第四節將對企業戰略管理層次進行研究。
[3] 毛澤東選集：第 1 卷 [M]．北京，人民出版社，1966：166．

第二節　戰略管理過程

一、戰略管理的定義

國內外學者對戰略的解釋不一，但對戰略管理的理解卻大體一致，有以下幾種說法：

（1）戰略管理涉及對有關組織未來方向做出決策和決策的實施，它包括兩個方面：戰略規劃與戰略實施。①

（2）戰略管理是一整套決策和行動，旨在制定和實施有效的戰略以有助於完成公司的目標。②

（3）戰略管理是一系列的決定公司長期績效的管理決策和行動，包括戰略的形成、實施、評價和控制。③

（4）企業戰略管理是指企業在總體戰略的形成過程中，以及在行動時貫徹落實這些戰略的過程中制定的決策和採取的行動。④

（5）戰略管理可以被定義為：制定、實施和評價使組織能夠達到其目標的、跨功能決策的藝術與科學。⑤

上述幾種說法的共同點在於，戰略管理是一個過程，大體上可以劃分為兩個階段：一為戰略制定（或稱規劃、形成）；一為戰略實施（可包括評價和控制）。

我們認為，企業戰略建立在總結歷史經驗、調查研究現狀、預測未來發展的基礎之上，戰略的制定和實施必須以對企業外部環境和內部狀況的調查（可稱為戰略調研）為依據。因此，戰略管理可定義為包括戰略制定和戰略實施的過程，它以戰略調研為基礎。

二、對戰略管理過程的常規性理解

人們對戰略管理的解釋大體一致，但進一步研究戰略制定與戰略實施之間的關係以及它們各自包括的工作，人們的意見就有所分歧。從戰略管理學的先驅安索夫、安德魯斯所在時代起形成的傳統觀點認為，戰略是人們自覺地設計或制定出來的，是在對企業外部環境和企業狀況進行周密調研的基礎上形成的。

---

① L L 拜亞斯. 戰略管理 [M]. 王德中，等，譯. 北京：機械工業出版社，1988：20.
② W F GLUECK. Strategic Management and Business Policy [M]. McGraw-Hill, 1980：6.
③ T L WHEELEN, J D HUNGER. Stratgegic Management and Business Policy [M]. Addison-Wesley, 1983：3-4.
④ R 莫克勒. 戰略管理 [M]. [譯者不詳]. 北京：國際文化出版公司，1996：1-2.
⑤ F R 戴維. 戰略管理 [M]. 李克寧，譯. 8版. 北京：經濟科學出版社，2001：18.

（1）外部環境和企業狀況經常變化，存在很多的不確定性，但也存在發展變化的內在規律性和可預測性，因此，企業通過經常性、制度化的周密調研，可以為戰略的制定和實施提供較為可信的依據。

（2）按照「謀定而后動」的原則要求，任何戰略總是先制定然后加以實施，所以戰略制定和戰略實施是兩個既明確劃分又前后銜接的階段。管理者的任務是要「精心制定戰略，認真實施戰略」。當然，戰略在實施過程中可能需要修改或變化，那是又一次的戰略制定。

（3）企業在整個戰略管理過程中都強調理性分析、信息溝通，實現企業內部各層次、各職能系統之間的協調配合，更好地發揮員工的主動性。

按照上述傳統觀點，我們得出對戰略管理過程的常規性理解，如圖1-1所示。

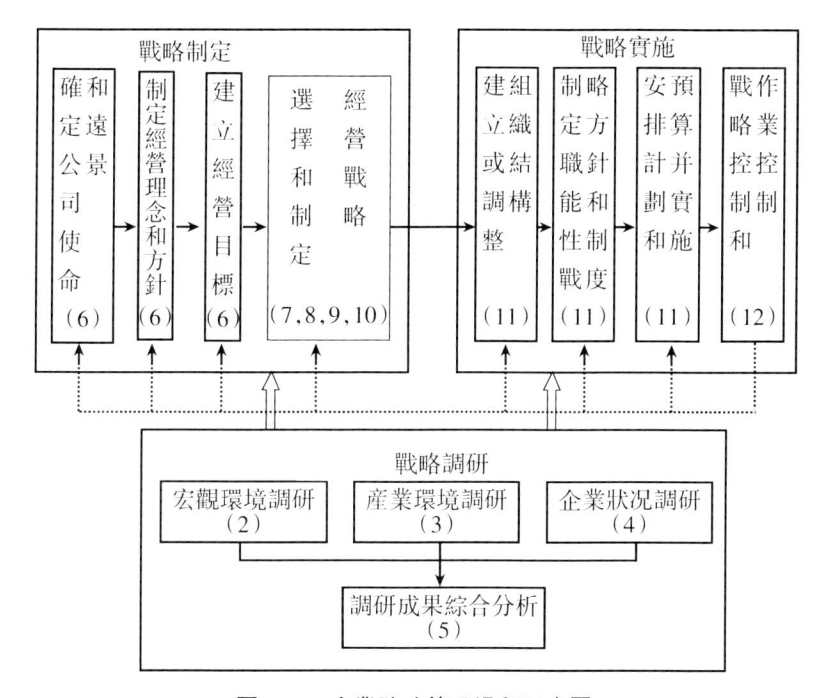

圖1-1　企業戰略管理過程示意圖

說明：本書體系按戰略管理過程的階段步驟安排，各方框中帶括弧的數字代表相應章次。

圖1-1表明，企業戰略管理包括戰略制定、戰略實施和戰略調研三部分，各有其工作內容。

戰略制定階段，大體可分為四項內容（或步驟）。第一，確定企業的使命和遠景。第二，確定企業的經營理念和方針。第三，建立經營目標。第四，選擇和

制定經營戰略。

　　戰略實施階段，大體上也可分為四項內容（或步驟）。第一，根據既定目標和戰略來建立或調整企業的組織結構，相應地做出人員安排。第二，由各職能系統分別制定職能性戰略、方針、程序和規章，再加以協調，以保證企業經營戰略的順利實施。第三，根據企業戰略和職能性戰略，安排年度計劃和預算，然後組織實施。第四，對戰略、計劃和預算的實施情況進行戰略控制和作業控制。控制對前面的各項工作都有反饋作用，在圖1-1中用虛線表示。

　　戰略調研是戰略制定和實施的基礎，在圖1-1中用雙線箭頭表示。戰略調研包括對宏觀環境、產業環境和企業自身狀況三方面的調研，包括總結歷史經驗、調查現狀和預測未來三個環節。戰略調研還需對調研成果進行綜合分析，弄清關鍵因素、機會和威脅、優勢和劣勢，並把它們綜合起來。作為基礎，戰略調研的工作質量好壞在相當大程度上決定著戰略管理的有效性。

　　上述工作內容的劃分並非標準，各項工作之間也可能交叉反覆，企業需結合自身具體情況靈活運用。為增強課程的應用性，本書的結構體系基本上就是按照上述工作內容（步驟）來安排的，圖1-1中各方框內帶括號的數字代表相應的章次。

三、對戰略管理過程的自發性理解

　　以奎因、明茨伯格兩人為代表的一些戰略管理學者承認上述傳統觀點在一定情況下是適用的，圖1-1的模式是可供企業採用的；但他們認為在其他許多情況下，這種觀點和模式卻不能適用。

　　（1）在環境變化很快、不確定因素很多時，儘管調研周密，也難於準確預測，為戰略制定提供可靠的依據。

　　（2）不能等到制定出很滿意的戰略之後才加以實施，往往是有了一個大致肯定的方向后就先干起來，邊干邊學習、邊總結經驗，逐步形成比較具體的戰略。所以，戰略制定和戰略實施有一部分是相重合且不能截然分開的。如圖1-2所示。

　　（3）企業在戰略管理過程中固然需要重視理性分析，但也不可忽視直覺（Intuition）的作用，而應將二者結合起來。明茨伯格主張將戰略制定稱為「戰略的製作」（Crafting Strategy），就像手工匠人一樣，先干起來，在干的過程中產生新的想法，這就是他的戰略。[1]

---

　　[1]　HENRY MINTZBERG. Crafting Strategy [J]. Harvard Business Review，1987（7/8）.

A. 常規性理解示意圖

```
戰略制定 → 戰略實施
    ↑        ↑
    └─ 戰略調研 ─┘
```

B. 自發性理解示意圖

```
┌─────────────────────┐
│ 戰 略 制 定          │
│      戰 略 實 施     │
└─────────────────────┘
        ↑     ↑
        戰略調研
```

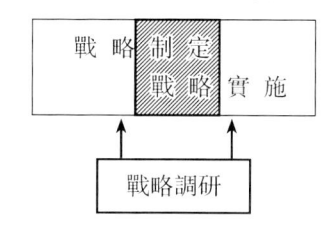

圖 1-2　對戰略管理過程的兩種理解的對比

明茨伯格還指出，在實踐中真正實現了的戰略並非完全是精心制定的戰略，還包含一些自然浮現的自發戰略（Emergent Strategy），而精心制定的戰略中有一部分因不可預知的變化而未能實現。[1] 如圖 1-3 所示。[2] 自發戰略是管理者事前未曾意識到的，但經過一段時間的探索和學習，將一組一致的行為組合起來，形成實際的戰略。現舉美國強生公司的自發性戰略示例，見新視角 1-2。

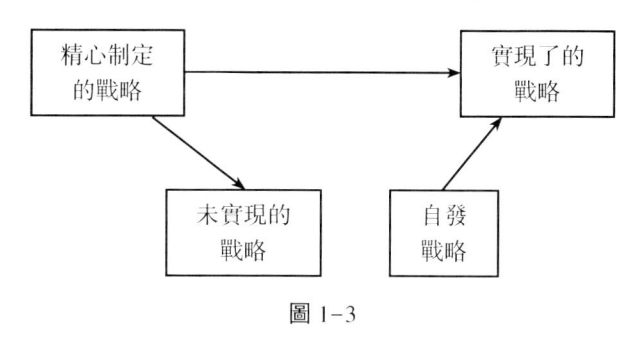

```
精心制定         →    實現了的
的戰略                戰略
   ↓                   ↑
未實現的              自發
戰略                  戰略
```

圖 1-3

按照奎因、明茨伯格等人的上述觀點，就形成了對戰略管理過程的自發性理解，與常規性理解相對應，在實踐中也有不少企業加以採用而獲得成功。[3]

---

[1] H MINTYBERG. Crafting Strategy [M]. Harvard Business Review, 1987 (7/8).

[2] H MINTYBERG, A MCGUGH. Strategy Formation in an Adhocracy [J]. Administratiue Science Quarterly, 1985, 30 (2).

[3] RRICHARD LINCH. 公司戰略 [M]. [譯者不詳]. 昆明：雲南大學出版社，2001. 此書的第一、二兩章對此有較詳細的分析說明。

> **新視角 1-2：**
>
> ## 美國強生公司的自發性戰略
>
> 　　強生公司（Johnson & Johnson）本是一家消毒紗布和醫用石膏的供應商，並未生產任何消費品。后因公司的醫用石膏受到投訴，公司便開始在每次銷售石膏時都附上一小袋滑石粉，很快便有顧客要求單獨購買滑石粉。嗣后公司相繼推出強生爽膚粉和嬰兒爽身粉。
>
> 　　后來，一名員工發明了一種使用方便的創可貼，因為他的妻子切菜時常將手弄破。公司的行銷經理得知后立即決定將此產品投入市場，於是強生的邦迪（Band Aid）創可貼問世后成了強生的第一大暢銷品牌。
>
> 　　強生公司原本的戰略是在醫藥市場發展，但它自發形成的消費品戰略已使得消費品占到公司銷售總額的40%以上。
>
> 　　資料來源：J B BARNEY. 戰略管理［M］. 朱立，等，譯. 上海：格致出版社，2011：13.

　　我們認為，對戰略管理過程的兩種理解並不相互排斥，恰好相互補充。奎因、明茨伯格等人也承認常規性理解在一定情況下適用，即是證明。常規性理解比較適合於傳統的、較成熟的產業以及環境狀況較為穩定、技術進步不太快等情況，可以預測得比較準確，從而可能精心制定戰略和認真實施戰略。自發性理解則比較適合於下列三種情況：①新興產業即處於引入期和成長期的產業，以及環境變化快、技術進步快、不確定因素很多等的情況；②從事國際化經營的企業進入陌生的外國市場，抱著學習的態度進入；③遇到意外的突發事件，必須盡快採取緊急對策。

　　有些學者認為，對戰略管理者而言，一方面應按常規理解精心制定戰略，同時應該承認自發戰略的存在和影響，並對其進行管理，即根據企業的預定目標和環境狀況調研對自發戰略進行評估，對好的自發戰略加以培育和實施，對不好的自發戰略則予以捨棄。因此，精心制定的戰略和自發戰略都必須融入企業的戰略管理過程中，只是融入的方式有所不同。[1]

　　前已提及，本書的結構體系是按常規性理解的戰略管理過程來安排的，但在必要時將引入自發性理解的一些內容，以增強學習和應用上的靈活性。

---

① C W L HILL, G R JONES. Strategic Management: An Integrated Approach［M］. 5th Edition, Boston, Houghton Millein Company, 2001；R A BURGELMAN, A S GROUE. Strategic Dissonance［J］. California Management Review, Winter 1996.

第三節　企業戰略管理的作用

　　首先，在中國各種類型的企業中，推行戰略管理都是十分必要的。這是因為中國社會主義市場經濟體制已經建立起來，一切企業都是獨立的市場主體，自主經營、自負盈虧、自謀生存和發展，在市場競爭中優勝劣汰。市場經濟的發展規律是波浪起伏而非一帆風順的，既給企業帶來機遇，又給企業帶來威脅和挑戰。這就要求企業站得高、看得遠，要有長遠打算，著眼於長期效益，絕不能只圖一時之利而使行為短期化；還要求企業能主動地預見到將要出現的機會和威脅，並對此做出積極的反應，掌握自己的命運，絕不可隨波逐流，在不確定性面前無所作為。制定發展戰略，推行戰略管理，正是適應市場經濟環境的需要。

　　其次，改革開放以來，中國企業已經面臨國內國際激烈的市場競爭。進入21世紀后，中國已經參加世界貿易組織（WTO），國內國際的競爭更趨激烈。每個企業都必須通過推行戰略管理，經常分析競爭形勢，瞭解競爭對手，大力培育自身的核心競爭力，保持並發揮自身的競爭優勢，鞏固競爭地位，在競爭中取勝；否則只能跟在他人後面，早晚會被市場淘汰。

　　再次，現代企業之間的競爭是企業素質的競爭，這裡包括人員素質、技術素質和管理素質等。通過推行戰略管理，管理者和員工可以更好地認清企業的首要任務，瞭解企業的經營狀況、優勢和劣勢，從而齊心協力地進一步提高企業素質，發揮優勢，避開劣勢，使企業經營更有成效。儘管戰略管理不能保證企業必然成功，但它確實可以使企業更加主動而不是被動地進行決策，使一些企業在管理思想和觀念上發生巨大轉變，為成功創造良好條件。

　　中國在20世紀80年代中期從國外引進戰略管理後，政府部門極為重視。原國家經貿委在1991年和1996年兩次下發文件[①]，要求企業「把戰略管理放在企業經營管理的重要位置」，要求「企業的經營者要把很大精力放在企業發展戰略研究上，並對戰略的制定、實施和調整實行全過程管理」，要求「以嚴格的計劃管理來保證經營戰略的實現」。1999年黨的十五屆四中全會通過的《中共中央關於國有企業改革和發展若干重大問題的決定》在「加強和改善企業管理」一段中又重申：「加強企業發展戰略研究。企業要適應市場，制定和實施明確的發展戰略、技術創新戰略和市場行銷戰略，並根據市場變化適時調整。實行科學決策、民主決策，提高決策水平。搞好風險管理，避免出現大的失誤。」

---

　　① 原國家經貿委1991年頒發《「八五」企業管理現代化綱要》，1996年頒發《「九五」企業管理綱要（試行）》。

當前，越來越多的企業已推行戰略管理，其中推行較早的如海爾、長虹等公司[①]，已獲得明顯成效。四川長虹電器股份有限公司曾經是中國最大的彩電生產基地，公司領導人在總結自己的成功經驗時，特別提到「最具長虹特色」的三大戰略：

(1)「根據地」戰略。這是公司實行軍轉民、走向大市場的基本方略。公司決策層全面客觀地分析了外部環境和自身條件，認識到市場開拓往往是一個梯度推進的過程。在 20 世紀 80 年代后期，公司以西部為根據地，逐步向東部推進，先紮紮實實地拓展國內市場，站穩腳跟，然後走向世界市場。

(2)「獨生子」戰略。這是公司面對激烈的市場競爭、在經營業務上的現實選擇。公司認為，一個大公司固然要搞多種經營，但首先要有自己的拳頭產品，所以決定先把彩電這個「兒子」養大，全力以赴上檔次上規模，然后再培養第二個拳頭產品。

(3)「制高點」戰略。這是公司以品牌為核心的綜合性經營謀略。公司認識到，企業品牌是會不斷增值的無形資產，一切經營決策都要考慮到創名牌。同時，公司必須自覺按價值規律、供求規律、競爭規律辦事，確立價格優勢。可以說這是最能反應水平的經營決策制高點。公司過去率先調價，就是以市場規律和自身實力為后盾的。

到了 20 世紀 90 年代，公司實力壯大起來，經營戰略相繼發生變化。首先是根據地戰略。公司生產的彩電迅速佔領西部市場，向全國發展；到 20 世紀末，開始進軍中亞各國市場；在 21 世紀初又進軍美國市場；到 2008 年，長虹產品（不僅是彩電）已銷往 100 多個國家和地區。

其次是獨生子戰略。公司因自身實力增強，於 20 世紀 90 年代開始改行多元化戰略。公司先是設計生產空調系列產品，后來通過兼併美菱公司，生產冰箱，又在浙江嘉興建廠，生產壓縮機，年產 500 萬臺。2013 年 3 月，公司在廣東中山興建的長虹日用電器工業園投產，年產 500 萬臺/套廚衛及洗衣機、小家電、太陽能等產品。2015 年 4 月，長虹發布全球首款物聯網手機。至此，長虹在家庭日用電器方面的品種已很齊全。

再次是制高點戰略。長虹不僅在經營謀略上要搶占制高點，更加銳意追求科技創新。公司利用自身人才優勢，創造出不少新科技，其智能空調、智能冰箱均屬全國領先，多款主流復頻壓縮機達到世界領先水平。

2014 年 9 月，在「中國企業 500 強」榜上，長虹以 915.8 億元的營業收入位居川企榜首。2015 年，長虹品牌價值 1,135.18 億元，穩居中國電子百強第 6 位，中國企業 500 強的第 152 位。

[①] 海爾公司的情況已寫成本章案例，附於章末。

以長虹為例，我們可以體會到戰略管理的重要作用（以后我們在各章還將舉出一些實例）；當然，長虹公司的成功有許多因素，推行戰略管理僅是因素之一。但我們深信，學習戰略管理知識並結合企業實際靈活地運用，對提高中國企業管理水平、迎接新世紀的嚴峻挑戰，是大有裨益的。

第四節　企業戰略管理層次與戰略經營單位

一、企業戰略管理層次

企業內部往往設置若干管理層次，例如最高管理層、中間管理層和監督（基層）管理層。儘管戰略管理的最終責任由最高管理層的人員承擔，但其他管理層的管理者都要參與，甚至要制定和實施各自範圍內的某種戰略，這樣便會在企業內形成戰略管理層次，如圖1-4所示。

戰　略　類　型	負　責　者
公司總體戰略	公司最高管理層
事業部戰略	事業部管理層
職能性戰略	各職能系統的負責人，連同他們下屬的管理人員
次　戰　略	各部門的中間級主管，連同他們下屬的管理人員
戰術	中間級主管、監督管理層

圖1-4　企業戰略管理層次示意圖

第一，最高層是企業的總體戰略（Corporate or Grand Strategy），是對企業全局的謀劃，由最高管理層負責。

第二，在大型企業中往往設有事業部，各事業部應分別制定事業部戰略（Division Strategy）。這一層次的戰略應接受企業總體戰略的指導，為實現總體戰略服務，由事業部管理者負責。

第三，無論企業是否設有事業部，各職能系統（如市場行銷、生產、財務、人事等）還需根據上一層次戰略分別制定職能性戰略（Functional Strategy）。它們接受上一層次戰略的指導，為實現上一層次戰略服務。它們由各職能系統的負責人（如公司分管行銷的副總經理）連同其下屬的中間級主管（如銷售處處長）負責。

第四，是次戰略（Substrategy），是各部門的中間級主管連同其下屬的管理人員負責的、為實現上一層次戰略服務的戰略。

第五，是中間級主管或監督管理層負責的短期的、執行性的方案或步驟，稱為戰術（Tactics）。它是為實現次戰略服務的。

以上是企業戰略管理層次的典型模式，各企業可靈活運用。其中重要的是企業總體戰略、事業部戰略（在設有事業部的企業中）和職能性戰略，本書也著重研究這三個層次的戰略。

二、企業戰略經營單位

戰略經營單位（Strategic Business Unit，SBU）是戰略管理課程中的常用詞，主要是指事業部。大型企業往往按產品大類或市場地域分設若干事業部，為同一市場或不同市場提供某類產品或多類產品，在日常生產經營活動中享有相當大的自主權，直接參與市場競爭。因此，它們應當在公司總體戰略和目標的約束下，制定戰略，執行自己的戰略管理過程，所以被稱為戰略經營單位。

在有些特大型企業中，因事業部太多，往往在事業部之上設超事業部（Group）。這時，它們要求由超事業部制定戰略，推行自己的戰略管理過程，則戰略經營單位應當是超事業部而非事業部。

在實行母子公司體制的企業或企業集團中，子公司相當於母公司的事業部，也可稱為戰略經營單位。

在未設事業部的企業中，如有個別部門、單位（如分公司、分廠）享有較大的自主權，可執行自己的戰略管理過程，也可視為戰略經營單位。

第五節　企業戰略管理者與戰略性思維

一、企業戰略管理者

企業的戰略管理者（Strategic Manager）又稱戰略家（Strategist），是指對戰略管理過程承擔直接責任的那些人，包括董事會和最高管理層的成員。他們要在其下屬人員的幫助下從事戰略調研、戰略制定和戰略實施，並對企業戰略和目標的實現直接負責。

董事會是企業的決策機構，受股東（大）會委託，對股東（大）會負責，一些最為重大的決策尚需報請股東（大）會審議。過去，許多企業的董事會往往被動地接受高層管理者的決議或建議，形同虛設；現在形勢已發生變化，政府機關、立法部門和社會公眾都在要求董事會擔負起股東（大）會賦予的職責，對企業事務要多加注意和指導。

《中華人民共和國公司法》規定，董事會的一項重要職權是「決定公司的經營計劃和投資方案」，這就表明它要負責企業的戰略管理。董事會在戰略管理方面有三項基本任務：①通過其特設的委員會監測公司內外的發展情況，引起高層管理者的注意；②對高層管理者的建議、決定和活動進行審查和評價，提出建議或做出決策；③主動向高層管理者提出有關公司經營範圍和戰略方案的意見供考慮。

企業的最高管理層包括董事長、總經理、常務副總經理、分管事業部和職能系統的副總經理等。董事長是公司的法定代表人，經理人員則是由董事會聘任的執行者，主持公司日常生產經營管理工作，他們對企業戰略管理擔負著較董事會更為直接的責任。他們組織戰略調研，在綜合分析基礎上擬訂公司的戰略計劃，待董事會審查批准之後，再具體組織實施，所以他們是具體而明顯的戰略管理者。

為了完成任務，最高管理層需要其下屬的積極支持，利用他們提供的信息。這裡所說的下屬主要指公司計劃部門人員、戰略經營單位的管理者、職能部門的管理者。他們雖然不列入企業戰略管理者，但對戰略管理的成效也有較大影響。

H. 明茨伯格曾將這些下屬稱為戰略策劃者，說他們是戰略的發現者、分析家和促進者，對戰略管理者有重要作用。他又說企業需要兩類戰略策劃者：一是用右手（左腦）工作的戰略策劃者，他們善於分析思考，設計有意識的戰略；二是用左手（右腦）工作的戰略策劃者，他們善於運用直覺和創造精神進行「柔性分析」，喜歡在奇特的地方發現戰略。許多組織都需要這兩類策劃者，而保證他們合理的比例關係則是戰略管理者的職責。

二、戰略性思維

企業的情況千差萬別，環境千變萬化，工作千頭萬緒，推行戰略管理無疑給戰略管理者特別是最高管理層提出了很高的要求。戰略管理者需要有很高的素質，需要善於運用戰略性思維（Strategic Thinking）。

戰略管理者應具有職業企業家的優秀素質，總的要求是：思想政治素質好，認真執行國家的方針政策與法律法規，具有強烈的事業心和責任感；經營管理能力強，熟悉本行業務，系統掌握現代管理知識，具有金融、科技、法律等方面的基本知識，善於根據市場變化做出科學決策；遵紀守法，廉潔自律，求真務實，聯繫群眾。[①]

我們從近年來成功的企業家和失敗的企業家事跡對比中，發現他們在是否有

---

① 引自黨的十五屆四中全會《中共中央關於國有企業改革和發展若干重大問題的決定》。

自知之明、是否能實事求是地處理問題上存在著巨大的反差。成功的企業家們既有雄心壯志，又有務實精神，既抓大事，又不忽視小事，尊重科學，冷靜處事，勝不驕，敗不餒，這是他們成功的重要原因。我們以新視角1-3示例。反之，失敗的企業家們往往是微觀精明，宏觀盲視；自信過度，危機（意識）淡漠；理想宏大，盲目擴張；稍有成就，就自以為無所不能而隨意決策，以致很快就墜入深淵。我們以新視角1-4、新視角1-5示例。企業從這些生動事例中吸取經驗教訓，將有助於提高戰略管理者的素質。

新視角 1-3：

成功企業家們的名言

聯想集團董事局主席柳傳志：

「什麼事是不能幹的呢？沒有錢賺的事不能幹；有錢賺但投不起錢的事不能幹；有錢賺也有錢投但沒有可靠的人去做，這樣的事不能幹。」[1]

萬向集團董事局主席魯冠球：

「發展經濟是硬道理，但比發展更硬的是符合客觀經濟規律。我始終把握『實事求是』『量力而行』這一原則，不做超越自己承受能力的事。一個企業的成功是很難找到規律的，許多時候它都與機遇有關。但失敗是有規律的，那就是超越了自己的能力。」[2]

遠大空調有限公司總經理張劍：

在被問到「穩健經營與發展速度之間的關係」時說：「關鍵是追求什麼樣的速度。增長飛快好像很有面子，但做企業究竟是為了面子，還是為真正能創造價值呢？在當今競爭如此激烈的經濟環境下，企業尤需考慮的是如何規避風險，在穩的基礎上積極尋求速度。」[3]

---

[1] 吳小波. 大贏家 [M]. 北京：中國企業家出版社，2001：87.
[2] 吳小波. 大贏家 [M]. 北京：中國企業家出版社，2001：137.
[3] 吳小波. 大贏家 [M]. 北京：中國企業家出版社，2001：28.

新視角 1-4：

失敗企業家們共有的「錯覺」[1]

有人觀察中國一些新興民營企業的敗局，發現那些企業的經營者幾乎共有一些錯誤的認識，導致他們只能「各領風騷三五年。」

「錯覺」之一：市場是策劃出來的，驚世駭俗的經營策劃是未來企業發展的核心競爭力。

「錯覺」之二：名牌是廣告打出來的，企業只要肯出高價大做廣告，就能創造出擁有較大市場份額的名牌。

「錯覺」之三：企業的競爭實力與其規模成正比，而經營風險與其規模成反比。

「錯覺」之四：市場競爭既然最終是人才的競爭，那就多招人，人數越多，企業素質就越高，競爭力就越強。

「錯覺」之五：懂得「投機技巧」比掌握「遊戲規則」更重要，通過投機就可「一夜暴富」，完全可以「不按牌理出牌」。

新視角 1-5：

巨人大廈 70 層樓的決策過程[2]

1992 年，巨人集團業績輝煌，打算建一幢 18 層的自用辦公樓。后來，全國興起房地產熱，國內電腦業又步入低谷，巨人的領導者決定進軍房地產業（儘管他對此產業非常陌生），於是將 18 層增高至 38 層。

后來，一中央領導來視察，在參觀大廈工地時說，這座樓位置很好，為什麼不再蓋高一點？於是巨人領導者一下將 38 層增至 54 層。

這時又傳來消息，廣州在蓋全國最高樓，63 層。於是巨人領導者要為珠海增光，將大廈蓋到 64 層，奪個全國第一高樓。

到 1994 年年初，又一位中央領導要來視察，不知何人突然想到「64」這個數字不吉利，領導會不高興，於是巨人領導者立即拍板，索性定為 70 層。

---

[1] 吳曉波. 大敗局 [M]. 杭州：浙江人民出版社，2001：101-104.
[2] 厲以寧，曹鳳岐. 中國企業管理教學案例 [M]. 北京：北京大學出版社，1999：134；
    吳曉波. 大敗局 [M]. 杭州：浙江人民出版社，2001：176-177.

> 按最初的18層計，約需投資2億元，工期2年，對巨人集團而言，並非不能承受之重。可是，增至70層，需投資12億元，工期延至6年，就完全超過了巨人的實力，而且工期一長，就充滿了變數，最終導致巨人集團在1997年年初倒閉。

所謂戰略性思維，是指戰略管理者能站在企業總體戰略設想的高度來制定決策和實施管理，對多變的外部環境靈活應付，給企業帶來長期的效益。戰略性思維的內容還有待探索，按照中國深入學習和實踐的科學發展觀的要求，初步認為主要有下列幾點：

（1）超前意識。這就是指管理者思想敏銳，目光遠大，在行動上比別人快半拍（或半步），搶先推出新產品，搶先占領新市場，在新情況面前搶先做出相應的調整，而不是隨大流，跟在別人後面亦步亦趨。超前就是優勢，就能爭取主動，而掌握主動權才能在激烈的市場競爭中獲勝。超前意識來自對客觀事物的細緻觀察和思考，來自高度的工作效率，「見微而知著」，並非「神機妙算」。

（2）創新意識。《孫子兵法》說：「兵者，詭道也。」用兵講究出奇制勝，戰略管理就強調創新，即敢於和善於標新立異，以新制勝，絕不因循守舊，故步自封。企業要經常推出新產品，創造新技術，開拓新市場，設計新的組織結構，採用新的管理方法，形成自己的經營特色。企業制定戰略，則要研究競爭形勢和重要的競爭對手，考慮對手可能的反應，出其不意，以新以變取勝。

（3）長遠意識。管理者要盡量擺脫日常事務，集中大部分時間和精力去思考未來幾年乃至更長期的事情。孔子說：「人無遠慮，必有近憂」。戰略著重的是長期效益而非眼前利益，是可持續的發展而非一時風光。外國不少跨國公司為進入中國市場，不惜以前兩三年不盈利甚至虧損作代價，這也是注重長遠效益的表現。

（4）全球意識。當前世界經濟一體化的趨勢不斷增強，各國和各公司之間的聯繫日益密切，對於中國絕大多數的產業和企業來說，考慮國際市場和從事國際化經營已成為一種必要的措施。各國在政治、經濟、文化等方面的變化，直接影響到戰略決策。國際化經營比國內經營更加複雜，也更多風險。戰略管理者應當具有全球意識，包括重視依法辦事、質量意識、資源（能源）節約意識、環境保護意識等。

（5）全局意識。戰略管理者心中必須時刻裝著企業全局，注重企業整體利益。在戰略管理過程中，企業要按照全局意識來處理系統與子系統之間以及各子系統相互之間的矛盾，協調各方，實現整體優化。這裡還包括處理好企業與外部環境之間的關係，企業既受環境影響，又可影響環境，處理好這些關係，也是維

護企業整體利益的需要。

（6）權變意識。戰略管理是一門科學，也是一種藝術。企業在整個戰略管理過程中，一切都要從實際出發，具體情況具體分析，發揮創造性，靈活處理問題。無論是書本知識或別人的成功經驗，都僅供參考借鑑，不可照搬照抄。即使是管理者本人或所在企業過去的成功經驗，也不一定適合於當前或未來的新情況，需要重新審視。鑒於環境複雜多變，企業在制定戰略時需要有權變戰略，供必要時調整戰略之用。

（7）人本意識。這是指戰略管理者要樹立牢固的群眾觀點，善於走群眾路線，調動廣大職工群眾的積極性和創造性。戰略管理過程最終由管理者負責，但必須有廣大群眾的參與，戰略調研和戰略方案的提出以及戰略實施，都需要依靠廣大職工群眾，所以戰略思維應當包含人本意識。

以上列舉的七種意識可能並不全面而只能是比較主要的。戰略管理者要樹立並善於運用戰略性思維，隨時隨地用它來指導自己的工作，思考有關企業戰略的問題。與此同時，戰略管理者也要善於將理性分析同建立在實踐經驗基礎上的直覺判斷正確結合起來。

對戰略管理者而言，戰略性思維也是一種高要求。它不是自發產生的，但可以啟發和培養，戰略管理者經過學習和實踐鍛煉，總結經驗教訓，即可逐步形成。一個成功的企業往往都由一個或更多的具有戰略思維的企業家在領導。

戰略管理者還應當啟發和培養其下屬尤其是各戰略經營單位和職能系統的領導者以及計劃部門人員，使之具有戰略性思維。可採取的措施包括：

- 組織學習戰略管理學科的理論知識；
- 堅持不懈地宣傳公司的戰略指導思想；
- 吸收他們參與制定公司總體戰略，並指導他們去制定各自負責的戰略；
- 做好公司總體戰略、事業部戰略、職能性戰略之間的協調工作；
- 制定各層次戰略時，均要求有企業內外的專家協助；
- 強化戰略實施過程中的控制，在檢查總結中，對能體現公司全局的、長遠戰略意圖的工作給予獎勵；
- 在持續努力的基礎上，將戰略性思維的特點納入企業文化，形成全員共識。

復習思考題

1. 如何理解企業戰略？它有什麼特性？
2. 什麼是戰略管理？它包括哪些階段步驟？
3. 為何要在中國企業中推行戰略管理？

4. 企業戰略管理可劃分為哪幾個層次？
5. 什麼是戰略經營單位？
6. 誰負責企業的戰略管理？
7. 怎樣理解戰略性思維？
8. 企業戰略管理的最終責任歸於最高管理層。既然你不可能從最高管理層進入企業，為什麼有必要學習戰略管理知識呢？
9. 選擇一個你比較瞭解的企業，研究使其成功或失敗的戰略。
10. 企業戰略有靈活性，你能否舉出一些影響企業戰略的主要因素？

案例：

海爾集團的戰略演變

青島海爾集團是中國家電行業中規模較大、產品品種較多、規格較齊全的領航企業。從1984年兩家瀕臨破產的集體小廠兼併成立青島冰箱總廠算起，海爾的成長經歷了五個階段的戰略演變，即由名牌戰略、多元化戰略、國際化戰略、全球化品牌戰略到網路化戰略。

一、名牌戰略階段

1984年青島冰箱總廠成立時，國內冰箱生產企業林立，國外產品蜂擁而入。廠長張瑞敏在仔細分析市場后，毅然提出「創名牌、高起點」的戰略，在收集和比較國外30多家企業技術資料基礎上，決定引進德國利勃海爾公司的先進技術和設備。

為了培育職工嚴格的質量意識，張瑞敏到廠不久，就責令將廠裡生產的76臺不合格的冰箱當眾砸毀，並宣布他和所有的管理人員全部受罰。從此，「質量是企業的生命」「質量高於利潤」「只有一等品，沒有二等品、三等品」就成了海爾人貫徹名牌戰略的經營理念。

經過建立健全嚴格的質量管理制度，1985年，以「青島—利勃海爾」命名的電冰箱正式投放市場，很快就以高質量、高技術贏得了廣大消費者的信任。1987年，海爾被全國48家大型商場聯合推薦為最受消費者歡迎產品冰箱類第一名，名牌戰略初戰告捷。1989年，在其他冰箱因滯銷而紛紛降價之際，海爾卻將自己的冰箱提價12%，其銷量反而上升。此後，海爾的冰箱以及其他家電產品一直突出高質量、優服務理念，從不低價促銷。

二、多元化戰略階段

在創出名牌、壯大實力之後，張瑞敏認為必須擴大企業規模，因為在市場競爭中，只有名牌而無規模，名牌將無法保持和發展。於是，海爾逐步採用兼併收購和合資的辦法執行多元化戰略。

1991年12月，海爾兼併了青島電冰櫃總廠和空調器廠；1995年7月，海爾兼併了青島紅星電器公司，進入洗衣機領域；1995年12月，海爾收購武漢希島實業公司60%的股權，成立武漢海爾公司，實現首次跨地域擴張；1997年3月，海爾出資60%與廣東愛德集團合資組建順德海爾公司；同年8月，海爾合資成立萊陽海爾公司，進軍小家電（如電熨斗）市場。

1997年9月，海爾正式宣布從「白色」家電領域跨入「黑色」家電領域，並向市場推出「探路者」系列大屏幕彩電。此後，海爾先後兼併了杭州西湖電視機廠和黃山電視機廠，著力推出大屏幕、高清晰度、高附加值的彩電，並加快數字化彩電的開發步伐。

1998年，海爾又宣布進軍「米色」家電——電腦。海爾從此跨出了家電行業而進入高科技電子行業，既執行同心多元化戰略，又執行複合多元化戰略。

三、國際化戰略階段

1990年，海爾冰箱開始出口；1995年，海爾洗衣機開始出口；1996年，海爾莎保羅有限公司在印度尼西亞的雅加達正式成立。這些說明海爾的國際化戰略起步較早，但由於當時公司實力有限，海爾的主要精力仍然放在國內。

隨著公司實力的增強，海爾從1999年起大舉向國外擴展。1999年年初海爾開始建設大規模的出口家電生產基地，4月在美國南卡羅萊納州建廠，此後在歐洲、亞洲、非洲、大洋洲等地大量設立銷售網點或生產廠，以高質量、優服務的產品贏得了廣大市場。張瑞敏的設想是，海爾推行國際化戰略，要做到「3個1/3」，即公司的銷售額有1/3來自國內生產國內銷售，1/3來自國內生產國外銷售，1/3來自國外生產國外銷售。這一設想正在逐步實現。

四、全球化品牌戰略階段

為了適應全球經濟一體化的形勢，創建全球範圍內的品牌，海爾進一步提出「三位一體本土化」的方針，即在一個國家內設立設計中心、行銷中心和製造廠，聯手創造本土化的海爾品牌，增強產品競爭力，與用戶、分銷商和供應商分享利潤，實現持續發展。

1999年4月，海爾在美國南卡羅萊納州建廠，就意味著第一個「三位一體本土化」的海外海爾的成立，其設計中心在洛杉磯，行銷中心在紐約。2001年6

月，海爾併購了義大利邁尼益蒂冰箱廠，加上在法國里昂和荷蘭阿姆斯特丹的設計中心，以及在義大利米蘭的行銷中心，就實現了在歐洲的「三位一體本土化」經營。

2007年1月，海爾收購了印度一家冰箱廠，同年4月，又在泰國收購了原屬日本三洋公司的一家冰箱廠。2011年，海爾收購了三洋在東南亞的白色家電全部業務。現在，海爾在印度和泰國都已實現本土化經營，並將業務擴展到東南亞、南亞、中東、非洲等地區。

五、網路化戰略階段（2014年至今）

進入互聯網時代，海爾將所有利益攸關方組成網路。利益攸關方主要包括員工、用戶、股東、供應方等，形成一個網路化組織和利益共同體，共贏共享共創價值。海爾創造性地提出了「人單合一雙贏模式」，「人」即員工，「單」指用戶價值。每個員工都在各自崗位上自主管理，努力創新，為用戶創造價值，從而實現自身價值，而企業價值和股東價值自然得到體現。

在此階段，海爾的主題是「企業平臺化、員工創客化、用戶個性化」。企業平臺化對應企業的互聯網思維，形成包括所有利益攸關方的網路化組織。員工創客化對應員工的價值體現，員工成為自主管理的創新者。用戶個性化對應企業的互聯網宗旨，創造用戶的最佳體驗。隨著國家「一帶一路」倡議的提出，海爾率先回應，爭取成為積極做出貢獻的名片。

通過上述五個階段的戰略演變，海爾已成為一個龐大的跨國企業集團。2014年，集團全球銷售額實現2,007億元，成為全國家電行業首家突破2,000億元的企業。據世界權威市場調查機構歐睿國際（Euromonitor）的報告，2014年海爾大型家電零售額占全球市場的10.2%，居世界首位。

[分析問題]

1. 推行戰略管理對海爾集團的成長壯大起了什麼作用？
2. 你認為推行戰略管理是否對一切企業都有必要？

附錄：

戰略管理理論與學派

　　戰略管理學科歷史不長，但發展很快，學者很多，他們提出了許多不同的觀點，形成戰略管理理論的不同流派。對這些學派作一些瞭解，有助於深化對戰略管理的認識。

　　對這些學派如何劃分，意見不一。我們先將它們概括為兩類，每類又包括若干學派。

　　第一類：主流或理性學派。這類學派的特徵是強調理性思維與分析論證，形成戰略管理理論的主流，居於主導地位。它下屬四個學派，基本上按時間先後為序。

　　（1）設計學派。設計學派出現於20世紀60年代，以安德魯斯教授為代表，其基本觀點包括：企業戰略是由高層管理者設計出來的，它應當是清晰的、易於理解和傳達的；戰略分為制定和實施兩個明顯的階段；企業設計戰略需要對外部和內部因素進行認真調研，理性分析，發現機會、威脅、優勢、劣勢，建立SWOT分析模型。

　　（2）計劃學派。計劃學派在20世紀70年代盛行，代表人為安索夫教授。其基本觀點與設計學派相近，特點是強調戰略制定是一個計劃過程，要求充分發揮計劃人員的作用，將戰略制定和戰略實施明確劃分為若干工作步驟，追求過程的正規化（Formalization），並提出戰略選擇的若干模型和定量分析法。

　　（3）定位學派。定位學派又稱結構學派，在20世紀80年代盛行，以波特教授為代表。其基本觀點是，產業結構和競爭形勢的分析非常重要，企業制定戰略就是要找出最具吸引力的產業，並在這個產業中找準自己的競爭地位，發揮競爭優勢，以克敵制勝。其主要貢獻是引導企業進行產業環境和競爭態勢的調研。

　　（4）資源和能力學派。資源和能力學派在20世紀90年代盛行，以哈默爾和普拉哈拉德（C. K. Prahalad）、科里斯和蒙哥馬利等人為代表。與定位學派強調外部環境相反，這個學派強調企業自身的資源和能力，認為企業獨有的、他人難於模仿的資源和能力才是企業戰略的基礎。他們提出「核心競爭力」「基於資源的戰略」「基於能力的戰略」等重要概念。

　　上述四個學派的理論對戰略管理理論和實踐產生了巨大影響，非其他學派可比，故稱主流派；它們都推崇理性分析，故稱理性派；它們相互之間並不排斥，恰好可以互補，使戰略管理理論日益充實和完善。

　　第二類：非主流派。這類學派較多，出現在20世紀80年代之后，受到組織文化理論非理性化傾向的影響。

（1）創業學派或稱自由企業家學派。此派強調創業者和高層管理者個人的作用，戰略制定不但靠理性思維，也靠經驗和直覺。戰略只能是方向性指導，不能規定得那麼具體。有些企業並無系統的和文字上的戰略，卻經營得很成功，就是因為高層管理者發揮了其影響力。

（2）認知學派。此派強調非理性思維（如知覺、感覺等）在戰略決策中的作用，認為認知是作為創造性的解釋用來構築戰略的。此派以「戰略意圖」為例，認為它大大超出了企業當時的資源和能力，猶如異想天開，卻將企業一步步地引向成功。

（3）學習學派或稱知識學派。此派以 J. B. 奎因為代表。他們認為很難依靠理性分析來制定有效的戰略，主要應依靠個人或集體學習瞭解環境變化，學習如何使組織妥善應變。今後的管理者不是去管理「變化」，而是依靠變化進行管理，所以需強調權變觀念、權變計劃、戰略制定和戰略實施的交織（Intertwine）。

（4）權力（或動力）學派。此派從政治學（Politics）觀點看問題，認為戰略制定實際是權力和與權力有關的政治鬥爭的結果，是企業內部各種正式和非正式的利益團體運用權力施加影響和不斷談判的過程。因此，戰略制定過程本質上是政治性的，管理者應同時注意經濟和政治因素。

（5）文化學派。此派突出強調組織文化對戰略管理的巨大影響，要求所選戰略能得到企業文化的支持，僅需最少的文化變革。例如企業採用併購戰略或國際化經營戰略時就會遇到不同文化的整合問題，可能要相當長的時間才能解決。

（6）環境學派。研究戰略者常把外部環境看成因素，此學派認為環境不應是因素，而是戰略制定中的核心演員。企業與環境是互動的，並在此互動過程中尋求自身的生存和發展。

上述六種理論基本上都是從非理性觀點來觀察戰略及其制定過程的，各自的角度不同，豐富了對戰略管理的認識。有學者試圖將主流和非主流學派的觀點綜合起來，於是出現最後一個學派，稱整合學派。

整合學派以 H. 明茨伯格為代表。他提出「戰略的 5 個 P」，即戰略是計劃、伎倆、模式、定位和觀點（見本章新視角1-1），並說我們需要在不同的定義中採取折衷主義（Eclecticism），這些定義都是有用的。[①]

歸納起來，11 個學派的觀點可相互補充，我們的態度應當是「兼收並蓄，為我所用」，其中特別重要的是主流學派中的 4 個學派以及非主流學派中的學習學派。

[①] 明茨伯格的論文發表於《哈佛工商評論》1987 年秋季號上，所以未能將 20 世紀 90 年代出現的資源、能力學派的觀點整合進去。

第一篇

戰略調研

第二章
宏觀環境調研

本章學習目的

○ 瞭解宏觀環境的概念和調研的目的
○ 掌握宏觀環境調研的主要內容
○ 識別宏觀環境調研的常用方法

上一章已說明，戰略調研是企業戰略管理過程的基礎，它包括宏觀環境、產業環境和企業自身狀況三方面的調研，以及三方面調研成果的綜合分析。宏觀環境、產業環境和企業狀況之間的關係如圖 2-1 所示。本章將集中研究宏觀環境調研的目的、內容和方法。

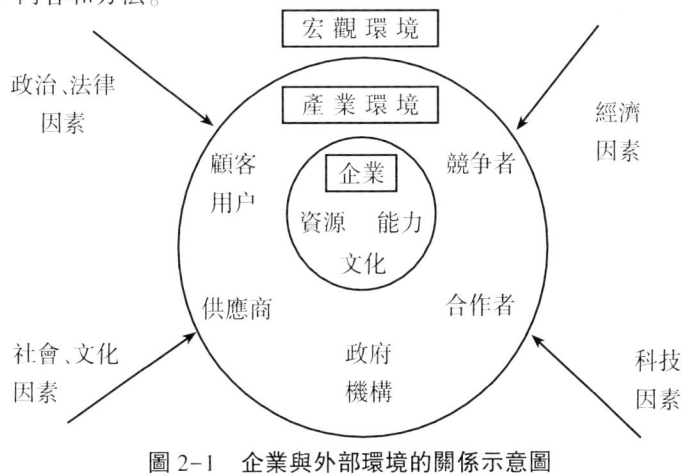

圖 2-1　企業與外部環境的關係示意圖

第一節　宏觀環境調研的目的

宏觀環境（Macro-environment）又稱一般環境或社會環境（General or Societal Environment），是指在全球、國家或地區範圍內對一切產業部門和企業都將產生影響的各種因素或力量。宏觀環境中的因素和力量對企業而言，都是不可控制而只能去適應的；只是在某些情況下，企業也可能對某些因素施加一定的影響。

企業既然處於宏觀環境之中，受到它的影響，在制定和實施戰略時，就必須對宏觀環境認真進行調研。企業對宏觀環境的調研通常又稱作 PEST 分析法，即分析政治、經濟、社會、技術方面。[1]

宏觀環境調研的目的是，考察和預測這個環境中的因素將對產業和企業產生什麼影響，從中發現企業未來的機會和威脅，以便制定戰略去捕捉機會而避開威脅，實現所期望的目標。

宏觀環境的內容複雜，不確定性強，調研的工作量和難度都很大。因此，這項工作應經常化、制度化，不斷累積信息，而在戰略制定時再集中力量搞一次；要有人負責，盡可能廣泛地吸收企業內外的專家參加，提高調研工作的質量。

新視角 2-1：

宏觀環境調研中的假設分析法[2]

宏觀環境調研中常用的 PEST 分析法是先調查環境諸因素的現實情況，然後預測它將如何發展及其對產業和企業的影響，也就是說，它以現狀的調查為基礎。假設分析法則不然，它是先假設未來可能發生某種事件，然後研究它的戰略意義及企業如何應對。例如一個鋼鐵企業可以假設：如果環境保護主義者要求嚴格禁止污染環境的氣體排放，減少私人汽車擁有量，從而使汽車製造公司對鋼材的需求大幅下降，這將出現什麼後果？對本企業將帶來多大的衝擊？

假設分析法要從有可能出現的事件（例如爆發戰爭、發生政變、強大的競爭對手被收購等）出發，一般只能作定性的描述。該方法對事件的後果通常限制在 2~3 個，超過 3 個的情況將導致問題複雜化；如有 2 個後果，則會導致「較好的後果」和「較差的後果」相比較。同 PEST 分析法一樣，該方法需要考慮後果出現的不確定性。

假設分析法只能作為 PEST 分析法的補充，而不能取代 PEST 分析法。

---

[1] PEST 由政治、經濟、社會、技術四個詞的英語第一個字母組成。
[2] R LYNCH. 公司戰略 [M]. [譯者不詳]. 昆明：雲南大學出版社，2001：104-105.

第二節　宏觀環境調研的內容

宏觀環境一般劃分為政治法律、經濟、社會文化、科學技術等因素，如圖 2-1 所示。下面分別說明。

一、政治法律因素

實行市場經濟的國家，其政府仍然要干預經濟，對市場經濟實行宏觀調控。這裡所說的政治法律因素，就是指政府從宏觀上調控經濟的行為，其手段包括路線、方針政策、法律法規、戰略、計劃、決定，以及採用的經濟槓桿等。它對各個產業和企業都有極其巨大的影響，或者起鼓勵、支持的作用（這就是企業可利用的機會），或者起約束、限制的作用（這就是企業應設法迴避的威脅）。

我們黨和政府在鄧小平理論指導下制定的社會主義初級階段的基本路線和「抓住機遇、深化改革、擴大開放、促進發展、保持穩定」的基本方針，是建設中國特色社會主義的指南，必須長期堅持不動搖。我們黨提出的科學發展觀，是馬克思主義關於發展的世界觀和方法論的集中體現，是中國經濟社會發展的重要指導方針，是發展中國特色社會主義必須堅持和貫徹的重大戰略思想。其第一要義是發展，核心是以人為本，基本要求是全面協調可持續，根本方法是統籌兼顧。每個企業都必須深入貫徹落實科學發展觀。

為了調整和優化中國的產業結構，國家已制定出產業政策。這就是堅持把加強農業放在經濟工作的首位，推進現代農業建設；繼續加強能源、基礎原材料、交通運輸、郵電通信、水利、環境保護等基礎產業和基礎設施建設，調整和改造傳統的加工產業，大力發展電子信息、計算機及其軟件、航空航天、生物工程、海洋工程等高科技產業；並且加快第三產業的發展。高科技產業都屬於技術、資金、知識密集型，但考慮到中國人力資源狀況，勞動密集型產業仍然需要適度發展，要將兩種類型的產業結合起來。產業政策為各產業的企業指明了發展前景，為企業選擇經營範圍和經營業務提供了方向。

改革開放以來，中國大力加強了法制建設，陸續頒布實施了許多法律法規。同企業關係密切的就有企業法、公司法、勞動法、勞動合同法、經濟合同法、產品質量法、消費者權益保護法、反不正當競爭法、各種稅法、各類銀行法、各類工業產權法等。企業必須學法守法，依法辦事，並利用法律法規來保護自己的合法權益。

1999 年，國家提出西部大開發戰略，這是中國區域發展戰略的演變和政策的調整。其內容包括進一步加快西部基礎設施建設，切實加強西部生態環境保護和建設，積極調整西部產業結構，大力發展科技和教育等。戰略的提出使西部地區

面臨大好的歷史機遇，同時也有利於東部地區的產業結構調整和經濟發展。新視角 2-2 簡述了西部大開發戰略將對東西部特別是四川產業帶來的影響。

新視角 2-2：

西部大開發戰略對四川產業的影響[①]

西部大開發戰略不僅為西部地區的快速發展創造了良好的政策環境和發展空間，也為東部較發達地區的經濟發展拓展了市場和產業結構調整的空間，有利於東部地區產業結構的升級換代。

東部地區在繼續實施沿海地區開放型經濟發展戰略的同時，根據技術進步的要求，應側重發展高新技術產業，並將勞動密集型產業逐步向自然資源和勞動力豐富的西部地區轉移，從而緩解國內不同區域對資源和市場的爭奪，減少它們在相同產業結構的技術檔次上的過度競爭，並給西部地區產業結構高度化讓出更多的空間。

東部地區傳統產業的西移，給四川的資源開發和產業結構調整帶來了巨大的機遇，可充分發揮四川農林牧副業資源、水力資源、天然氣資源、部分礦產資源、旅遊資源等的優勢，充分利用東部技術轉移對上述資源進行高附加值開發，提升產業發展水平。此外，四川有廣闊的市場和廉價勞動力，對東部的資金、技術頗有吸引力，應通過體制和政策的調整，最大限度地吸引東部地區的資金、技術和人才，發展四川的農業、水電、電子、農用化工、發電設備和重型機械製造、工程機械製造等產業，開展與東部地區的橫向經濟技術合作，形成東西部地區產業技術優勢和資源優勢的互補。

中國每隔五年就要制訂和實施一個「五年計劃」，各省市還要按照全國計劃的要求制訂出各自相應的計劃。這些計劃規定了國民經濟和社會發展的主要奮鬥目標、經濟建設的指導方針、主要任務和戰略佈局，以及改革開放的主要任務和部署等。企業在考慮自己的戰略計劃時，必須適應國家和省市計劃的要求，為實現國家和省市計劃出力，才能得到政府的支持。

國家在某個時期做出的重大決定，對各產業和企業也會產生極大的影響。例如，1993 年，黨的十四屆三中全會做出的《關於建立社會主義市場經濟體制若干問題的決定》，1999 年，黨的十五屆四中全會做出的《關於國有企業改革和發

---

① 紀盡善. 國內外經濟環境變化對四川的影響 [M]. 成都：西南財經大學出版社，2000：173-174.

展若干重大問題的決定》，2013 年，黨的十八屆三中全會做出的《關於全面深化改革若干重大問題的決定》，2014 年，黨的十八屆四中全會做出的《關於全面推進依法治國若干重大問題的決定》等。

上述諸方面（當然還很不完整）都屬於宏觀環境中的政治法律因素，對一切產業和企業都有巨大而深遠的影響，理應受到每個企業的高度重視。每項方針政策的出拾，每項新法令的頒布，企業都應及時組織認真研究，領會其精神，考察其對企業的影響，從中發現企業可能面臨的機會和威脅，以便做出自己的決策。企業在制定戰略、推行戰略管理時，更應使這項工作經常化，同其他方面的因素結合起來，進行綜合分析和預測。

凡從事國際化經營的企業，除了調查研究本國的政治法律因素以外，還要經常研究相關國家的政治法律因素，例如那些國家的方針政策、法律法規、政局穩定程度、革命因素、戰爭因素等，為決策提供依據。有些發展中國家或欠發達國家就因政局動盪或戰亂頻繁，難以吸引外商去做生意或投資，同這些國家打交道就應格外謹慎。有些國家雖然宣稱歡迎外商去投資，卻對投資所獲利潤的匯出施加多重限制，致使外商裹足不前。企業如擬同這些國家打交道，不僅要先研究它們的有關法令規定，而且要深入考察實際情況，否則就會犯錯誤且蒙受損失。

二、經濟因素

經濟因素是同上述政治法律因素緊密聯繫的，對產業和企業的影響更為直接。它包括國民經濟發展、財政、金融、國際貿易和國際收支、勞動就業、物價水平等多種因素。企業的生存和發展，受到國家宏觀經濟的巨大影響。

改革開放以來，中國國民經濟持續、快速增長，國民生產總值（GNP）和國內生產總值（GDP）每年均保持一定的增長率。從 21 世紀第二個十年開始，中國經濟發展趨緩，進入中高速增長的新常態。現在中國已是全球第二大經濟體，正在向 2020 年全面建成小康社會的目標前進。

中國經濟與世界經濟的聯繫日益緊密，外貿總額逐年增長，外匯儲備逐年增多，隨著經濟全球化趨勢的增強，外貿還將有更大的發展空間。中國已引進大量外資，還將繼續引進，並積極合理地加以利用。國家鼓勵外資投向農業綜合開發，投向基礎設施、高新技術產業和資源綜合利用，投向中西部地區。中國許多產業部門已對外資開放。

外貿的發展和外資的引進對中國產業和企業有雙重影響。一方面，它為我們更好地利用國內外兩個市場和兩種資源創造了有利條件，能促進產業和企業的興旺發達；另一方面，它又會加劇國內外市場的競爭，在國內市場上也面臨國際性競爭，無疑會給中國產業和企業帶來嚴峻挑戰和沉重壓力。在此情況下，中國企業必須通過認真細緻的調查研究，放眼國內外市場，選準經營項目，開發高新技

術，盡量增強自身的競爭實力，首先要在國內市場上戰勝國外競爭對手，然后去參與國際市場競爭。

宏觀經濟中的勞動就業狀況包括新增勞動力、就業（失業）率、勞動力市場培育、工資水平等，也是企業應當關心和認真研究的。這不但關係到企業的人員進出，而且直接關係到社會穩定。中國國有企業的改革就經歷了減員增效、下崗分流、對多余人員和下崗人員安排再就業的過程。

物價水平是同城鄉人民生活水平密切聯繫的。改革開放以來，中國人民生活水平有了很大改善，城鄉居民的人均收入扣除物價上漲因素后，仍然逐年增長。中國消費品供應豐富，市場購銷兩旺，「短缺經濟」現象已基本消失。不過，廣大農村人口的生活水平仍然不高，還有幾千萬人等待脫貧。國家將在發展生產的基礎上進一步提高人民生活水平，這又會促進生產的進一步發展。企業特別是生產消費品的企業要注意調查研究人民生活水平提高的狀況，針對不同地區、不同年齡人民的生活需要，開發和生產適銷對路的產品，以滿足他們的要求。

宏觀經濟的因素很多，以上只是舉例性的。對於從事國際化經營的企業而言，除了研究本國的經濟因素外，還需研究與其打交道的國家的經濟因素。其中包括國民經濟發展態勢、人民生活水平、通貨膨脹率、失業率等諸多因素，以及經濟週期、經濟危機、關稅稅則、外貿支付方式、貨幣匯率、利潤匯出方式等。

宏觀經濟的調查分析內容複雜，工作量很大，預測更難以準確，所以應同政治法律因素的調研一樣經常地進行，而且應獲得宏觀經濟專家的協助。企業內部的人員包括其高層管理者一般對宏觀經濟都不很熟悉，延聘外部的經濟專家很有必要。

三、社會文化因素

宏觀環境中的社會文化因素主要包括三大類：人口統計因素、文化因素和生態環境因素。人口統計因素有人口出生率和自然增長率、平均壽命測算、人口的年齡結構、性別結構、勞動力資源結構、教育程度結構、產業結構、民族結構、地域結構、人口質量、人口城市化、家庭組成情況、人口控制情況等。文化因素有人們的價值觀念、工作態度、消費傾向、倫理道德、風俗習慣等。生態環境因素有生態環境保護和建設，空氣、水等污染的控制，能源節約，野生、瀕危物種的保護等。

人口的數量、質量和遷移變動都對社會發展有巨大影響，既可起推動和促進作用，又可起延緩和阻礙作用，所以世界上許多國家都重視對人口的控制。

不同年齡、不同性別、不同教育程度和不同民族的人口在消費需求上各有特點，對社會經濟發展的影響也不相同，所以我們要注意調查研究人口結構的變動。就年齡結構而言，關於年齡段的劃分標準並不統一，通常是劃分為三段：15

歲以下為少年兒童；15~65 歲為青年和成年；65 歲以上為老年。[1] 人口年齡結構類型也相應地劃分為年輕型、成年型和老年型，按上述三個年齡段人口所占比例而定。現在世界各國也有將 60 歲作為老年人口起點的。按照聯合國的規定，一個國家（或地區）60 歲以上人口占人口總數 10% 以上，或者 65 歲以上人口占人口總數 7% 以上，就稱為「老年型」國家（或地區）[2]。新中國成立以來，中國進行的歷次人口普查表明，中國人口老齡化程度不算高，老年（60 歲以上）人口比重 1953 年為 7.3%，1964 年為 6.1%，1982 年為 7.16%；但到 2000 年，達到 10.48%，即進入「老年型」國家行列，預測到 2050 年將超過 25%。[3] 這是由於科學技術進步、醫療衛生事業發展、人民平均壽命延長綜合發揮作用的結果，是社會進步的重要標志。企業在調查分析人口結構時，還有必要將年齡段稍為細分，例如將青年和成年人分開，因為他們的消費需求可能有所不同。

研究勞動力資源結構也有重要意義。如分析勞動適齡人口（中國規定為男子 16~60 歲、女子 16~55 歲中具有勞動能力的人口）中已參加社會勞動和未參加社會勞動的人口比例，可以瞭解勞動力資源的利用程度。分析勞動力資源中未參加社會勞動的人口中，從事家務勞動、學生及其他人口各占多大比重，可以瞭解勞動力資源的儲備力量及其變化對社會經濟的影響。分析非勞動適齡人口（如退休職工）參加社會勞動的規模，可以瞭解老年人口就業狀況等。企業研究勞動力資源結構，同保障勞動力供給有關。

人口的地域結構同產業結構有密切聯繫。在中國已出現人口由農村流向城市，由第一產業流向第二產業、第三產業，由經濟欠發達地區流向經濟較發達地區的趨勢。改革開放以來，這一趨勢更加明顯。這反應了現代經濟發展的客觀規律，但流動過快也會帶來一些問題。中國採取的政策是積極發展小城鎮，加強農業的綜合開發，在小城鎮發展第二產業、第三產業，引導農村剩餘勞動力就近轉移和有序流動，並堅持區域經濟協調發展，讓經濟較發達地區支援經濟欠發達地區，逐步解決地區發展的差距。

人口質量主要指人口的身體素質、思想道德素質和文化科學技能素質，這是就個體人口質量來說的。總體的人口質量則既決定於個體人口素質，還包括人口結構是否合理及其與社會經濟發展的適應程度。新中國成立以來，中國的人口質量有了明顯的提高，但是同社會主義現代化建設的要求相比，仍存在不小的差距。國家始終堅持物質文明建設和精神文明建設「兩手抓，兩手都要硬」的方針，大力發展文化、教育和衛生保健事業等，都是為了進一步提高人口質量。企

---

[1] 劉洪康，吳忠觀. 人口理論 [M]. 成都：西南財經大學出版社，1991：164.
[2] 蔡立敏. 老齡工作手冊 [M]. 成都，四川民族出版社，1988：22.
[3] 劉洪康，吳忠觀. 人口理論 [M]. 成都：西南財經大學出版社，1991：29.

業也應瞭解這方面的情況，貫徹「兩手抓」的方針，搞好職工教育，提高職工素質。

在文化因素方面，人們的價值觀念、工作態度可能對企業的人員招聘、工作安排、作業組織、管理制度以及報酬制度等產生廣泛的影響。如一些城市青年的擇業觀念就對再就業工程的實施不利，有些人不願從事繁重而單調的工作，對生活的要求比對工作的要求更多，我們要轉變人們的這些觀念需要做大量的工作。

近來有外媒報導，中國有更多年輕人要求較多的休息時間，因為負擔重了，具體見新視角 2-3。

新視角 2-3：

更多年輕人要求休息時間

中國人歷來吃苦耐勞，視工作為第一位、生活為第二位，而西方人則常視生活為第一位、工作為第二位。現在情況有所變化，更多中國的年輕人希望有更多的休息時間。

原因是獨生子女這一代人負擔重了，上有老、下有小，又無兄弟姐妹幫助，所以經常感到勞累。有人統計，中國員工的辭職率為 20%～30%，辭職的主要原因不是為了工資，而是為獲得較多的休息時間。求職的年輕人都喜歡那些週末不加班的公司，如被安排到工作時間較長的單位就會抱怨。許多人開始追求「平衡的工作—生活方式」，要求獲得必要的休息時間來照顧孩子和老人。這對企業來說，是一項新的人力資源挑戰。

現在已有一些企業採用了外國企業常有的「額外福利」，如彈性工作時間、不加班的保證、健身俱樂部會員卡等。

資料來源：2012 年 3 月 8 日《環球時報》轉載英國《金融時報》一文。

人們的消費傾向、風俗習慣直接影響市場需求。中國在「短缺經濟」時期，人民的生活水平低下，消費傾向單一，僅以服裝而言，無論男女老少，在樣式、顏色上基本標準化，對質量要求也不高，所以服裝製造業可以組織大批量的流水線生產，不愁產品賣不掉。現在人們生活水平提高了，消費傾向多樣化，服裝的款式和顏色、採用的材料等豐富多彩，對質量要求不一，服裝製造業只能按市場需求組織多品種小批量的生產，如市場調查不準，產品就銷售不出去。舉此一例，說明企業對消費傾向、風俗習慣的調研的重要性。

隨著人民生活水平的提高，相對富裕的消費者將更願購買「質優價貴」的產品，更傾向「情緒化」。見新視角 2-4。

新視角 2-4：

中國消費者將更「情緒化」

　　隨著中國經濟的轉型，國民消費將成為經濟增長的主要原動力。研究人民的消費習慣以便促進消費，就顯得很重要了。

　　影響消費習慣的因素很多，主要有工資水平的上升，工業化和城鎮化的推進，社會流動性的增強，教育水平的改善，女性獨立性的提高，城鄉之間、區域之間的平衡發展等。據研究，在 2010 年，中國相對富裕的「主流」消費者（家庭年可支配收入在 1.6 萬~3.4 萬美元）僅占城鎮人口的 6%，到 2020 年將猛升至 51%，這一群體接近 4 億人。不過，他們主要集中在一些城市群，例如到 2020 年，成都城市群（含 29 個城市）的 GDP 將達到 2010 年奧地利全國的 GDP，山東省的 GDP 將與目前的韓國相當。

　　隨著人民的逐漸富裕，他們將更願購買質量更高、價格更貴、能代表身分地位的產品，更傾向「情緒化」，跟著感覺走，追求「讓我感覺好」的商品。

資料來源：2012 年 3 月 8 日《環球時報》轉載法新社報導。

　　我們要精確地預測社會文化因素對企業的影響是很難的，但仍然需要經常地進行，至少要估計其影響的方向和程度。對於從事國際化經營的企業，除要研究本國的社會文化外，還應研究同它打交道的國家的社會文化，主要是人口數量增長、年齡結構、地域分佈、消費傾向、風俗習慣等。特別是對文化差異較大的國家，要小心謹慎，多做調研，然后進入。許多跨國公司在聘用駐在國的代理人時，經常選擇那個國家的人，也是為了便於處理文化差異方面的問題。新視角 2-5 舉出一些不同國家和地區的文化差別為例。

　　生態環境因素日益受到各國的重視，各國紛紛為此制定嚴格的法律法規加以實施，這是因為臭氧層破壞導致的全球氣候變暖，原始森林快速消失導致的水土流失、災害頻繁、野生物種滅絕，工業、交通和城市排放的廢氣、廢水、廢渣等導致的空氣污染、水污染、垃圾廢物污染等已到了威脅人類生存的地步。中國的經濟高速發展也帶來了環境惡化的負面影響，見新視角 2-6。這個問題已引起政府的高度重視，為此中國提出科學發展觀和可持續發展戰略，提出綠色發展理念，採取加快立法和從嚴治理等多方面的措施。

新視角 2-5：

不同國家和地區的文化差別示例

　　美國人崇尚個人主義，提倡個人奮鬥；日本人、中國人、韓國人則比較強調集體主義，講究「人和」，重視人際關係。

　　美國人在同外國人（美國之外的人）的商務交往中常立即直呼其名，而外國人則認為這不禮貌。在許多國家，直呼其名只限於家庭成員或親密朋友之間。

　　美國管理者比外國管理者更注重短期效果，例如在市場行銷中，日本人要竭力爭取永久性客戶，而許多美國人則願意做「一錘子買賣」。

　　美國管理者一般都很重視股東的利益，認為辦公司主要是為投資人創造價值。日本人更加重視雇員的利益，如實行「終身雇傭制」等。

　　美國管理者特別注重時間，講求效率，經常匆匆忙忙地赴約、談判；亞洲管理者則認為不必那樣匆忙，必要的休息、傾聽、沉思和反省同樣是有效率的。

　　資料來源：FR 戴維. 戰略管理 [M]. 李克寧, 譯. 8 版. 北京：經濟科學出版社，2001：144-145.

新視角 2-6：

環境惡化：中國飛速發展的苦澀一面

　　森林被毀、酸雨、河流污染、過度開發的自然保護區以及 20% 的物種面臨滅絕威脅，這就是中國經濟飛速發展的苦澀一面。為了應對公眾的批評，中國政府制訂了世界上最大的環保計劃。

　　為了保護國內的森林，中國政府頒布法令禁止砍伐樹木並推動植樹造林，但是所種植的樹木品種卻十分單一，對種植樹木的品種完全沒有規劃。世界銀行警告說，中國的森林將失去生物多樣性。

　　為了阻止國土的沙漠化，中國政府正計劃在西部和北部地區建設一條長 4,500 千米的綠色長廊。這一工程將在 2050 年完工，可使這一地區 150 萬平方千米受到威脅的生態系統受到保護。但如果這一計劃同樣是通過種植單一的樹木品種來進行的話，將可能演變為另一個生態災難。

　　另外，由於使用煤和其他礦物燃料作為能源的來源，中國 30% 的地區受到

酸雨的影響。同時，由於工業污染和興建水電站，黃河中下遊1,000多千米的河段已經成了「死河」。

為了將水力發電占能源的比例從目前的19%提高到2015年的40%，中國將修建22,000座水電站。經濟利益完全勝過了對環境的考慮，修建水電站會導致上下遊的物種無法交流，減緩水流速度，造成水質下降，並使河流兩岸的耕地消失。

資料來源：墨西哥《標志》周刊2002年1月9日文章，《參考消息》2002年1月15日轉載。

企業在從事戰略調研時，要調查瞭解國家關於環境保護方面的法律法規，盡可能不去污染嚴重的地區設廠，盡力治理自身造成的污染，治理污染還有可能帶來經濟效益。如企業從事跨國經營，同樣應當瞭解東道國的有關法令並嚴格遵守，這是企業承擔的社會責任。

四、科技因素

科學技術是第一生產力。現代社會的科技日新月異，產品更新換代速度空前提高。振興經濟首先要振興科技。企業只有堅定地推進科技進步，才能在激烈的國際國內市場競爭中取得主動權。從總體上看，美國的科技居世界領先地位，但其某些產業卻落後於他國，例如鋼鐵工業就遠遠落後於日本，成為「夕陽產業」，靠政府的價格補貼度日，主要原因是日本的鋼鐵工業採用了更先進複雜的技術。中國的科技水平同美國、日本的科技水平還有差距，所以政府制定了「科教興國」戰略，大力促進科技進步。

進入21世紀后，政府號召努力提高自主創新能力，把它作為科學技術發展的戰略基點和調整產業結構、轉換經濟發展方式的中心環節，要求大力增強原始創新能力、集成創新能力和引進消化吸收再創新能力。

科技進步主要從兩個方面對產業和企業產生巨大影響。一方面是開發新產品，改革老產品，改變市場需求。競爭對手的新產品問世可能立即淘汰本企業的產品而使本企業破產。另一方面是開發新技術、新材料、新設備，使企業的產量增長、質量提高、材料節約、成本下降，贏得競爭優勢。正由於此，許多成功的企業都非常重視科技的研究開發，每年將其銷售額的10%左右用於研究開發也在所不惜。

電子信息技術是20世紀最重大的科技成就之一。互聯網（Internet）正在作為國家甚至全球的經濟引擎而促進生產效率和人們生活水平的提高。電子商務正在促進全球貿易活動發生變革，為各公司節省銷售和交易費用。信息技術也正在改變企業內部的管理方式，一些企業為此設置了首席信息官（CIO）或首席技術官（CTO）。

企業在進行戰略調研時，必須像重視其他宏觀環境一樣重視科技因素，廣泛收集科技信息，認真研究同本產業和企業密切相關的科技成果，探索加以利用或進一步研究的時機，爭取先人一步地創造條件把有價值的科技成果利用起來。在應收集的科技信息中，還包括競爭對手所進行的研究開發，便於採取必要的對策。同一科技成果，誰能搶先利用，誰就抓住了機會而對別人構成威脅。如果面對成果而遲遲不用，將錯過機會，待別人用了即形成威脅。

在分別說明了以上四種因素之後，列出表 2-1 加以概括。

表 2-1　　　　　　　　　宏觀環境諸因素匯總表

政治法律因素	經濟因素	社會文化因素	科學技術因素
路線	國民經濟發展速度	人口出生率	國家的研究開發
方針、政策	固定資產投資規模	人口自然增長率	企業的研究開發
法律、法規	財政收支和財政赤字	人口結構	專利技術
戰略	貨幣供給量	年齡結構	新產品
規劃、計劃	信貸規模和利率	性別結構	新技術
決定	通貨膨脹率	勞動力資源結構	新材料
政府運用的經濟槓桿	國際貿易和國際收支	教育程度結構	新設備
	國家外匯儲備	產業結構	信息技術
	就業（失業）率	地域結構	引進國外技術
	工資水平	民族結構	
	物價水平	人口質量	
	人民生活水平	價值觀念	
		消費傾向	
		生態環境	

尚需說明幾點：

（1）四種因素相互聯繫，不能截然分開。如政治法律因素中的方針政策和法律法規，就涉及經濟、人口和科技的因素，從而同其他三個因素相互交叉、相互影響。

（2）四種因素的調研都很重要，不可偏廢，但調研的重點是經濟因素。這是因為企業畢竟是從事經濟活動的經濟組織，而且其他三因素最終都要影響經濟因素並通過經濟因素影響產業和企業。

（3）四種因素中有些內容對於不同的產業有著不同的重要性。例如社會文化因素中的人口年齡結構、性別結構、消費傾向等，對於消費品工業的重要性顯然比對重工業更大些；又如有些產業技術進步快，另一些產業技術進步卻相對緩

慢，科技因素的重要程度也就有差別。

（4）四種因素影響著產業和企業，站在企業的角度，就需要把它們的調研同下一章將討論的產業環境調研結合起來，進行綜合分析，以便發現機會和威脅。

第三節　宏觀環境調研的方法

企業對宏觀環境進行調研所採用的方法可分為調查方法和預測方法。這些方法也適用於后面將介紹的產業環境調研。由於一般的管理學科教材對這些方法都有所介紹，這裡僅結合戰略管理特點作簡要敘述。

一、調查方法

企業採用這些方法，是為了總結過去經驗，掌握現實情況，對收集到的信息進行分析研究。可用的方法有三：

（1）間接調查法。這包括：①收集各種新聞媒介傳播的信息，如通過閱讀報刊、收看電視、收聽廣播等收集信息；②查閱文獻資料，如政府報告、統計公報、各種年鑒、檔案材料等；③參加或召開會議，如通過參加報告會、學術會、交易會、博覽會、經驗交流會，邀請專家學者進行研討等進行調查。之所以稱為間接調查，是因為主要是聽取他人的意見和累積的信息，屬於二手資料的收集方法。

間接調查法是比較經濟、方便的，是宏觀環境調研最主要的方法。

（2）直接觀察法。這是指企業派出人員赴所需調查的事物現場，直接接觸、觀察，以獲得第一手資料的方法。例如，為瞭解人們消費傾向的變化，企業派員工去各地、各大商場親自觀察瞭解；跨國經營的企業派員工去某些國家作必要的調查，包括其政治、經濟、社會文化等方面的情況；等等。

直接觀察法同間接調查法相比，所獲信息較為準確可靠，並可減少加工工作量，但比較費時費力，且需具備一定的條件。因此，直接觀察法常作為間接調查法的補充，只在特殊必要時進行。

（3）試驗法。這是一種置事物於人工選擇的環境中，觀察事物在這種情況下表現出的結果，以獲得所需信息的方法。它主要用於正常手段難以得到信息，或在正常條件下不易觀察出事物本質的情況。如中國經濟體制改革就常採用「試點」法，即先選「點」進行試驗，待取得足夠的經驗后，再據以制訂比較完善的方案加以推廣。

試驗法具有和直接觀察法同樣的優點，而且彌補了它的不足，但其應用受到人、財、物以及時間、空間等條件的更大限制，所以在企業宏觀環境調研中較少被採用。試驗法在企業進行產業環境調研特別是其中的市場狀況調研時，是有可

能被採用的。

發達國家的企業對宏觀環境的調研,是獨立進行、相互保密的.但它們也需要政府機關、科研機構、高等院校、諮詢公司、行業組織、銀行保險業等的大力支持。美國政府的商務部、勞工部等定期發布的統計資料,科研機構和諮詢公司發表的形勢分析報告,行業組織編寫的刊物,許多商業性雜志提供的信息等,都對企業有很大的幫助,再加上電子計算機信息網路的建設和發展,使得企業採用間接調查法收集共通性信息十分方便。當然,企業對信息的分析和利用,仍然是各自分散、獨立地進行。

中國企業在進行宏觀環境調查時,常感到信息難以收集,大型企業如此,中小型企業就更難。今后,政府有關部門可以多公布或向企業提供非保密性的信息。各行業協會更可多做調查統計工作,為會員企業提供信息服務。我們要鼓勵科研機構、高等院校、諮詢公司等也去做這項工作,鼓勵財政、稅務、銀行、保險、工會等部門為企業提供信息,鼓勵商業性報刊多介紹有用信息。這不僅對企業推行戰略管理有幫助,而且有利於社會主義市場經濟體制的完善。

二、預測方法

預測很難做到準確,但企業為了成功,仍然必須在調查的基礎上對其所處環境的未來發展進行預測。預測的方法很多,大體可分為定性預測法和定量預測法兩類。由於戰略調研屬於長期預測,通常採用定性預測法,而以定量預測法作補充。

定性預測法主要是約請企業內外有關人員和專家聚在一起,憑他們掌握的情況和經驗,相互啓發,共同研討,推斷環境因素未來發展的多種可能性,意見可能一致但並不強求一致。這種方法的好處是人們面對面地交換意見,集思廣益,而且簡便易行;但也可能存在一些缺點,如約請人員中有一權威,其他人就難以發表不同的意見。為避開此缺點,企業可改用德爾菲法。

德爾菲法(Delphi Technique)是約請專家背靠背地提出各自意見的方法,其步驟可概述如下:

(1)將預測內容寫成含義十分明確的問題。

(2)在企業內外聘請熟悉情況、經驗豐富的 10~20 名專家,將問題寄給他們,請他們分別就這些問題提出意見。

(3)搜集各位專家的意見,整理歸納,再將歸納后的意見寄給各專家,請專家將反饋意見同自己原來的意見比較,或修改原來意見,或仍堅持己見,並把此意見寄回。

(4)待收到第二次意見后,再整理歸納,將歸納意見再寄給各位專家,徵求他們的意見。如此反覆進行三四次,直到專家們都不願改變自己的觀點為止。專

家們的最后意見即為預測的結論，可能一致也可能不一致。

這種方法的好處是可消除專家相互間心理上的影響，但比較費時費事，採用受到限制。

與定性預測法不同，定量預測法主要用於經濟因素的預測。在宏觀經濟學中已建立起許多計量經濟模型，它們用一系列數學方程式來表述宏觀經濟因素之間的關係以及經濟活動的結果。模型說明的經濟關係的數量取決於多種因素，並決定著該模型所代表的經濟活動的詳略程度。當然，即使是最大、最複雜的模型，也不得不抽象掉一些因素，從而把實際經濟活動簡單化了。許多模型的求解必須借助於電子計算機。

如預測的經濟關係不複雜，可採用迴歸分析、相關分析、先行指標法等，它們也屬於定量預測法。

定量預測法通過數學運算得出的結果似乎很精確，但很難與經濟發展的實際情況相吻合。因此，企業必須將定量預測與定性預測結合起來，而以定性預測為主。

復習思考題

1. 什麼是企業的宏觀環境？它包括哪些因素或力量？
2. 在戰略管理過程中，對宏觀環境進行調研的目的何在？
3. 政治法律因素的調研主要有哪些內容？
4. 宏觀經濟因素的調研主要有哪些內容？
5. 社會文化因素的調研主要有哪些內容？
6. 科學技術因素的調研主要有哪些內容？
7. 舉例說明宏觀環境四因素之間的內在聯繫。
8. 設想你在某企業工作，舉例說明宏觀環境因素給你企業帶來的機會和威脅。
9. 在宏觀環境調研中，主要採用哪些調查方法和預測方法？為什麼需要邀請外部的專家參加？

案例：

用發展新理念指導企業發展戰略

　　中國正處於國民經濟和社會發展第十三個五年規劃（以下簡稱規劃）的時期，規劃的總體目標是在2020年全面建成小康社會，並為實現第二個百年奮鬥目標奠定堅實基礎。為了實現這個目標，規劃創造性地提出：必須牢固樹立並切實貫徹創新、協調、綠色、開放、共享的發展理念，這是關係中國發展全局的一場深刻變革。

　　五個發展新理念既指導宏觀經濟，又指導微觀經濟。它對各行各業的企業提出了要求，指明了方向，也為一些企業展現了機遇，施加了制約。企業的發展戰略必須接受發展新理念的指導。

　　創新發展是指把創新擺在國家發展全局的核心位置，在國家一切工作中，實施創新驅動戰略，推動萬眾創新。作為市場經濟主體的企業自然也應創新發展，實施創新驅動戰略，充分發動職工群眾開展在產品、生產技術、市場開發、組織管理等方面的創新，首先是經營者的理念創新，向創新要增長、要質量效益、要節能減排、要生態保護。

　　協調發展是指正確處理國家發展中的重大關係，促進城鄉、地區之間協調發展，經濟社會協調發展，新型工業化、信息化、城鎮化、農業現代化同步發展。國家在協調地區間和產業間的發展時，可能要求企業轉移、壓縮產能甚至關停並轉，企業自應主動配合。在企業內部生產環節（如鋼鐵公司的煉鐵、煉鋼、軋鋼，紡織公司的紡、印染等）之間也有生產能力的平衡協調問題，戰略應當予以重視，因為企業的綜合生產能力是由能力最弱的環節來決定的。

　　綠色發展是指堅持節約資源和保護環境的基本國策，堅定走生產發展、生活富裕、生態良好的文明發展道路，實行最嚴格的環境保護制度，治理大氣、水、土壤等方面的污染，建設美麗中國。企業在從事生產經營的同時，必須承擔起保護環境、消除污染的責任，制定戰略時就應充分考慮。綠色發展為環保企業的環保設備製造業提供了發展的機遇，對排放污染的企業發出了警告。

　　開放發展是指豐富對外開放內涵，提高對外開放水平，完善對外開放戰略，開創對外開放新局面。企業要奉行互利共贏的開放戰略，積極參與全球經濟治理和公共產品價格制定，構建廣泛的利益共同體。有條件的企業也應當實行開放發展戰略，或在國內同外資合作合資經營，或走出國門，從事國際化經營。中國推進的「一帶一路」建設，為企業開放發展提供了良好的機遇。

　　共享發展是指堅持發展依靠人民，發展成果由人民共享，做出更有效的制度安排，使人民在共建共享發展中有更多獲得感。為此，我們要實行精準扶貧，精

準脫貧；推動義務教育均衡發展，普及高中階段教育；實施更積極的就業政策，完善創業扶持政策；提高技術工人待遇，縮小收入差距；建立更公平更可持續的社會保障制度，實施全民參保計劃；深化醫療衛生體制改革，改善基本醫療衛生制度；堅持計劃生育的基本國策，全面實施一對夫婦可生育兩個孩子政策；等等。按照中國人口老齡化的現狀，加以全民實施參保，從事養老事業和老人用品的企業將獲得更多機遇。而放開二胎生育，將有更多嬰幼兒產生，從事嬰幼兒事業及嬰幼兒食品用品的企業必將面臨更多機遇。

所有企業都應深入學習十三五規劃，認真領會五個發展新理念的重大意義，用以指導自身的戰略和發展，為實現規劃的目標做出應有的貢獻。

資料來源：《中國共產黨第十八屆五中全會會議公報》，載於 2015 年 10 月 30 日《成都商報》。

[分析問題]

1. 為什麼說發展新理念的提出具有重大的現實意義和深遠的歷史意義？
2. 為了實施創新驅動戰略，需要做好哪些方面的工作？

第三章
產業環境調研

本章學習目的

○ 瞭解產業環境的概念和調研的目的
○ 掌握產業狀況調研的主要內容
○ 掌握市場狀況調研的主要內容
○ 深刻掌握競爭狀況調研的主要內容

產業環境也是企業的外部環境，它對企業的影響較宏觀環境更加直接。因此，企業在戰略管理過程中，必須做好產業環境的調研工作。這項工作可以同宏觀環境調研同時進行，也可依次進行，視企業自身的調研能力而定。本章集中研究產業環境調研的目的和主要內容，調研的方法則基本上採用宏觀環境調研方法。

第一節　產業環境調研的目的

產業環境（Industry Environment）又稱特定環境或工作環境（Specific or Task Environment），是指從產業（部門、行業）角度看，影響企業的各種因素或力量，如企業所在產業的結構及其發展趨勢、產業的市場狀況、各種生產要素的提供者、競爭狀況和有關政府機構等。這些因素或力量絕大部分也是企業不可控制而只能去適應的，它們對企業的影響顯然較宏觀環境諸因素更為直接。

企業推行戰略管理，對產業環境進行調研的目的有三：①從產業看，企業未

來有哪些機會和威脅；②考察企業的競爭地位，發現企業在競爭中有哪些優勢和劣勢；③註視產業發展前景，以便重新審定企業經營範圍。實現這三項目的，對企業制定目標、戰略以及經營範圍都至關緊要。

產業環境的內容很多，不確定性強，調研的工作量和難度也較大，所以調研工作同宏觀環境調研一樣，要經常進行，不斷累積資料，要有人負責，並盡可能吸收企業內外的專家參加，集思廣益，提高調研工作質量。

第二節　產業狀況調研

每個企業都歸屬於某一產業（部門、行業）。產業的劃分有許多不同的標準，劃分的粗細程度又有不同，加上現代科學技術的綜合發展和大型企業的多品種經營，已經使產業的定義難以界定。我們按照一般的理解，認為產業就是同類企業組成的總體。所謂「同類」是以下列一個或幾個標志作依據：①產品的經濟用途相同或相近；②使用的主要原材料相同；③生產工藝過程的性質相同。在這三個標志中，以第一個標志為主。

企業所在的產業或打算進入的產業對企業的影響很大很直接，因此，產業環境調研從產業狀況開始。這裡包括產業性質的調研、產業發展階段的調研和國家有關產業政策法令的調研等，而且同下面將討論的市場狀況和競爭狀況的調研是緊密結合在一起的。

一、產業性質調研

由於產業劃分標準和劃分粗細程度不同，大產業包含了若干小產業，小產業又包含了若干小小產業，形成產業系列。在進行產業性質調研之初，每個企業首先須要弄清自己所歸屬的產業系列，這可稱為產業定位。現以三個企業為例，如表 3-1 所示。

表 3-1　　　　　　　　　　企業的產業定位

企業名稱	所　　屬　　產　　業			
	按三次產業 劃　　分	部　門	部門或行業	行　業
某農場	第一產業	農業	種植業	農墾或軍墾
某機床廠	第二產業	機械工業	機床製造	數控機床製造
某信託投資公司	第三產業	金融	非銀行	信託投資

說明：在中國，產業被習慣稱為部門、行業，但部門和行業並無明確的劃分標準，所以表上單列「部門或行業」一欄。

如表 3-1 所示，某農場主要栽培水稻、玉米、大豆等，既屬於第一產業，又屬於農業、種植業等產業，其實第一產業包含農業，農業又包含種植業，種植業還可細分。機床廠和信託投資公司也可同理類推。表 3-1 在「所屬產業」欄下的左邊兩欄可稱為「大產業」，右邊兩欄可稱為「小產業」。我們進行產業狀況調研時所用的產業概念，主要是指「小產業」，特別是就其中的「行業」而言，因為將產業劃分細一些，調研工作可更為具體。

　　在產業定位後，即可分析產業性質。這包括下列內容：

（一）考察產業所用生產要素的配合比例

　　任何產業經濟活動的進行，都須要投入生產要素，其中的勞動力和資本（資金）可視為基本要素。在這兩種要素的配合比例中，單位勞動力占用的資本（資金）數量較少的那些產業，稱為勞動密集型產業；反之，單位勞動力占用的資本（資金）數量較多的那些產業，則稱為資本（資金）密集型產業。從產出角度看，勞動密集型產業的產品，其成本中活勞動消耗所占的比重較大；資本（資金）密集型產業的產品，其成本中物化勞動消耗所占的比重較大。用馬克思關於資本有機構成的學說來解釋，勞動密集型產業的資本有機構成較低，而資本（資金）密集型產業的資本有機構成較高。

　　此外，有人將資本（資金）密集型產業同技術密集型產業相提並論。他們認為，區別勞動密集型和資本（資金）密集型的界限是技術裝備程度和投資多少的差別，因此，資本（資金）密集型產業往往就是技術密集型產業。但兩者又各有特點：一般說，資本（資金）密集程度的高低，和單位產品產量（產值）的投資量成正比，和它所需勞動力人數成反比；技術密集程度則和各個產業的機械化、自動化水平成正比，和它的手工操作人數成反比。

　　隨著信息社會的來臨，有人又提出知識密集型產業的概念。這類產業依靠高素質的人才及其高科技的知識來發展，所用體力勞動者不多，所需技術裝備和投資不多，生產過程的機械化、自動化程度也不一定很高，主要用知識來創造價值，所以它不同於勞動密集型、資本（資金）密集型和技術密集型產業。

　　上述幾種類型的產業在生產要素配合比例和發展所依靠的主要力量上各有特點，出現質的差別，這就要求企業考察所屬產業屬於何種類型，以便研究戰略發展方向和所需主要條件。表 3-2 舉出幾種類型產業不同的經濟特徵。

　　社會發展的基本趨勢是：伴隨著科學技術的進步，勞動密集型產業將逐步減少，資本（資金）密集型產業和技術密集型產業在逐漸增多，而知識密集型產業在 21 世紀將日益顯示其重要地位。不過，不同國家的情況也有差別。

表 3-2　　　　　　　　不同類型產業經濟特徵的比較

項　目	勞動密集型	資本技術密集型	知識密集型
進入壁壘	低	高	中
退出壁壘	低	高	中
技術（知識）水平	較低	較高	高
勞動力素質	較低	低～高	高
所需投資	少	多	中
產品科技含量	較低	較高	高
盈利能力	較低	較高	高

　　工業發達國家（如美國、德國、日本）因為經濟發展程度和科學技術水平較高，資本雄厚，而勞動力相對短缺，所以著重發展資本密集、技術密集和知識密集的產業，它們的勞動密集型產業已成為「夕陽產業」，在國民經濟中所占比重很小。至於一些勞動力資源豐富而資本（資金）短缺的發展中國家，則應在提高科技水平基礎上盡可能發展一些資本密集型、技術密集型、知識密集型產業，同時，注意發展某些勞動密集型產業，多生產和出口一些有特色的勞動密集型產品，滿足國內外需求，這樣也有利於解決勞動力就業問題。中國的產業政策正是如此。因此，中國仍然要發展勞動密集型產業，當然也要逐步提高技術水平，增加產品的科技含量。

　（二）考察產業內企業的數量和規模分佈

　　不同的產業在特定時刻所擁有的企業數量是不相同的，這些企業的規模可能比較均衡，也可能大小懸殊，這就須要各企業對所屬產業的具體情況進行調研，並同競爭狀況的調研結合起來。

　　有些產業如農副產品加工和經營、飲食服務、零售業、修配服務等，因一般不存在規模經濟優勢、主要為當地消費者服務、不需大量投資等原因，進入較易，退出也不難，因而往往擁有大量的企業。這些企業的規模都不是很大，且實力比較均衡，其中最大的幾家佔有的市場份額也有限，不存在能左右整個產業活動的市場領先者。這些產業就稱為分散型產業（Fragmented Industries），產業的市場近似於完全競爭市場。企業之間競爭的特點是，每個企業並沒有特定的競爭對手。

　　與分散型產業相反，有些產業如石油採掘和加工、鋼鐵和有色金屬冶煉、鐵路運輸、遠洋運輸、航空運輸等，因原始投資額很大，存在規模經濟優勢，進入和退出都很難，因而一般只有少量的企業。這些企業的規模都很大，且實力比較均衡，實力較弱的無力與實力較強的抗衡，遲早會被兼併或淘汰。這些產業可稱為集中型產業，產業的市場屬於寡頭壟斷市場，為少數幾家企業分割，每個企業的行為都對市場和其他企業產生影響。企業之間既相互激烈競爭，又相互依存、

相互制約。

介於上述兩類產業之間,還有一些產業如汽車製造、機器設備製造、家用電器製造等,擁有的企業數量不少,但它們的規模和實力相差懸殊。在這些產業中,能提供最終產品給用戶的只是那些享有規模經濟優勢、實力強大的企業,其餘多數企業因規模小、實力弱而淪為大企業的附庸,為它們提供零部件、元器件或其他服務。這裡的大企業展開激烈的市場競爭,小企業相互間也展開為爭奪大企業訂貨的競爭,但大小企業之間則是統治與被統治的關係,小企業不得不聽命於大企業。

在上述三種類型的產業尤其是第三類產業中,人們可能發現存在著戰略群體或集團(Strategic Groups),這就是產業中的企業按照所奉行的戰略和策略劃分出的群體。例如,在家用電器製造業中,有些企業有寬闊的產品線,廣泛地一體化,大量做全國性廣告,掌握了大範圍的分銷和服務渠道,它們就組成一個戰略群體;另一些企業是專業性生產廠,產品線窄,針對某個細分市場進行有選擇的銷售,它們就是另一群體;還有些企業依附於大企業,按其訂貨設計和生產小範圍的產品,不做什麼廣告,那又是一個群體。如果某個產業的所有企業都採用相同或相似的戰略策略,那就只有一個戰略群體。一家企業如有若干事業部,它們可能分屬於不同的戰略群體。應當注意,戰略群體的劃分,只是為了分析研究上的需要,並不是它們相互間存在具體的協議或有形的組織。

產業的門類很多,情況也很複雜。我們劃分上述三種類型和戰略群體,只是作為典型便於研究。在實際工作中,企業須要對所屬產業作具體調研,看它是否接近於三種類型中的某一種或者是獨特的類型,以便確定自身在產業中的地位,考慮競爭戰略。

(三)考察產業在國民經濟中的地位和作用

產業在國民經濟中的地位和作用主要表現在下列三方面:

(1)產業的產值(總產值和淨產值)、上繳利稅額和吸收勞動力的數量,在國家或地方的國內生產總值、工農業總產值、財政收入和勞動就業總量中的比重。

(2)產業的現狀和未來發展對國民經濟和其他產業產生影響的程度。

(3)產業在國際市場上競爭、創匯的能力,以及在國內市場上同國外廠商競爭的能力。

中國的產業政策明確提出要把農業放在經濟工作的首位,要繼續加強能源工業、基礎原材料工業、交通運輸、郵電通信等基礎產業,調整改造傳統的加工工業,大力發展電子信息、航空、生物工程等高科技產業以及第三產業。這些政策正是按照各產業在國民經濟中的地位和作用,並考慮到它們的現狀來制定的。農業是國民經濟的基礎,能源工業等基礎產業在很大程度上決定著國民經濟和其他產業的發展,又是過去長期存在的「瓶頸」產業,高科技產業代表著科技革命的方向,所以應加強和大力發展這些產業。傳統的加工工業如機械、紡織工業等,

则主要是調整和改造的問題。

現在國家和地方政府已根據國家產業政策和實際情況，確定了全國和地方的支柱產業。支柱產業就是政府將重點支持和鼓勵發展的產業，反應它們在國民經濟中特别重要的地位和作用。

企業通過這一方面的考察，如所屬產業是基礎產業、高科技產業或支柱產業，那就面臨發展的機遇，關鍵是如何去抓住這些機遇；如所屬產業不屬於基礎產業等，那就應研究如何為基礎產業等服務，靠它們的發展來帶動自身的發展，過去已有企業累積了這方面的寶貴經驗。在國家要大力發展的電子產業中，有些行業如彩電、冰箱、空調器等製造業，已面臨供大於求的形勢，也有一個調整、改組的問題。總之，調研工作只有從實際出發，具體情況具體分析，才能得出正確的結論。

二、產業發展階段調研

一切產業都在發展變化。人們應用產品壽命週期理論來研究產業的發展，提出產業壽命週期（Industry Life Cycle）的概念。產業壽命週期一般也劃分為四個階段：導入期（或萌芽期）、成長期、成熟期、衰退期。

導入期是指某一產業剛出現的階段。在此階段，有較多的小企業出現，因企業剛建立或剛生產某種產品，忙於發展各自的技術能力而不能全力投入競爭，所以競爭壓力較小。研究開發和工程技術是這個階段的重要職能，在行銷上則著重廣告宣傳，增進顧客對產品的瞭解。

進入成長期，產業的產品已較完善，顧客對產品已有認識，市場迅速擴大，企業的銷售額和利潤迅速增長。同時，有不少后續企業參加進來，產業的規模擴大，競爭日趨激烈，那些不成功的企業已開始退出。市場行銷和生產管理（提高質量和降低成本）成為關鍵性職能。

人們常把處於導入期和成長期的產業稱為新興產業（或早期產業），表明它們有良好的發展前景。如20世紀70年代出現的個人計算機、光導纖維、太陽能加熱、電子遊戲、菸霧報警裝置等，就是美國當時的新興產業。[1]

經過一段時期的成長，產業發展速度逐漸降下來，從而進入成熟期。這一階段的特點：一是產業的市場已趨於飽和，銷售額已難以增長，在階段的后期甚至會開始下降；二是產業內部競爭異常激烈，兼併、兼併大量出現，許多小企業又退出，於是產業由分散走向集中，往往只留下少量的大企業。產品成本和市場行銷有效性成為企業的關鍵因素。

到了衰退期，市場萎縮，產業規模也縮小，留下的企業越來越少，競爭依然很殘酷。這一階段的產業就是所謂的「夕陽產業」，可能延續一段較長的時間，

---

[1] ME波特. 競爭戰略[M]. 夏忠華，等，譯. 北京：中國財政經濟出版社，1989.

也可能迅速消失。

　　以上是對產業壽命週期的典型的描述，實際情況卻很複雜，例如市場的週期性就值得重視，見新視角3-1。

新視角3-1：

產業壽命週期和市場週期性

與產品壽命週期相似，人們常用下列圖形來描繪產業壽命週期：

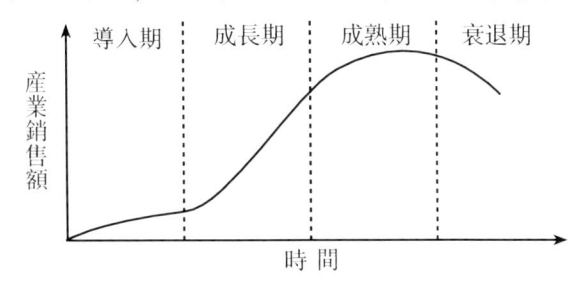

（圖：橫軸為時間，縱軸為產業銷售額，曲線分為導入期、成長期、成熟期、衰退期）

實際情況更複雜，例如市場的週期性就會使圖形發生變化：

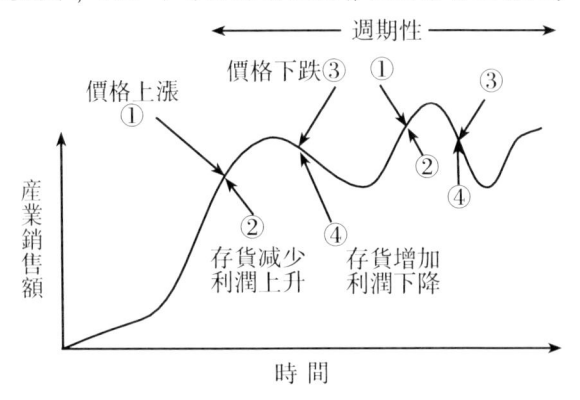

（圖：橫軸為時間，縱軸為產業銷售額，顯示週期性波動。標註：價格上漲①、價格下跌③、存貨減少利潤上升②、存貨增加利潤下降④）

　　市場的週期性是指市場的波浪起伏型變化：增長，下降，再增長，再下降，而不是一往直前。許多國家都經歷過經濟增長和經濟衰退的週期性變化。

　　當市場向上增長時，企業將因商品價格上漲而擴大銷售額，增加盈利，減少存貨；反之，當市場向下跌落時，企業將面臨價格下跌，銷售困難，利潤下降，存貨增加，對於那些固定成本高或可變成本缺少彈性的企業尤其如此。這種週期性對企業戰略的制定和調整有著非常重要的影響。

　　資料來源：R LYNCH. 公司戰略［M］.［譯者不詳］. 昆明：雲南大學出版社，2001：109-111.

對於產業壽命週期，有不少批評意見。正如一些評論家所指出的：

（1）各階段的持續時間隨產業的不同而有很大差別，在不同國度，各產業所處階段也不相同。有時一個產業究竟處於壽命週期的哪一階段並不明顯。這些問題就削弱了此概念的作用。

（2）產業的發展並不總是經過四個階段。有時產業跳過成熟階段，直接從成長走向衰退。有時產業在一段時期衰退后又重新回升。有些產業似乎完全跳過了導入階段而很快成長。

（3）在有些產業中，企業可通過產品創新或擴大其用途來影響和延長壽命週期，特別是延長成熟期。

（4）產業壽命週期每一階段中的競爭情況，也因產業而異。有些產業一開始就非常集中，后來仍然集中。有些產業則由分散走向集中，但集中了一定時期后又不那麼集中了。

儘管有這樣那樣的批評，人們仍然認為，產業壽命週期的概念對理解產業的一般發展過程是有幫助的，因而普遍適用。問題在於，我們不能把它絕對化、凝固化，在加以應用時一定要從實際出發，具體情況具體分析，在不同國家對不同產業的發展階段要做實事求是地估計。

企業在考察所在產業的發展階段時，可以靈活運用產業壽命週期的原理，結合本產業實際，判斷所處階段。如本產業屬於新興產業，則對企業提供了發展機會；如已進入成熟階段，則企業面臨激烈競爭的威脅；如已屬於衰退產業，則威脅更加嚴重，必須對是否退出本產業迅速做出決策。處於產業壽命週期不同階段的企業，應當採用不同的戰略（這個問題將在第八章詳細討論），其前提是要明確產業所處的階段。此外，企業還可以考察其他產業特別是相關產業的發展階段，為在必要時調整經營範圍進入該產業，事先做好準備。

政府的政策對產業發展過程有明顯的影響。例如國家禁止從事某些產品的生產經營，就不會出現那些產業。政府通過發放許可證或控制獲取自然資源的辦法，就可以限制甚至封鎖對某些產業的進入。政府有關競爭的立法，將對產業各階段的競爭活動施加影響。即使是企業要退出某一產業，也要受到政府政策法令的約束，有時由於政府對職工就業問題的關注或該企業對地方經濟的影響，不會輕易讓企業關閉或破產。所以企業在運用產業壽命週期概念來考察產業發展階段時，要將政府有關產業的政策法令結合起來研究。

第三節　市場狀況調研

這裡調研的是整個產業的市場狀況，其中主要是產業的顧客（用戶）的需求情況及採用的行銷手段，也包括產業所需的生產要素（如能源、原材料、勞動

力、資金等）的供應情況。在調研過程中，我們可以發現企業面臨的機遇和威脅。

一、顧客需求情況調研

顧客的需求是每個產業和企業存在的理由。許多產業和企業都把顧客的利益、讓顧客滿意作為自己的首要目標，因此，對顧客需求的調研非常重要。這裡包括：考察並確切掌握顧客需求的性質；考察市場容量及其發展趨勢；考察產業採用的行銷手段等。

（一）考察顧客需求的性質

首先，要瞭解企業所屬的產業面向哪些顧客，他們屬於何種類型，有些什麼特徵，在購買商品時所期望得到的是什麼，他們在地域上和行業上的分佈狀況如何（分散還是集中），他們購買本產業商品的穩定程度如何等。還要瞭解有無潛在的顧客，他們尚未購買本產業的商品是出於什麼原因，隨著經濟的發展、消費傾向的改變或競爭的推動，他們是否會來購買，他們是否在購買本產業商品的替代品等。

其次，要確切地掌握顧客的需求。按照市場行銷理論，產品包括三重含義：核心產品（即其基本功能或效用），形式產品（質量、款式、特色、商標、包裝、價格），附加或延伸產品（購買產品所能得到的附加服務，如送貨上門、免費安裝調試、維修服務等）。這就需要弄清顧客在這三重含義的產品中注重什麼而對別的什麼不太敏感，他們所注重的是否有差別，是否都已引起企業的重視而企業分別予以滿足，是否還有未能滿足的需求等。

在同一市場上，每個顧客可能在需求方面各有特點，如有的注重性能質量，有的卻注重價格。如對小轎車，有人要求高級豪華，有人要求適用價廉；在后一部分人中，有的通常講究外形、顏色、輕便，有的則喜歡寬敞、實用、多裝東西。即使是機器設備，小企業購買時希望它結構簡單，少出故障，出了故障能迅速得到維修服務，以及有優惠的付款條件等；大企業購買時則更關心其質量、性能和功能多樣化。

顧客的需求及其注重點是變化的，因時間、地點和條件而變化。管理經濟學研究的需求彈性，就是關於這個問題的最好說明。許多家用電器如彩色電視機等剛問世時，因價格昂貴，需求量很小，但經過多次改進而降價，現在已相當普及。電子計算機的情況也類似，個人計算機進入家庭，需求量很大。各種商品的需求彈性又不一樣，我們特別應注意那些彈性充足的商品的需求量變化。

顧客的需求還有相互作用，即某一需求的變化可能影響其他需求。如隨著人們收入水平的提高，有了自行車，還可能想買摩托車或汽車；見到鄰居裝修房屋，自己也想裝修；某一有影響的企業購進了新機器，其他企業也都想買；

等等。

可見，要確切掌握顧客的需求並非易事。企業在調研時，就應考慮如何適應顧客的多樣化需求，如何適應需求的變化，如何利用顧客間的相互作用，這是適應顧客需求的三條標準。三項的難度有差別，第二、第三項比第一項要難些。企業做好這些工作，就能發現潛在的市場機會，找到新的市場。日本的汽車製造業搶先開發小型、實用、節油的汽車，打入美國市場，甚至佔有美國國內市場 1/4 左右的份額，就是掌握和適應了顧客需求的成功範例。

（二）考察市場容量及其發展趨勢

企業在考察顧客需求性質的基礎上，還應適當量化，考察產業商品的市場容量及其發展變化趨勢。商品的市場容量是指，在一定時期內，在一定市場上該商品的銷售總量。市場容量按商品種類測算，一個產業如有多種不同種類的商品，就應分別測算。這裡還須注意有無不屬於本產業的企業也在生產和銷售該種商品，如果有，則應統計在內。企業在考察時，應特別關心的是市場容量的發展趨勢，是增長、維持現狀或下降。如將增長，產業發展前景就美好；反之，則產業面臨威脅，內部競爭將加劇。

企業在考察市場容量時，必然聯繫到產業的市場供求形勢，包括現在的供求狀況和發展變化趨勢。供求狀況的基本類型有供不應求、供求平衡、供過於求。企業應特別注意的是供過於求，說明產業現在已受到嚴重威脅。供求關係的變化趨勢則有多種情況：從供不應求到供求平衡；從供求平衡到供過於求或供不應求；從供過於求到供求平衡；從供不應求到供過於求；等等。這取決於宏觀環境因素和產業自身的變化，以及替代品和互補品的供求狀況，企業必須細緻分析。

（三）考察產業採用的行銷手段

產業中有許多同類企業，它們各自採用的行銷策略和手段可能不同，需要考察瞭解。

在目標市場策略方面，產業中有些企業可能採用無差異性策略，另一些則採用差異性或集中性策略。這就應調查分別採用這三種策略的企業是哪些，有多少，並結合它們的實力來分析其是否有效。

在產品策略方面，主要考察本產業的產品組合情況，新產品開發情況，新產品開發的緊迫程度，替代品是否構成威脅，有無馳名商標，有無改進包裝的考慮，等等。

在定價策略方面，需要瞭解本產業有無價格領先者，各企業常用的定價方法，它們採用的定價策略，價格競爭是否經常出現，是否已給產業帶來嚴重危害，等等。

在促銷策略方面，要考察本產業是否已廣泛採用廣告、人員推銷、公共關係等多種促銷手段，各企業在促銷上的開支情況、廣告的常用媒體、促銷的成效和

經驗，等等。

在分銷渠道策略方面，著重瞭解本產業採用了哪些分銷渠道，由企業直接向顧客供貨的直接分銷與利用中間商的間接分銷各占多大比例，間接分銷又有哪些形式，產業同中間商的關係是否協調，等等。

對產業採用的行銷策略和手段進行考察，是同上述市場供求狀況相聯繫的，從中可以發現企業可利用的機會和面臨的挑戰；又是同下一節競爭狀況分析有聯繫的，借此可以發現企業在競爭中的優勢和劣勢。

二、生產要素供應情況調研

生產本產業的產品或服務需要多種生產要素，它們的供應情況對企業生產過程和顧客需求的滿足有直接的影響，所以我們必須對生產要素市場的供應狀況進行調研。這裡包括：能源和原材料市場、勞動力市場、資金市場等。

在能源和原材料供應方面，主要考察本產業生產所需的能源和原材料主要有哪些，來自何處，市場供應是否充足，其中供應緊缺者有無代用品，代用品是否容易得到等。中國的能源短缺現象已有所改善，但在不同地區和不同季節，仍然有不同的情況。對於一些稀缺的輔料或需進口的原材料，需特別注意考察。還要附帶瞭解交通運輸情況，原材料是否便於運輸，運輸路線是否通暢等。

中國勞動力資源豐富，但勞動力市場還有待培育和完善，高素質的人才還不是很多。在勞動力供應方面，主要瞭解本產業生產所需勞動力的多余和不足情況，熟練勞動力的培訓情況，勞動力的流動情況等。

在資金供應方面，著重考察資金市場的發育程度、各類融資渠道、各類金融機構的信貸條件和信貸規模、國家的金融貨幣政策和金融體制改革對資金市場的影響等。

第四節　　競爭狀況調研

在產業環境調研中，競爭狀況的調研是最重要也是最費力的部分，因為制定和實施企業戰略的目的就是要在企業參與競爭的一個或幾個產業中獲勝。這一部分調研又是同產業結構和市場狀況的調研緊密結合的，是企業外部環境中的關鍵部分。

一、基本競爭力量

人們一提到競爭，常常是指產業內部競爭對手之間的競爭。這種理解並不錯，但比較狹隘，我們應當將視野擴大些。產業的競爭狀況決定於五種基本競爭力量，即進入威脅、替代品威脅、買方議價能力、供方議價能力和現有競爭對手

間的競爭，如圖 3-1 所示。① 這種廣義的競爭可稱為擴展的或延伸的競爭。企業有必要對這五種競爭力量全面進行調研，進一步考慮如何保衛自己，抗擊或按照自己意願去影響這五種競爭力，也就是考慮戰略問題。以下對五種基本競爭力量及影響競爭強度的因素逐一進行分析。

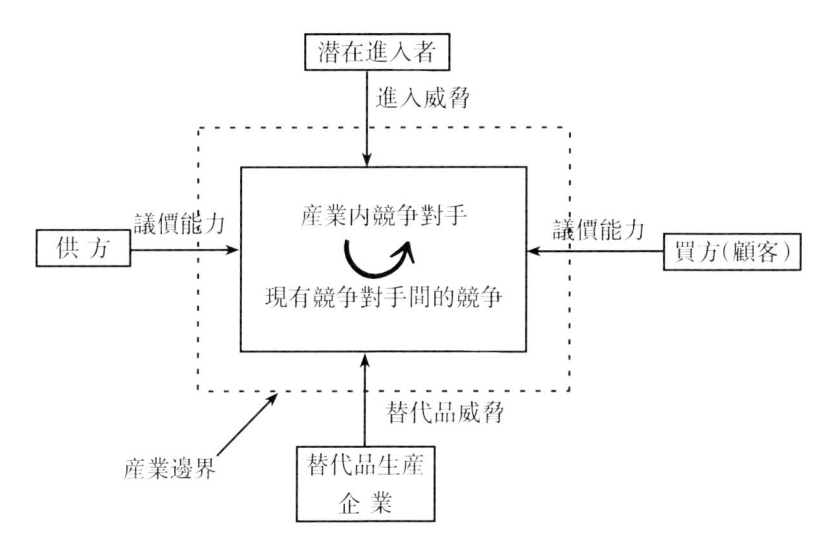

圖 3-1　五種基本競爭力量示意圖

（一）進入威脅

這是指潛在進入者進入本產業時將形成新的競爭力量，因而對產業內現有企業構成威脅。新進入者帶來新的生產能力，搶奪一定的重要資源，且將侵占一定的市場份額，這就是很大的威脅。當產業處於其壽命週期的導入期特別是成長期時，經常有新進入者進入，或者新辦企業，或者兼併產業中原有的某個企業再利用其雄厚實力加以改造擴張。在兼併情況下，雖然沒有創立新的經營實體，卻有新進入者參加進來。

進入威脅的強度取決於產業的進入壁壘（Barrier to Entry）的高低和現有企業反擊程度的高低。進入壁壘是指潛在進入者進入產業時會遇到的障礙或承受到的壓力。如壁壘高，障礙大，現有企業的反擊激烈，潛在進入者就難以進入本產業，其威脅就小；反之，如壁壘低，障礙小，現有企業的反擊弱，潛在進入者就容易進入本產業，其威脅就大。

產業的進入壁壘主要由一些客觀因素決定：

（1）規模經濟。不少產業存在著大規模生產的經濟性，它迫使新進入者必須

---

① 對五種競爭力的分析，是哈佛商學院 M. E. 波特教授的貢獻。

以較大的規模進入，並冒著現有企業強烈反擊的風險；或者以小規模進入，但要長期忍受產品成本較高的劣勢。這二者都給新進入者帶來障礙或壓力。

（2）產品差別化。這是指現有企業在產品質量、特色、顧客服務、促銷活動等方面的優勢，或因率先進入該產業而獲得商標、信譽及顧客忠誠度上的優勢。這些優勢使潛在進入者感受到壓力，它要獲得同樣的優勢必須耗費大量的資金、人力和時間，而且很可能得不償失。

（3）資本需求。如資金密集型產業，新進入者要進入，需要大量的資本，這就給它們造成極大的障礙。

（4）轉換成本。這是指購買者從原供應商購進產品轉換到向另一供應商購進產品時所花費的一次性成本，包括產品或工藝過程的重新設計、購進必要的輔助設備或檢測設備、工人的重新培訓等的費用，甚至包括中斷老關係須付出的心理代價。如轉換成本高昂，購買者不會輕易改變供應商，這就對潛在進入者構成進入壁壘。

（5）銷售渠道。產業的正常銷售渠道已經被現有企業佔有，潛在進入者只有通過讓價、提供廣告補貼等辦法，才能使中間商接受其產品，這就必然降低自己的利潤，從而形成進入壁壘。

（6）與規模無關的成本劣勢。現有企業還可能有一些與規模無關的優勢，如技術專利、佔有較好的原材料資源、占據了較好口岸、享受政府補貼等。這些優勢是新加入者所沒有的，成為它們的劣勢，也就是進入壁壘。

（7）政府政策。政府可能限制甚至封鎖對某些產業的進入，這是最為嚴厲的進入壁壘。

企業在調研進入威脅的強度時，首先要從上述七因素考察本產業進入壁壘的高低。由於因素在發展變化，壁壘高也不能高枕無憂。其次還要考察本產業可能對新進入者反擊的程度。如果經濟不景氣、產業發展緩慢，或現有企業實力強大，或現有企業已深陷於本產業而難以退出，則反擊力度肯定較大，進入威脅相對較小。一般說來，分散型產業和勞動密集型產業的進入威脅大些，資金（技術、知識）密集型產業的進入威脅要小些。

（二）替代品威脅

替代品又稱代用品，是指那些與本產業產品具有相同功能、可相互代替的產品。替代產品投入市場，可能影響本產業的銷售額和收益，其價格越有吸引力，則影響越大，因而本產業同生產替代品的其他產業和企業之間存在著競爭，替代品對本產業形成威脅。

面對替代品的威脅，本產業的企業往往採取集體對付行動，如提高產品質量、持續開展廣告活動、擴大供貨能力等。但應注意下列情況：當出現的替代品是由那些實力雄厚、盈利甚豐的產業生產而且替代品本身頗有發展前途時，採用

完全排斥的競爭還不如採取積極引進的措施更為有利。如電子報警系統在保安產業中成為一種潛在的替代者，保安公司的適當反應或許是將保安人員與電子系統結合使用而不是試圖把電子系統排擠掉。

（三）買方議價能力

作為買方（顧客、用戶）必然希望所購產業的產品價廉物美，服務周到，且從產業現有企業相互競爭中獲利。因此，它們總是為壓低價格、要求提高產品質量和服務質量而同該產業討價還價，這也是一種競爭行為。

買方議價能力的大小主要取決於下列因素：

（1）購買量。如買方的購買量占企業銷售量的比重大，則其議價能力就大；反之，則小。如本產業的技術裝備程度高因而固定成本高，必須保持生產能力的充分利用，則購買量大的買方就擁有很強的議價能力。

（2）產品差異性。如本產業的產品差異性很小或已標準化，買方可從任一企業買到相同的產品，則其議價能力就大。如本產業的產品差異性大，買方從其他企業買不到同樣的產品，其議價能力就小。

（3）本產業的集中程度。如本產業很分散，現有企業很多，買方議價能力就大；反之，如本產業集中程度高，由幾家大企業控制，則買方議價能力就小。

（4）買方的轉換成本。如買方轉換其供貨單位比較困難即轉換成本高，其議價能力就小；反之，則大。

（5）買方盈利。如買方盈利水平低，必然竭力壓低買價，要求更優惠的供貨條件，議價能力就大。盈利豐厚的買方往往對供貨價格不甚敏感（當然是指這些花費占其產品成本的比重不大時），還可能從長遠考慮維護供應商利益。

（6）買方自行組織生產而不再購買的可能性。如買方實力雄厚，有可能自行組織生產，即可借此相威脅，其議價能力就大；反之，則小。

（7）買方所掌握的信息。如買方充分瞭解市場需求、價格乃至供貨商的成本等方面的信息，則其議價能力就大；如買方掌握的信息少，其議價能力就小。

上述諸因素都是發展變化的，企業在銷售中對顧客（用戶）的選擇應成為一項戰略決策，可能由於找到議價能力較弱的顧客而增強或改善自身的競爭地位。即使企業的銷售僅限於某一產業，該產業中通常也有議價能力較小的部分市場。

（四）供方議價能力

作為供應方，必然希望提高其產品的價格或適當降低產品質量和服務質量來牟利。這是同本產業的願望相違背的，因而供應方在進行供貨談判時少不了討價還價。這也是一種競爭行為。

供方議價能力的大小主要取決於下列因素：

（1）供方產業的集中程度。如供方產業集中程度高，由少數大企業控制，則其議價能力就大；反之，如產業分散，企業為數眾多，其議價能力就小。

(2) 供方提供的產品對本產業的影響程度。如供方產品是本產業的重要投入品，關係重大，則其議價能力就大；特別是遠距離運輸或進口產品、不易長期儲存的產品，供方議價能力更大。如供方產品對本產業生產影響不大，則其議價能力就小。

(3) 產品差異性。如供方產品的差異性小或已標準化，則其議價能力就小；如其產品的差異性大或已在本產業中出現轉換成本，則其議價能力就大。

(4) 供貨量。如供貨量大，本產業已成為供方企業的重要用戶，則供方議價能力就小；如供方產品供應給許多產業，各產業的供貨量都不大，則其議價能力就大。

(5) 供方自行生產本產業產品的可能性。如供方實力雄厚，有可能自行組織生產本產業產品而不再將其全部或部分產品銷售給本產業時，其議價能力就大；反之，則小。

上述因素的分析側重於分析物力資源，但對人力、財力資源的供給同樣適用。在分析人力資源時，主要是考慮勞動力組織起來的程度，以及短缺類別勞動力的供給是否會增加。

上述諸因素也是在發展變化的，而且對本產業來說往往是不可控制的。然而本產業的企業也可通過戰略行為來改善自己的處境，如選擇供貨商、尋求自行組織生產的可能、消除轉換成本等，削弱供方的議價能力。

(五) 現有競爭對手間的競爭

這是人們熟悉的競爭。現將它放在最后來分析，並不是認為它不重要，只是為了便於與下面的內容聯繫起來。這方面競爭的激烈程度主要決定於下列因素：

(1) 產業的增長速度。在產業快速增長時，各企業只要能跟上產業發展，發揮各自的優勢，即使市場份額不變，自身也可以發展，因而相互間的競爭相對緩和。當產業增長緩慢時，競爭就成了市場份額的爭奪，變得異常激烈。

(2) 產業的分散程度。分散型產業和集中型產業的競爭狀況，各有特點，前面已作分析。

(3) 產品差異性。產業內部各企業的產品如差異性較大，並各自發展有特色的產品，保持各自的市場份額，相互間的競爭就比較緩和。反之，如產品差異性小甚至已標準化，競爭主要表現在價格和服務上，就會非常激烈。

(4) 高固定成本或高庫存成本。這兩項成本高，迫使企業要盡可能增加產量，擴大銷量，從而使競爭激化。

(5) 退出壁壘（Barrier to Exit）。這是指本產業的企業要退出產業時會遇到的障礙或承受到的壓力。它同進入壁壘有聯繫，一般說來，進入壁壘高，則退出壁壘也高；反之亦然。如本產業退出壁壘高，則企業難以退出，縱使失敗也苦苦支撐，使相互競爭異常激烈。如退出壁壘低，實力不濟的企業能及時撤退，則競

爭相對緩和。

決定現有企業間競爭激烈程度的因素是變化的。最常見的是產業壽命週期各階段之間的變化，隨著產業進入成熟期，增長速度下降，引起競爭激化，企業利潤減少。科技進步促使產業技術裝備程度提高，固定成本上升，也會使競爭形勢變化。一個強大的企業收購了本產業的某個現有企業，可能使競爭更趨激烈。這些都說明競爭狀況調研的經常性和複雜性。

在分析了五種基本競爭力量後，還須補充說明政府在競爭中的作用。政府並未列入競爭力，卻能對競爭產生巨大影響。第一，政府可能為某些產業建立起進入壁壘。第二，政府可以作為某些產業的買方（如政府訂貨或採購）或供方（如政府控制的一些自然資源），並通過政策法令來影響產業競爭。第三，政府制定的法律法規和執法監督，指導和約束各產業和企業間的競爭行為。第四，政府可通過立法、減免稅、補貼等方式來影響產業相對於替代品的處境，如發展新能源就對原有能源產業產生影響。

關於五種基本競爭力量的分析就是如此。同其他許多理論一樣，這一分析也受到了一些批評，見新視角 3-2。

新視角 3-2：

對波特教授五種競爭力模型的批評意見

（1）這個模型的基礎是一個靜態的環境，而實際的競爭環境卻是不斷變化的，競爭強度也在不斷變化。

（2）它把買方作為競爭力之一，與其他競爭力同等看待，事實上，買方即顧客卻是對企業戰略至關重要的因素。

（3）它將買方和供應方看作競爭力，卻未指明他們可能同企業合作，結成聯盟，使雙方都受益。

（4）波特的分析建立在這樣一個基礎之上：一旦組織進行了這樣的分析，就可以得出所需的戰略。一些評論家對此提出質疑。

儘管有這些批評，人們還是認為波特模型非常有用，並樂於介紹和採用。

企業對五種競爭力量和政府的影響進行調研，最終是要弄清自身相對於競爭者的優勢和劣勢，明確自身的競爭地位。例如：潛在進入者和替代品對企業的威脅有多大？企業面對買方和供方的議價能力如何，是否能應付自如？在現有競爭對手之間，企業處於何種地位？政府在競爭中所起作用對企業的影響如何？企業

只有回答了這些問題，才可能考慮日后制定戰略，[1] 才能在競爭中迎接多方面挑戰，立於不敗之地。[2]

有人將企業的競爭地位分為六種，每個企業可在這六種地位中找到自己的位置：[3]

（1）統治地位。這是指企業控制競爭者的行為，並在經營戰略上有廣泛的選擇權。

（2）強大地位。這是指企業可採取不危及自己長期地位的獨立行動，而且其長期地位不受競爭者行動的嚴重影響。

（3）有利地位。這是指企業有力量來利用一些特定的戰略，並且在改善其競爭地位上有超過一般企業的機會。

（4）防守地位。這是指企業在足夠令人滿意的水平上繼續經營，但其存在要得到居統治地位企業的容許，在改善其地位的機會上少於一般的企業。

（5）虛弱地位。這是指企業經營業績不令人滿意，但還有改善的機會，它必須考慮是否要退出原市場。

（6）無活力地位。這是指企業經營業績太差，而且已經沒有改善的機會。

二、合作環境分析

企業在競爭狀況調研中，既要分析企業間的相互競爭，又應看到企業間必要的相互合作。合作有可能使企業提高產品質量，降低產品成本，從而贏得持續的競爭優勢；有可能形成產品的互補關係，相互促進；有可能協作創辦新的事業。

企業間的合作主要包括下列四種類型：

（1）非正式的合作。這是指企業為尋求互惠或共同的目標而形成的相互聯繫，但僅系默契或口頭承諾，並未簽署具有法律效力的協議。

（2）正式的合作。這是指企業以法定合同形式出現的相互聯繫，例如許多大型企業與其分銷商、供應商、許可證或特許權擁有者之間形成的合同關係，幾家企業組建合資、合作企業等。

（3）產品互補。有些產品是相互補充的，例如計算機的軟件與硬件、照相機與照相膠片，它們之間如缺一，則另一將失去存在價值。因此，生產這些產品的企業需謀求合作互利。

（4）與政府的關係。前已說明，政府在競爭中起重要作用，與此同時，企業也可以為政府做一些事，搞好與政府的關係，以求獲得政府的支持或使政府在立

---

[1] 波特教授認為制定競爭戰略就要深入分析產業環境和競爭態勢，找出最有得利的產業和應對五種競爭力的方法，創立競爭優勢，保持競爭地位，從而建立了戰略管理理論的定位學派，見第一章附錄。
[2] 這裡所說的優勢和劣勢是從產業環境調研得來的，還需同本書下一章所分析的內容結合起來。
[3] 顧國祥、王方華．市場學［M］．上海：復旦大學出版社，1995：119.

法與稅收方面採納企業的建議。

我們分析上述合作關係具有戰略意義,在戰略制定篇,將介紹與此有關的各類戰略。這類合作關係同競爭關係一樣,也是動態變化的:合作者之間可能出現分歧,合同可能被撤消,政府成員可能更動,等等。儘管如此,企業研究和尋求合作關係仍然是十分必要的。

三、對競爭對手的調研

為了深入分析競爭狀況,企業對競爭對手進行調研非常必要,儘管存在很大困難。企業認為自己對競爭者已很熟悉、不須調研,或者認為無法對競爭者進行調研,都是錯誤的。

我們應當對所有重要的競爭對手進行調研,其中包括現有的競爭對手和潛在的競爭對手。預測潛在對手並不易,它們主要是:不在本產業但可輕易克服進入壁壘的企業;進入本產業可產生明顯協同效應的企業;其戰略的延伸必將導致進入本產業的企業。預測可能發生的兼併或收購,也是可行的辦法。

對競爭對手的調研主要包括四項內容:未來目標、現行戰略、假設、能力。這四項內容的關係如圖 3-2 所示。人們往往瞭解對手的現行戰略和能力,而對目標和假設卻注意不夠,其實后兩者駕馭著對手的競爭行為,同樣十分重要,但對其瞭解的難度卻大得多。

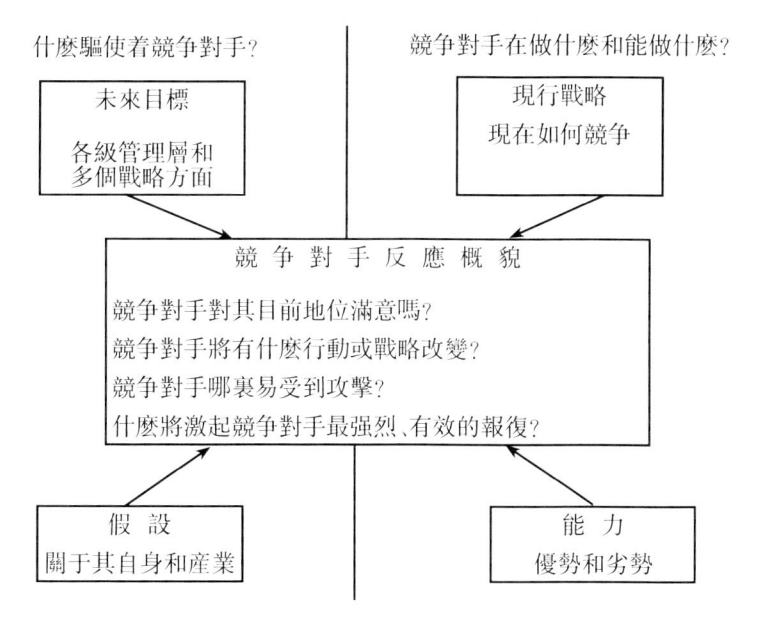

```
什麼驅使著競爭對手?              競爭對手在做什麼和能做什麼?
┌──────────────┐              ┌──────────────┐
│   未來目標    │              │   現行戰略    │
│ 各級管理層和  │              │ 現在如何競爭  │
│ 多個戰略方面  │              │              │
└──────┬───────┘              └──────┬───────┘
       │                              │
       ▼                              ▼
   ┌─────────────────────────────────────┐
   │        競  爭  對  手  反  應  概  貌  │
   │ 競爭對手對其目前地位滿意嗎?          │
   │ 競爭對手將有什麼行動或戰略改變?      │
   │ 競爭對手哪裏易受到攻擊?              │
   │ 什麼將激起競爭對手最強烈、有效的報復? │
   └─────────────────────────────────────┘
       ▲                              ▲
       │                              │
┌──────┴───────┐              ┌──────┴───────┐
│   假    設    │              │   能    力    │
│ 關于其自身和產業│             │  優勢和劣勢   │
└──────────────┘              └──────────────┘
```

圖 3-2　對競爭對手調研的內容示意圖

資料來源:M E 波特. 競爭戰略 [M]. 夏忠華, 等, 譯. 北京:中國財政經濟出版社, 1989.

（一）未來目標

對競爭對手目標的瞭解可預測它對目前地位是否滿意，是否將改變戰略以及對外部事件或其他企業的戰略舉動做出反應。對目標的瞭解不應局限於財務目標，還應包括許多定性因素，如在市場領先、技術地位和社會表現等方面的目標。這一調研應針對多級管理層，對公司總體的、戰略經營單位的、各職能系統的乃至部門主管的目標，都要盡可能瞭解。

（二）假設

每個企業對自身、產業和競爭者都有想法和看法，這便是假設。例如：企業可能認為自己是知名公司、產業領袖、價格領先者，或自認為實力不足、甘居中遊；認為產業發展前景美好，或認為已進入成熟期甚至即將衰退；等等。這些假設可能正確，也可能不正確，但都對企業的競爭行為起一定的指導作用，所以應盡可能瞭解。

考察競爭對手的經營歷史及其成功或失敗的經驗，對瞭解其目標和假設有很大作用。其領導人的經歷和性格以及聘請的顧問，對企業目標的制定和假設也有很大影響，因此，在調研中應包括這些內容。

（三）現行戰略

這可以從競爭對手的實際行動及其領導人的公開講話中瞭解，包括該公司的總體戰略、戰略經營單位的戰略和職能性戰略。

（四）能力

這是指競爭對手發起或反應戰略行動以及處理所處環境或產業中事件的能力，要通過考察發現其優勢和劣勢。下一章將介紹企業狀況的調研，其內容對考察競爭對手的能力完全適用。

（五）競爭對手反應概貌

根據上述四項內容的調查瞭解，我們即可預測競爭對手可能採取的行動。首先，預測它可能主動採用的戰略變革，其中包括它對現有地位的滿意程度、可能採取的行動以及行動的力度和影響。其次，預測它在處理環境和產業中的有關事件時的反應行動，其中包括它的弱點、對事件的靈敏度以及反應行動的激烈程度。瞭解這些是為企業選擇自己的戰略作準備，利用競爭對手的弱點來同它競爭。

企業對競爭對手的調研，困難在於收集不到充分而準確的信息。關鍵是要調動企業內部員工的積極性，強調信息收集是各部門員工的一項職責而不是額外負擔，同時對有突出貢獻的員工給予物質和精神獎勵；也要盡可能廣泛地收集外部信息，主要有貿易信息、新聞剪報、廣告宣傳、政府文件等。下面介紹的市場信號就是非常有價值的信息。

四、市場信號

這裡講的市場信號（Market Signaling），同競爭對手的調研相聯繫，是指競爭對手採取能直接或間接反應其意圖、目標或內部情況的行動。[1] 它是市場中信息傳遞的間接方式，有助於企業分析和預測競爭者的情況和制定自己的戰略。

企業從市場信號中瞭解競爭對手，是建立在上述對競爭對手的未來目標、假設、現行戰略和能力已經進行調研的基礎之上的。企業以調研成果同發現的市場信號相比較，可以鑑別哪些信號是真實的意圖，哪些信號是虛張聲勢或故意誤導，從而迅速做出判斷，採取正確反應。

市場信號多種多樣，企業採取何種形式主要依據競爭對手的行為及使用的媒介而定。比較重要的市場信號形式有以下幾種：

（一）行動的提前宣告

這是競爭對手使用的正式的信息傳遞方式，表明它可能或不打算採取某種行動，如擴建工廠、推出新產品、調整產品價格等。這種信號有多種功能，主要是想搶先於競爭者占領有利地位。例如自己要擴建工廠、擴大生產能力，就希望競爭者不擴大生產能力；宣告自己將推出一種新產品，是希望競爭者不再去研究試製，也希望用戶等待購買此種新產品，在新產品上市前不買其他企業的產品。這也可能是一種安撫性步驟，試圖使即將採取的戰略改變對其他企業的刺激最小，避免引起不利的報復行動。這也可能是向金融市場傳送信息，以達到提高股票價格和企業信譽的目的。

（二）行動的事後宣告

競爭對手經常在其行動（如新建工廠、新闢市場、兼併收購等）開始或結束后才宣布信息，這就是事後宣告。其目的是讓其他企業注意此信息而改變其行為。

（三）對產業情況的公開評論

競爭對手會公開對產業情況發表評論，如對市場需求和價格的預測、對生產能力增長的預測、對原材料供應情況的預測等。這些評論可能正是它對產業的假設，發表評論是希望其他企業在同樣的假設下運作，避免因看法不一而使競爭激化。

（四）對自身行動的討論和解釋

競爭對手經常利用某些機會來討論或解釋自身的行動，如進入某產業、降價、聯合、兼併收購等。目的是希望其他企業瞭解其行動的原因和結果，追隨這一行動或不採取類似行動，或至少能理解其行動。

---

[1] 企業自身也可以利用市場信號來表達其意圖、目標或內部情況，達到某種目的。

市場信號的形式還有一些。① 企業研究競爭對手的歷史，考察它所發布的市場信息與其實際行動之間的關係，將極大地提高判斷信號真實性的能力。市場信號能增進企業對競爭對手的瞭解，對企業選擇和制定競爭戰略大有好處。認為注意市場信號會分散企業領導精力的看法，是不正確的。無視市場信號就等於無視全部競爭者。

對產業環境的調研就介紹至此，現將其調研內容用表 3-3 加以概括。

表 3-3　　　　　　　產業環境調研內容匯總表

產業狀況調研	市場狀況調研	競爭狀況調研
產業性質	顧客需求情況	基本競爭力量
產業所用生產要素的配合比例	顧客需求的性質	進入威脅
產業內企業的數量和規模分佈	市場容量的發展趨勢	替代品威脅
產業在國民經濟中的地位和作用	產業採用的行銷手段	買方議價能力
產業發展階段	生產要素供應情況	供方議價能力
國家有關產業的政策法令		現有競爭對手間的競爭
		政府在競爭中的作用
		企業的競爭地位
		合作環境
		競爭對手的未來目標、假設、現行戰略和能力
		市場信號

復習思考題

1. 什麼是企業的產業環境？企業對產業環境進行調研的目的何在？
2. 產業狀況調研包括哪些內容？
3. 市場狀況調研包括哪些內容？
4. 競爭狀況調研包括哪些內容？
5. 試解釋下列概念：
　　產業　　　　　　　產業壽命週期
　　勞動密集型產業　　五種基本競爭力量
　　資本密集型產業　　產業的進入壁壘

---

① Ｍ Ｅ 波特. 競爭戰略 [M]. 夏忠華, 等, 譯. 北京: 中國財政經濟出版社, 1989.

技術密集型產業　　　產業的退出壁壘
　　　知識密集型產業　　　市場容量
　　　分散型產業　　　　　市場信號
　　　集中型產業　　　　　合作環境
6. 企業對競爭對手的調研主要包括哪些內容？
7. 市場信號有哪些主要形式？
8. 試就你所熟悉的企業，為它進行產業定位，並分析該產業的性質和發展階段。
9. 試就你瞭解的企業分析它所面臨的基本競爭力量。
10. 你所在的企業是否對現有競爭對手做過調研？是否發現什麼市場信號？有何反應？

案例：

瓶裝水企業盯上青藏高原

　　過去20年來，中國已成為世界上最大的瓶裝水消費國和主要生產國，由於人均消費量仍較全球平均水平低19%，該市場有望繼續增長。

　　來自西藏高山冰川的水正被視為中國迅猛發展的瓶裝水產業的新增長點。常年積雪覆蓋的青藏高原被認為是純淨的水源。西藏自治區政府已出抬幫助瓶裝水產業擴張的10年計劃，長期目標是到2025年當地的瓶裝水產量達到1,000萬噸，而今年年初報導的產量僅為15.3萬噸。為促進增產，截至去年年底政府已批准28家企業生產瓶裝水，有些企業就在迅速融化的冰川附近裝水，某公司的取水口就位於距珠峰大本營80千米的國家保護區內。西藏周邊的青海、新疆、雲南等地的瓶裝水產業也在迅速擴張。

　　這僅是大舉開發青藏地區水資源的開始。去年，西藏自治區與投資機構簽署了20多億元的協議，眾多企業正快速行動。從今年年初開始，中石化公司就在其2.3萬個加油站和便利店出售冰川水。

　　這對環境有何影響？近年來，中國政府加強了環境保護，也包括保護冰川。青藏高原是最易受氣候變化影響的地區之一。中科院數據顯示，過去30年來，該地區的冰川已縮減15%。從短期看，冰川融化是瓶裝水產業發展的潛力，但從長期看，河流將干涸並易引發災難性后果。

　　青藏高原不僅是中國重要的水資源地，還是流向南亞的10條河流的源頭。任何開發項目都將對更廣泛地區的水安全產生重大影響。若瓶裝水產業無序發

展，將導致新的環境問題。鑒於將冰川水裝瓶並送達消費者的高昂成本，以及相關的沉重環境代價，投資的企業家們應當思考他們的戰略了！

資料來源：2015年11月17日《環球時報》。

[分析問題]

1. 企業家們是否應考慮自身發展與環境保護之間的關係？

2. 「十三五」規劃提出了綠色發展的理念，在產業發展與環境保護出現矛盾時，我們該如何處置？

第四章
企業狀況調研

本章學習目的

○ 瞭解企業狀況調研的目的和方法
○ 掌握企業資源條件調研的內容
○ 掌握企業能力調研的內容
○ 掌握企業文化、業績和問題調研的主要內容

　　企業在對宏觀環境和產業環境進行調研的同時，必須深入調研自身的資源、能力、文化、業績和問題，特別是能創造競爭優勢的特有資源和能力，做到「知彼知己，百戰不殆」。企業對自身狀況的調研相對容易，工作量可能較小，但這項工作仍然要做到經常化、制度化，要有人負責。本章將討論企業狀況調研的目的、內容與方法。

第一節　企業狀況調研的目的與方法

　　企業對自身狀況進行調研，目的有三：①弄清企業現狀，包括資源、能力、文化等，這些因素都是企業可自行控制的；②瞭解企業現已確定的將在戰略計劃期內實施的改革、改組、改造和加強管理（一般稱「三改一加強」）的措施，並預測其成效（因這些措施在戰略計劃中都必須考慮）；③從自身資源、能力、文化的預測變化中發現企業同競爭對手相比的優勢和劣勢。

　　外部環境調研主要回答「企業可以做些什麼」，而企業狀況調研則主要回答

「企業能夠做些什麼」。在20世紀90年代資源和能力學派[1]出現以後，人們對企業狀況的調研已非常重視了。

企業狀況調研的傳統方法有二：職能分析法和價值鏈法。

一、職能分析法（The Functional Approach）

企業內部常在某個層次設置職能管理系統（市場行銷、生產、財務、研究開發、人事等），分管生產經營活動的某一環節或方面。現在進行調研，最簡便的辦法就是按職能系統分別調研，然後綜合起來分析研究。企業對各系統分別調研時，主要考察其資源和能力，有些資源和能力屬於企業總體，則在綜合分析時加以考察。為了便於敘述，本章分為資源條件、能力、文化等因素的調研，實際上仍然採用職能分析法。

表4-1列舉出各職能系統調研中的主要問題示例。

表4-1　　　　　　　企業各職能系統調研中的主要問題示例

市場行銷
1. 企業產品線的寬度和深度
2. 企業銷售額集中於某些產品或某些顧客的程度
3. 收集必要的市場信息的能力
4. 定價、促銷、分銷渠道等方面的情況

生產運作與技術
1. 廠址選擇與生產佈局
2. 生產規模與規模經濟
3. 生產設施的效率與生產能力利用程度
4. 生產計劃和控制系統
5. 物資供應與庫存控制

財務會計
1. 籌集長期和短期資金的能力
2. 資本成本（與產業的、競爭者的資本成本相比較）
3. 市盈率
4. 會計系統的有效性和效率

人事
1. 管理人員
2. 雇員的技能與士氣，流動率和缺勤率
3. 激勵和約束機制
4. 勞資關係

資料來源：J A PEARCE II，R B ROBINSON Jr. Strategie Management [M]. 6th Edition. 大連：東北財經大學出版社，1998：176-177.

---

[1]　參看本書第一章的附錄。

二、價值鏈法 (The Value Chain Approach)

價值鏈 (Value Chain) 是 M. E. 波特教授在其《競爭優勢》一書中提出的分析企業內部狀況的一種工具,如圖 4-1 所示。此圖將一切企業的活動概括為兩類:基本活動與支持性活動,它們又可細分。

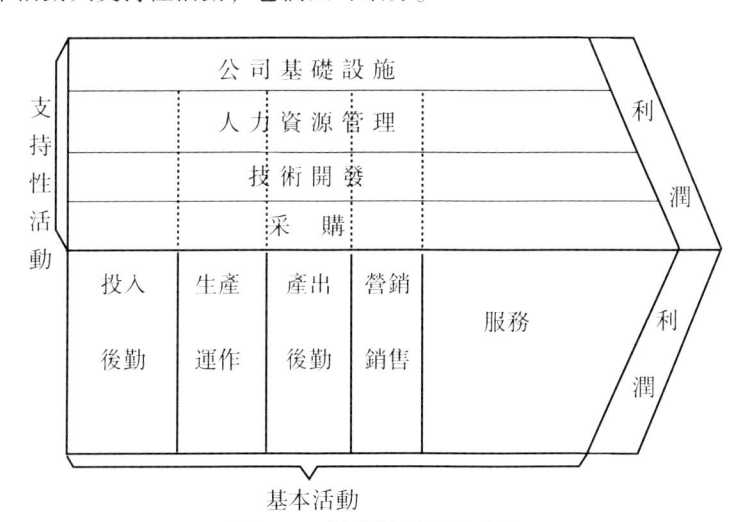

圖 4-1 價值鏈的通用形式

資料來源:M E PORTER. Competitive Advantage [M]. NY: The Free Press, 1985:37.

(1) 基本活動 (Primary Activities)。它包括下列五項活動:

①投入后勤 (Inbound Logistics),指與接收、儲存和配送產品所需各類投入有關的活動,如原材料處理、倉儲、庫存控制、運輸車輛日程安排、向供應商退貨等。

②生產運作 (Operations),指與將投入轉換為最終產品有關的活動,如機械加工、裝配、包裝、打印、設備維護、設施運轉等。

③產出后勤 (Outbound Logistics),指與收集、儲存和向顧客分銷產品有關的活動,如成品庫存、材料處理、配送車輛安排、定貨處理與安排等。

④行銷與銷售 (Marketing and Sales),指與提供一種手段以便買主能買到產品或勸導他們來購買有關的活動,如廣告、促銷、銷售人員、叫價、(分銷) 渠道選擇、渠道聯繫、定價等。

⑤服務 (Service),指與提供服務以增加或保持產品價值有關的活動,如分期付款、修理、人員培訓、零件供應、產品調試等。

(2) 支持性活動 (Support Activities)。它包括下列四項活動:

①採購 (Procurement),指採購企業價值鏈所耗用的各類投入物的職能,投

入物包括原材料、輔助材料、燃料等消耗品，以及機器、試驗室裝備、辦公室裝備、建築物等資產。

②技術開發（Technology Development），指與改進產品和業務流程有關的各類活動，它們發生於企業的許多部門，支持價值鏈中的許多技術。

③人力資源管理（Human Resource Management），指各類人員的招募、錄用、培訓、開發與報酬等，它支持基本活動、支持性活動和整個價值鏈（例如勞資談判）。

④公司基礎設施（Firm Infrastructure）。它包括下列活動：一般管理、計劃、財務、會計、法律、政府事務、質量管理等。它與其他支持性活動不同，通常支持著整個價值鏈而不支持單項活動（所以不畫虛線分割）。

運用價值鏈法來分析企業狀況，包括以下幾個步驟：

（1）按價值鏈模式將企業的業務活動細分，列出每項基本活動和支持性活動的具體內容，例如服務活動就要列舉企業承諾的一切服務項目。從細分的結果可看出，不同的產業和企業有著不同的價值鏈，圖4-1只是一個通用模式。

（2）列出每項具體活動的成本，得出「基於活動的成本」（Activity-based Cost），這是與按傳統成本會計舉出的成本項目不相同的，如表4-2所示。許多管理者都發現「基於活動的成本」在同競爭對手作比較、考察企業優勢和劣勢時更加有用。

表4-2　　　「基於活動的成本」與傳統成本會計列出的成本　　　單位：美元

採購部按傳統成本會計的項目		採購部「基於活動的成本」項目	
工資與薪酬	350,000	評價供應商的能力	135,750
雇員福利	115,000	發出採購訂單	82,100
供給品	6,500	加快供應商的配送	23,500
差旅費	2,400	加快內部處理	15,840
折舊費	17,000	檢驗採購品質量	94,300
其他固定費用	124,000	按採購訂單檢驗進貨	48,450
各種經營費用	25,200	解決問題	110,000
		內部管理	130,210
合計	640,150	合計	640,150

資料來源：T P PARE. A New Tool for Managing Costs [J]. Fortune, 1993 (14)：124-129.

（3）識別出對讓顧客滿意和贏得市場至關緊要的那些活動，在企業狀況分析中特別注意審查。這裡有三方面的考慮：

①與企業擬實行的競爭戰略相聯繫。例如沃瑪特（Wal-Mart）追求低成本，就密切關注與投入後勤和採購活動有關的費用；而諾爾斯特羅姆公司（Nordstrom）則追求差別化，就著重銷售和支持性活動，不惜花費兩倍於產業平

均水平的費用。

②價值鏈的性質及各項活動的相對重要性是因產業而異的。例如假日酒店最關注的是作業活動（在每個分店同時提供多種服務）和市場行銷活動，極少關心產出后勤；而對分銷商來說，投入后勤和產出后勤卻是最關鍵的活動。

③價值鏈中各項活動的相對重要性還要看企業在一更大的價值系統中所處的地位，即其與上下遊產業間的關係或其縱向一體化水平。

第二節　資源條件調研

企業經濟活動的進行，必須擁有適當的資源和自然條件。資源形成企業的能力，體現企業的實力。如某項資源強於或優於競爭對手，就是企業的優勢；反之，如有資源弱於或劣於競爭對手，就是企業的劣勢。企業所處的自然條件對其資源的利用程度有著重大影響。

一、人力、物力、財力資源調研

人是生產力中最積極的因素。人力資源調研涉及企業各職能系統，由人事部門匯總。其內容包括以下幾個方面：

（1）人員數量。人員數量包括企業擁有的工人、工程技術人員、管理人員、服務人員等的數量，各部門、單位各自擁有的各類人員數量，同經營業務的需要相比，人員數量有無多余或不足。

（2）人員素質。要調研現有人員的思想、文化、技術（業務）素質如何，同工作需要是否相適應，特別要注意瞭解高中層管理者、工程技術人員和關鍵崗位職工的素質。技術、知識密集型產業對人員素質的要求一般要高於勞動密集型產業。

（3）人員結構。企業人員可以按工作性質、性別、年齡、受教育程度、工齡等不同標志分類，然后考察各類人員的數量比例關係。如工程技術人員和管理人員占全員的比重，男女職工的比例，青年、中年、老年職工的比例等。要注意分析這些比例是否適應企業的性質特徵和業務發展的需要，有無調整的必要。

（4）人員的安排使用。企業各部門、單位、職務、崗位對人員素質的要求不同，所以應當將適合的人員放在適合的崗位上，既能做好工作，又能人盡其才。對安排使用的調研，是要防止和消除大材小用、因人設崗等浪費人力資源的現象。

（5）人員培訓。培訓是人力資源開發的主要手段，調研要瞭解企業的培訓方式、條件、成效、問題等。

（6）人事制度。人事制度包括人員挑選、錄用的標準和程序，業績考評的辦

法，工資獎勵制度、職務升遷的方式等。這些制度對調動人員的積極性和創造性有重大影響。例如，當有職務、崗位出現人員空缺時，如果企業優先從內部挑選補充（而不是從外部選聘），就有利於發揮員工的積極性。

（7）人事機制。企業內部要形成有力的激勵機制和約束機制，使各級各類員工都能心情舒暢地為企業、也為自己而辛勤勞動。企業要創造一種公開、公平、公正的競爭環境，使各類人才能脫穎而出，展其所長。在調研中，企業就應考察這些機制是否形成，員工幹勁如何，是否團結協作，如有缺陷，設法糾正。

（8）人員流動。企業要保持員工隊伍的相對穩定。有些人員的流動反應了他們的工作積極性差和對企業的特定看法。考察人員的流動情況，是為了防止流動率過高導致人才流失，特別是關鍵崗位人員和工作骨幹的流失。

（9）人員的勞動保護。人員的勞動保護包括企業的勞動保護教育、措施和物質條件等是否符合國家有關法規的要求，以及對安全事故的處理等。

物力資源包括各類勞動手段和勞動對象，如機器設備、工具、儀表、運輸設備、能源、原材料等。這方面的調研由有關部門進行，生產系統匯總。它主要包括以下內容：

（1）機器設備。對機器設備的調研包括機器設備的種類、數量、配套情況、先進性和完好程度等，它們在很大程度上決定著企業的技術水平和生產能力。企業在調研中，要同競爭者所用設備作比較，要注意發現現有設備的利用程度，分析未能充分利用的原因。例如，各生產環節的設備能力是否平衡，有無設備因年久失修或無人操作而長期閒置等。

（2）工具、儀表。工具、儀表包括工具、儀表的種類、數量、先進性和完好程度等，它們中的多數同機器設備結合使用，從而影響企業技術水平和生產能力。隨著電子技術的廣泛運用，控制系統的儀器設備越來越多、越來越重要。

（3）設備維修狀況。這包括維修所需人員、物質條件、維修制度和方法等。

（4）能源供應狀況。企業生產經營需要多種能源，對能源供應狀況的調研包括能源是否能保證供應，其質量和費用對企業生產和效益有何影響。

（5）原材料供應狀況。這包括生產所需各類原材料，特別是耗量大、價格高、遠距離運輸或非常稀缺的原材料，是否能保證供應，其質量和費用對企業生產和效益有何影響，有無可能找到代用材料或就近能買到的材料。

（6）存貨狀況。存貨包括原材料、在製品、半成品和產成品的儲備，其數量取決於企業所處地域、產業性質、生產組織方式和行銷效率等因素。調研中主要是發現有無減少存貨量的可能，以加速物資和資金的週轉。

財力資源是指企業生產經營所需的各類資金，包括自有資本金、留存利潤和借入資金等。這方面的調研主要由財務部門進行，主要包括下列幾個方面：

（1）資產結構。資產包括流動資產、固定資產、無形資產等，企業調研要分

析其結構，考察有無不合理之處。

（2）負債和所有者權益結構。這主要考察流動負債、長期負債、資本、公積金、留存利潤等的數額及其比例關係，計算企業的資產負債率和資本結構，研究負債率過高或過低的原因。

（3）銷售收入。企業根據近幾年報表，考察各種產品和企業總體的銷售收入及其增減情況，著重研究企業的重點產品和新產品，排出主次順序，並考察各種產品處於其壽命週期的哪個階段。

（4）銷售成本。企業要考察各種產品的製造成本和銷售費用，以及近幾年來的增減趨勢；分析企業的管理費用、財務費用和銷售成本總額及其升降情況，並同物價漲跌因素聯繫起來。

（5）盈利狀況。企業要分析各種產品和企業的盈利狀況以及近幾年來的增減趨勢，著重研究企業的重點產品和新產品，並按盈利狀況排出產品順序，聯繫其所處壽命週期的階段分析盈利或虧損的原因。

（6）現金流量。它通常是指企業利潤與固定資產折舊基金之和，是其可支配的收入。企業要根據近幾年的報表，考察其增減情況。

（7）融資渠道。企業融資渠道的多少及其有效性反應企業的實力，應作為財力資源的組成部分加以考察和研究。

（8）投資風險。對企業各項投資尤其是長期投資要進行效益—風險分析，審視其安全程度。

二、技術、組織、信息資源調研

技術是企業的一項重要資源，這主要是指其應用技術、技術儲備、革新改造、技術引進等方面的狀況，同人員和機器設備等資源有緊密的聯繫。其調研由總工程師負責，包括以下內容：

（1）專利和技術訣竅。這包括企業進行研製或從外界轉讓得來的成果，已有多少取得專利，專利何時到期，已獲得多大效益等。

（2）新產品儲備。這包括除已投產的新產品外，正在研究或試製的新產品有多少，其市場需求如何，是否能迅速投產，預期有多大效益。

（3）工程技術。這主要是指為技術改造、設備更新、生產線調整和運行服務的技術力量。對工程技術的調研是指它是否能適應生產經營的需要，有無余力為外界服務。

（4）物資的綜合利用。企業綜合利用各類物資，能獲得顯著的經濟效益。這包括企業是否重視並已開展這方面工作，取得多大效益。

（5）環保措施。治理「三廢」（廢氣、廢液、廢渣）、保護環境，是企業應盡的社會責任，並能取得一定的經濟效益。對環保措施的調研是指企業是否已在

環保上做出努力，還存在什麼問題。

（6）技術改造和引進。這包括企業是否進行技術改造和引進，對企業技術水平和效益提高產生什麼影響，實施的條件是否具備等。

組織資源的調研主要考察企業的組織結構，也包括管理工作效率、勞動紀律狀況等。調研由企業管理部門進行，包括下列內容：

（1）組織結構。這包括企業的管理體制、組織機構設置、各級各部門的權責劃分、協作配合及信息溝通關係等。企業要考察企業組織形式的演變過程，現在的組織結構能否有效運轉，機構設置和權責劃分有無問題，集權和分權是否適度，是否擬進行改革等。

（2）領導班子結構。這包括各級領導班子的結構是否優化，領導班子的連續性（或繼承性）如何，后備管理者的儲備情況如何。

（3）勞動紀律。這包括企業內部是否有嚴明的紀律，紀律實施的情況如何，在紀律面前是否做到「人人平等」「領導以身作則」等。

（4）管理效率。這包括各級領導的指揮是否統一而有效，各機構的工作效率如何，對結合部的工作是否都能盡責，政令是否暢通，會議是否精簡，管理氣氛是否融洽等。

在現代社會，信息資源的重要性日益突出。企業內部必須建立、健全管理信息系統（人工的或計算機化的），計算機化的信息系統是發展趨勢，但已建立的系統並不一定都有效。在調研時，要對現有系統進行考察，看它是否能滿足管理者的需要，是否出現過多的、不適用的信息，是否靈活和安全，對提供的信息是否已得到充分利用等。此外，我們還要考察企業是否重視對外界科技和經濟信息的收集與整理分析，是否有人負責經常地進行這項工作，信息檢索是否便利，信息利用是否充分等。

三、自然條件調研

這是指企業所處的自然條件或環境，調研內容主要包括下列幾項：

（1）地理位置。這包括企業所在省市、地理特徵（地形、氣候等）、位置是否偏僻等。

（2）運輸條件。這包括企業所在地是否有鐵路、公路、河流，原材料進入和產品外運主要依靠何種運輸工具，運輸是否便利等。

（3）職工生活條件。這包括如職工生活是否方便，子女上學有無困難等，這關係到職工隊伍的穩定和積極性的發揮。

（4）環境污染程度。這包括企業周邊環境有無污染，企業自身對環境造成污

染的情況如何，有無必要從速治理等。

四、獨特資源調研

上述三個方面、七個項目的調研內容比較全面，但並非毫無遺漏。在實際工作中，我們應結合企業實際情況有重點地進行調研，重點之一就是企業獨特的資源，它是企業競爭優勢的源泉，是企業制定有效戰略的基礎。[①]

這裡所說的資源包括有形資產、無形資產和能力，所謂獨特（Distinctive）指在競爭上是有價值的（Competitively Valuable）。考察資源是否獨特，除了它所創造的產品或服務能滿足顧客的需求之外，還需經過市場檢驗（在競爭環境中考察）。獨特資源具備下列幾個特性：

（1）不可模仿性（Inimitability），即競爭者很難模仿。其來源有四：①物質獨特性（Physical Uniqueness）。例如特殊的地理位置、礦產開採權、專利權等，是顯然無法被複製的。②路徑依賴性（Path Dependency）。一些著名品牌是經過幾十年甚至上百年的累積逐步形成的，如要仿效，也得花費幾十年的時間。③因果模糊性（Causal Ambiguity）。這是指競爭對手難以分辨獨特的資源及其形成的原因，從而難於仿效。④經濟制約性（Economic Deterrence）。這是指競爭者可能模仿，但市場潛力有限，費力去模仿不合算，因而放棄。

（2）持久性（Durability），即資源能長期起作用，保持競爭優勢。在技術進步很快的產業中，專利技術和技術訣竅的生命都很短暫，就只能贏得短期的利潤。

（3）可替代性（Substitutability），即獨特資源能否被另一資源所取代。例如過去20年，鋼鐵產品的啤酒罐市場就為鋁產品所佔領。易被替代的資源不能計入獨特資源。

（4）競爭優越性（Competitive Superiority），即資源是否比競爭者的資源更優越。一般在同行業競爭對手中較易比較，跨行業就難些。

經過上述檢驗的獨特資源能給企業帶來競爭優勢，理應受到特殊的重視。有學者主張，應當將企業擁有的獨特資源作為其戰略的主要依據，以充分發揮它所帶來的競爭優勢的作用，這就出現「基於資源的戰略」。新視角4-1說明了「基於資源的戰略」（Resource-based Strategy）所包括的內容。

[①] 這一部分內容主要依據 D J COLLIS, C A MONTGOMERY. Competing on Resources: Strategy in the 1990s [J]. Harvard Business Review, 1995 (7/8). D J COLLIS, C A MONTGOMERY. Corporate Strategy [M]. McGraw-Hill, 1997.

> 新視角 4-1：
>
> ### 基於資源的戰略的內容
>
> （1）識別資源（Identifying Resources），即按照上述市場檢驗的標準，尋找出可作為戰略制定基礎的獨特資源。
>
> （2）投資於資源（Investing in Resources）。資源要損耗和折舊，需要持續對它投資，以維護和發展它。在某些情況下，甚至需有專人負責關鍵資源的保護。
>
> （3）提升資源（Upgrading Resources），即提高資源質量或增加一些新資源，進一步增強企業競爭優勢。
>
> （4）調配資源（Leveraging Resourecs）。企業應將其獨特資源調配到能形成競爭優勢的一切市場中去，或者到能改善企業資源的新市場中去競爭。因此，企業戰略需要持續地評價自身的經營範圍。
>
> 資料來源：D J COLLIS, C A MONTGOMERY. Competing on Resources: Strategy in 1990s [J]. Harvard Business Review, 1995 (7/8).

第三節 能力調研

企業擁有資源和條件，就形成了它的能力。一般說來，資源及其利用程度的好壞與企業能力強弱之間呈正相關的關係。我們調研企業的能力，也是為了考察它同競爭對手相比的優勢和劣勢，並設法擴大優勢避免劣勢。以下列出能力調研的主要內容。

一、產品競爭能力調研

企業的產品競爭能力是其多種能力的綜合反應。它主要表現為產品品種（是否適銷對路）、質量（是否符合顧客要求）、成本和價格（是否低廉）、交貨期（是否迅速及時）、顧客服務（是否周到）等。對競爭能力的調研，包括以下主要內容：

（1）產品線。這包括企業現有產品線的寬度、深度和關聯度，主產品和輔產品，獨家產品和競爭性產品，產品是否有專利、是否標準化、處於其壽命週期的哪一階段等。如企業產品線寬或有獨家產品、專利產品、特別暢銷的產品，就屬於它的優勢。

（2）產品質量。質量是企業的生命。我們要考察企業產品質量水平在產業中的地位，是否受到用戶好評，是否通過國際認證，質量保證體系是否健全，用戶

對質量的投訴情況等。企業產品的質量優於競爭對手，就能贏得優勢。

（3）產品成本和價格。我們要考察產品成本的升降情況，同競爭對手產品相比的優勢和劣勢，採用的降低成本的措施等。低成本才能迎接價格競爭的挑戰，如企業成為產業中的價格領先者（或制定者），就享有明顯的優勢。

（4）顧客服務。我們要考察企業採取了哪些為顧客服務的舉措，用戶滿意程度如何，企業形象是否在改善等。服務質量在競爭能力中的地位日益重要。

（5）定貨交付情況。我們要考察企業是否能快速回應顧客的定貨需求，縮短研製、生產和發送的週期，做到快速交貨、按期交貨。

（6）新產品情況。這包括新產品投放市場的數量和時機選擇，新產品在產值和銷售收入中的比重，新產品受顧客歡迎的程度等。

（7）競爭趨勢。我們要考察在競爭能力諸因素中，今后的競爭將更側重於哪個因素，是價格還是質量，或是服務。明確競爭趨勢才能更好地抓住工作重點。例如在一些產業中，產品質量基本都能保證，成本價格也相差無幾，所以競爭主要集中在為顧客服務上。

二、研究開發能力調研

研究開發包括基礎研究、應用研究和技術開發等三項內容，其中基礎研究是為了擴大科學知識領域，並為新技術的發明創造提供理論依據，雖不能立即產生經濟效益，卻是企業科研實力的重要體現。中國的基礎研究大部分由科研院所開展，企業極少參與，而國外許多大公司則都有自己的基礎研究基地。對研究開發能力的調研，包括下列內容：

（1）基礎研究。這包括企業是否已開展基礎研究，如已開展，其規模和成效如何。

（2）新產品開發。這包括企業一年試製和投產的新產品各有多少，新產品的質量、性能、價格如何，是否受到廣大用戶歡迎，獲得專利和技術訣竅的情況如何，新產品的儲備情況如何。

（3）老產品改進。這包括企業一年改進了多少老產品的性能和結構，改進後是否顯著增強了產品的競爭力，對產品壽命週期帶來什麼影響。

（4）對工程技術其他方面的貢獻。這包括對現行製造工藝的改進、物資的綜合利用、節能減排和環境保護的措施等方面取得的研究成果。

（5）每年的研究開發經費占企業銷售額的比例。研發經費是重要的財力保證，企業為了增強研發能力，需要保持一個恰當的比例。

三、市場行銷能力調研

市場行銷系統的能力主要表現在下列各方面，這也正是調研的主要內容：

（1）市場廣度。這包括企業是服務於當地市場、國內市場或國際市場，主要服務於哪些產業，市場發展的前景如何，開拓新市場的可能性等。

（2）價格。這包括企業採用何種定價方法，價格調整的方法和頻率，是產業價格的領先者還是追隨者，差別定價法的運用等。

（3）促銷手段。這包括企業現在採用了哪些促銷手段，廣告有哪些媒體，促銷效益和費用的比較分析等。

（4）分銷渠道。這包括企業現在採用了哪些分銷渠道，自設了多少銷售服務網點，建立了多大規模的經銷網路，同經銷商的關係，銷售人員和銷售費用，顧客服務力量的組織等。

（5）產銷率和貨款回收率。產銷率是企業銷售收入與同期商品產值的比率，反應其產銷對路的程度。售出產品的價值必須待貨款回收後方能實現，方能計算銷售收入，所以我們要考察貨款回收率。這兩者都是表現市場行銷能力的綜合性指標。

四、生產能力調研

生產能力是指在勞動力和原材料、能源供應能得到保證的條件下，企業的生產性固定資產（主要是機器設備）在一定時期內所能生產的合格產品的數量。生產能力要按生產線或設備類別、生產單位和企業總體，在綜合平衡、填平補齊的基礎上依次核定。我們在調研時，主要考察以下內容：

（1）生產線或設備類別的生產能力。這是核定各生產單位和企業總體的生產能力的基礎。對於生產線，應注意主體設備和配套設備、前工序設備和后工序設備的能力的協調。

（2）生產單位和企業綜合生產能力。要注意考察生產單位之間的能力是否協調。企業的綜合生產能力是在填平補齊基礎上按薄弱環節的能力來確定的。

（3）生產能力利用程度。按下列公式計算：

$$生產能力利用率 = \frac{計劃（或實際）產量}{核定生產能力}$$

這個比率可分別按生產線、生產單位和企業總體來計算，並應進一步分析能力利用不足的原因。一般說來，企業能力大，是其優勢，但如利用不足，則未能發揮優勢，甚至轉化為劣勢。

（4）生產能力的機動程度。為增強企業適應能力，在外部環境特別是市場需求發生重大變化時，企業對生產能力應能作相應的調整，所以我們要考察能力調整的機動性，其中也可能存在著企業的優勢和劣勢。

（5）勞動力、能源和原材料對生產能力的保證程度。如發現問題，應查明原因，以便採取糾偏措施。

五、財務能力調研

企業的財務能力主要指盈利能力和償債能力，也包括流動資產週轉能力和融資能力，它們的綜合性都很強。調研內容有如下幾項：

1. 盈利能力

它用若干指標來表示。

（1）銷售利潤率。計算公式為：

$$銷售利潤率 = \frac{利潤額}{銷售收入}$$

這個指標用途甚廣，可以按產品和企業（及其戰略經營單位）分別計算，分別反應它們各自的盈利能力。由於利潤指標有毛利潤、經營利潤、稅前利潤、稅后（淨）利潤等，銷售利潤率也可以分別按不同的利潤指標來計算，用於各種對比分析。

（2）產品盈利能力系數。計算公式為：

$$產品盈利能力系數 = \frac{產品利潤額}{企業利潤額} \div \frac{產品銷售收入}{企業銷售收入}$$

這個指標是按各種產品分別計算的，實際是產品銷售利潤率與企業銷售利潤率的比率。由於企業銷售利潤率是各種產品銷售利潤率的綜合平均，所以此指標能更突出地顯示出各種產品不同的盈利能力。

（3）資產利潤率。計算公式為：

$$資產利潤率 = \frac{利潤額}{資產總額}$$

（4）投資利潤（回報）率。計算公式為：

$$投資利潤（回報）率 = \frac{利潤額}{投資總額}$$

（5）所有者權益利潤率。計算公式為：

$$所有者權益利潤率 = \frac{利潤額}{所有者權益額}$$

上述（3）、（4）、（5）指標從不同角度反應了企業的盈利能力，有不同的用途。其中（4）應用得最為普遍。

2. 償債能力

它也用若干指標來表示。

（1）長期償債能力。它主要指企業用其全部資產清償全部負債的能力，用資產負債率（简稱負債率）表示。負債率高，反應企業償債能力弱，債務負擔重。

$$資產負債率 = \frac{負債總額}{資產總額}$$

(2) 短期償債能力。常用下列兩個指標表示：

$$流動率 = \frac{流動資產}{流動負債}$$

$$快速流動率 = \frac{流動資產 - 存貨}{流動負債}$$

企業對上述兩個指標應掌握在適當的程度。過低，反應企業償債能力弱，財務狀況不佳；如過高，則反應企業流動資產（資金）利用不夠充分，須研究改進。

3. 流動資產週轉能力

流動資產的特點是經常流動、週轉快，對提高企業經濟效益有利。反應其週轉能力的指標有多種：

(1) 存貨週轉次數和天數。計算公式為：

$$存貨週轉次數 = \frac{銷售收入（或銷售成本）}{存貨平均余額}$$

$$存貨週轉天數 = \frac{365 天}{存貨週轉次數}$$

公式中的存貨可以按原材料、在製品和產成品分別計算，得出不同種類存貨的週轉能力；也可以按存貨總額計算。

(2) 應收帳款週轉次數和天數。計算公式為：

$$應收帳款週轉次數 = \frac{全年賒銷淨額}{應收帳款平均余額}$$

$$應收帳款週轉天數 = \frac{365 天}{應收帳款週轉次數}$$

這兩個指標反應應收帳款的信用和回收效率。

(3) 流動資本（營運資金）週轉次數。計算公式為：

$$流動資本週轉次數 = \frac{銷售收入}{流動資本平均余額}$$

4. 融資能力

這是指從財務上看，企業吸引外來投資和貸款的能力。企業的盈利能力和償債能力當然對其融資能力有著極大的影響。此外，還有下列指標反應其融資能力：

(1) 資本結構。這主要指企業的負債（特別是長期負債）與所有者權益之間的比例關係。它表明企業所支配的資產的不同來源，既影響債權人和所有者（投資者）的利益分配，又涉及它們所承擔的風險以及企業的長期償債能力。另外，它也可以指負債中流動負債與長期負債、所有者權益中投入資本與留存利潤或普通股與優先股之間的關係。

(2) 普通股每股收益。計算公式為：

$$普通股每股收益 = \frac{淨利潤 - 優先股股息}{普通股股數}$$

（3）市盈率（價格-收益比率）。計算公式為：
$$市盈率 = \frac{股票市場價格}{每股收益}$$

（4）股利發放率。計算公式為：
$$股利發放率 = \frac{每股發放現金股利}{每股收益}$$

上述（2）、（3）、（4）等指標均為股份制企業的融資能力指標，投資者常據以做出是否投資的決策。

六、核心競爭力和綜合能力調研

企業的獨特資源和出色能力相結合，就構成它的核心競爭力。1990年，兩位戰略管理學者哈默爾（GaryHamel）和普拉哈拉德（C. K. Prahalad）提出了核心競爭力理論，在學術界和企業界引起很大的反響。[1] 他們提出：「在短期內，一家公司的競爭力（Competitiveness）來自其現時產品的價格和性能特徵……在長期中，競爭力則來自能以比競爭者更低的費用和更快的速度建立起可提供出人預料的產品的核心競爭力（Core Competencies）。競爭優勢的真正的來源在於管理者把公司的技術和生產技能整合在競爭力中，這個競爭力能使各項業務迅速適應多變的機遇。」

他們又說，核心競爭力是組織的集體學習成果，特別是如何將複雜的生產技能和多渠道的技術整合起來的成果；它也包括在工作組織和價值傳送方面的成果。核心競爭力的數量是有限的，一般公司不會超過5~6項；假如公司能列出20~30項，那也許就不是核心競爭力了。

企業的核心競爭力示例：

（1）日本的本田公司：關於發動機和動力傳動系統的技術。
（2）日本的佳能公司：光學、成像、激光、微型處理等方面的技能。
（3）日本的索尼公司：微型化技能。
（4）日本電氣公司（NEC）：最早開發的計算機與通信的複合體以及相關的數字技術。
（5）美國的3M公司：粘膠（包括膠帶、膠紙、膠卷、磁帶等）的技能。
（6）美國的花旗銀行（Citibank）：最先投資於經營系統，能參與每日24小時的世界資本市場，從而領先於其他金融機構。

---

[1] C K PRAHALAD, GARY HAMEL. The Core Competence of the Corporation [J]. Harvard Business Review, 1990 (5/6). 此目的引文均見此文。

（7）美國的沃爾瑪公司（Wal-Mart）：高度自動化、信息化的商品採購和配送系統，以及有效的存貨控制。

（8）荷蘭的菲利浦公司：光學媒介技術。

核心競爭力有以下主要特徵：

（1）它能創造核心產品，引發多種最終產品，進入廣闊的市場。例如本田公司有了優質發動機和傳動系統，就能生產優質汽車、摩托車、發電機、剪草機等；佳能公司的競爭力體現在複印機、照相機、激光打印機、成像掃描儀等產品上。

（2）它能為最終產品的用戶做出重大貢獻。

（3）它應當是競爭對手難以模仿的，所以能提供持久的競爭優勢。

（4）它與物質資源不同，不會隨著使用和分享而損耗，恰好相反，它還會增長和完善。不過，它也需要培育和保護，知識如不用也會淡忘或消失。

按照上述核心競爭力的概念和特徵，企業狀況調研應當包括這一重要內容，並將它作為企業戰略的重要依據。① 當前，中國企業能像遠大空調公司擁有世界領先的核心競爭力的為數還不多，這反應了中國科技和管理水平還不高，亟待培育核心競爭力。關於核心競爭力的培育問題見新視角4-2。

新視角4-2：

核心競爭力的培育

（1）企業的高層領導者要把培育核心競爭力放在優先考慮的地位，高度重視。

（2）企業要善於動員全企業的員工，破除戰略經營單位、部門、層次的界限，組織集體學習和協作攻關，將多種技能整合起來，特別關注在價值鏈的關鍵環節上培育核心競爭力。

（3）企業要同別的企業和其他組織建立多種形式的戰略聯盟，學習他人的先進經驗，交流學習成果。

（4）企業開發核心競爭力並不意味著要在研究開發上比競爭對手多花錢，或實行更多的縱向一體化。

（5）企業將一部分生產任務外包（Outsourcing），可能降低產品成本，但也可能對培育核心競爭力帶來負面影響，削弱對某些方面生產技能的研究。

---

① 1994年，哈默爾和普拉哈拉德又合作了《競爭大未來》一書，對應用核心競爭力去引起產業轉型，為企業創造更好的未來，做了深刻闡述。

1992年，美國三位管理顧問斯塔克（George Stalk）、埃文斯（Philip Evans）、舒曼（Lawrence E. Shulman）又聯合提出了綜合能力理論[1]，認為綜合能力才是構成有效戰略的基礎。綜合能力與核心競爭力的差別在於：核心競爭力主要是指在價值鏈上特定部位的技術和生產技能；綜合能力則更廣泛些，往往同一個或多個業務流程（Business Process）相聯繫，表現為組織成員的集體技能及相互溝通的組織程序等，涉及整個價值鏈，故稱為綜合能力。儘管如此，兩者是相互補充的，企業在培育核心競爭力的同時，也應注意培育綜合能力。

綜合能力理論以沃馬特、本田、佳能等公司為例，提出了「基於能力的競爭」原理，見新視角4-3。[2]

新視角4-3：

「基於能力的競爭」的基本原理

（1）公司戰略的建築模塊不是產品和市場，而是業務流程。

（2）競爭的勝利決定於公司將其關鍵的業務流程轉換成能夠持續地向顧客提供優等價值的戰略能力（Strategic Capabilities），即形成綜合能力。

（3）為了創造這種戰略能力，公司要向一個能將傳統的戰略經營單位和職能部門連接起來的支持性基礎設施（Support Infrastructure）做戰略性投資。

（4）由於綜合能力必然跨越各職能部門，基於能力的戰略應由首席執行官（CEO）負責。

第四節　文化、業績和問題調研

一、企業文化調研

從20世紀80年代初西方的組織文化理論出現以來，企業文化已受到日益廣泛的重視，許多國家都在進行研究。企業文化是指一個企業的全體成員共同擁有的信念、期望值和價值觀體系，它確定企業行為的標準和方式，規範人們的行為。

---

[1] G STALK, P EVANS, L E SHULMAN. Competing on Capabilities: The New Rules of Corporate Strategy [J]. Harvard Business Review, 1992 (3/4).

[2] 「基於能力的競爭」同上節的「基於資源的戰略」結合起來，構成戰略管理理論的「資源、能力學派」，同波特教授的「定位學派」互相補充。具體見第一章的附錄。

各個企業都應有自己的文化。經營理念、倫理道德、企業精神、廠風廠紀等，都是企業文化的表現。那些成功的企業著力宣傳它們獨特的文化，並把它說成長遠不變的導致企業成功的根本因素。例如美國的國際商用機器公司（IBM）和德爾塔航空公司的為用戶服務的價值觀，就深入員工群眾並代代相傳，從而使公司創造了輝煌的業績。中國的海爾、遠大等公司也創造了優秀的企業文化，促進企業的成功。

企業文化既然能指導企業及其員工的行為，自然對其目標建立和戰略選擇將產生巨大影響。當文化、目標和戰略三者協調一致時，就能形成企業的巨大優勢。由於企業文化具有長遠不變性，一旦環境變遷、形勢巨變，原有文化不能適應時，也可能妨礙新的目標和戰略的制定，從而成為劣勢。有人認為，改變企業的文化是其領導人可能承擔的最困難任務之一。因此，在企業狀況調研中，應對其文化進行調研，著重考察以下內容：

（1）文化特徵。這包括全體成員共有的信念和價值觀包括哪些內容，是成文的還是不成文的，是早已形成的還是剛建立的，具有什麼特點。

（2）文化建設過程。這包括企業領導人是如何塑造企業文化並在全體成員中宣傳貫徹的，企業文化是否已為群眾接受，付諸實踐。

（3）文化與目標、戰略的一致性。這包括從過去幾年的情況看，企業文化是否與制定的目標和戰略協調一致，是否出現過不完全一致的現象。

（4）文化的環境適應性。這包括企業文化是否同社會文化和產業環境相適應，在環境變化時，是否有過局部改變，是否帶來什麼問題。

二、企業業績調研

從企業過去一段時期的經營業績中，可以總結成功的經驗和失敗（挫折）的教訓，發現企業的優勢和劣勢。這方面的調研，主要包括以下內容：

（1）目標的完成情況。這包括企業過去幾年的主要目標有哪些，是否已經實現，實現的程度如何。

（2）戰略的執行情況。這包括企業過去執行的是什麼戰略，是否作過調整或修改，是否取得成功。

（3）成績和經驗。這包括企業過去幾年有哪些突出的成績，總結出什麼經驗，這些經驗有何現實意義。

（4）失敗和教訓。這包括企業過去幾年有無遭受失敗或挫折的事例，從中總結出哪些教訓，這些教訓的意義何在。

三、企業現存問題調研

任何企業在任何時候都面臨不少問題，這是前進中的困難，是在制定未來目

標和戰略時必須認真研究和解決的。調研的主要內容包括：

（1）現存問題的內容。這包括企業現在面臨哪些挑戰，挑戰是長期存在的還是新出現的，是全產業普遍存在的還是企業特有的。

（2）現存問題的重要程度。企業對這些問題可按主次輕重排隊，突出重點。

（3）解決問題的可能性。這包括是否有一些問題正在解決或經過努力可望解決，而另一些問題則很難解決。

通過上述對資源條件、能力、文化、業績和問題多方面的調研，我們應能對企業自身狀況有一個全面、深入的瞭解，發現自己同競爭對手相比所具有的一些優勢和劣勢。但只有同外部環境調研的成果結合起來，進行綜合分析，才能為戰略管理特別是戰略制定提供良好的基礎，這是下一章將要討論的問題。

現將企業狀況調研的內容用表4-3加以概括。

表4-3　　　　　　　　企業狀況調研內容匯總表

資源條件調研	能力調研	文化、業績和問題調研
人力資源：人員的數量、素質、結構、使用、流動性、人事制度和機制等	產品競爭能力：產品線、質量、成本價格、服務、新產品、競爭趨勢等	企業文化：文化特徵、建設過程、與目標戰略的一致性、環境適應性等
物力資源：設備、工具、儀表的數量、先進性、完好性、配套情況及能源、物資的供應狀況等	研究開發能力：基礎研究、新產品開發、老產品改進、對工程技術其他方面的貢獻等	企業業績：目標、戰略的完成情況、成績和經驗、失敗和教訓等
財力資源：資產負債結構、銷售收入、盈利、現金流量、融資渠道等	市場行銷能力：市場廣度、行銷手段、產銷率和貨款回收率等	企業現存問題：現存問題的內容、重要程度、解決的可能性等
技術資源：專利、技術儲備、工程技術、綜合利用、技術改造和引進等	生產能力：生產能力及其利用程度、機動程度、保證程度等	
組織資源：組織結構、班子結構、勞動紀律和管理效率等	財務能力：盈利能力、償債能力、流動資產週轉能力和融資能力等	
信息資源：管理信息系統的特徵、外界信息的收集和利用情況等	核心競爭力：競爭對手難以模仿的、多種技術和生產技能的整合	

表4-3(續)

資源條件調研	能力調研	文化、業績和問題調研
自然條件：地理位置、運輸條件、職工生活條件、環境污染程度等	綜合能力：關鍵的業務流程所具有的戰略能力	
獨特資源：經過市場檢驗、在競爭上有價值的資產和能力		

復習思考題

1. 對企業狀況進行調研的目的何在？有人說：「身在企業，還不瞭解企業？何必再去調研。」你對此有何評論？
2. 企業資源和條件的調研包括哪些內容？
3. 企業能力的調研包括哪些內容？
4. 企業文化、業績和問題的調研主要有哪些內容？
5. 如何理解企業的獨特資源？
6. 如何理解企業的核心競爭力和綜合能力？培育核心競爭力對企業有何重要作用？
7. 如何理解資源、能力、核心競爭力與企業競爭優勢之間的關係？
8. 你是如何理解企業文化及其重要作用的？

案例：

遠大科技集團的核心競爭力

總部設在北京、生產基地建在湖南長沙的遠大科技集團，是一家主要生產中央空調和環保產品的民營企業。它以科技創新為本，長期堅持走集中經營之路，確立了在吸收式空調行業的世界領袖地位。集團前身為遠大空調有限公司，創立於1988年，到2015年，集團員工有3,992人，產品銷往80個國家。

集團的主產品是1992年發明的溴化鋰吸收式冷溫水機。它直接用燃氣等燃料作為能源，被簡稱為「直燃機」（不同於用電力運行的普通空調）。經過不斷改進，集團於1998年推出Ⅶ型直燃機，該直燃機比全球空調行業最先進的機型

節約能源10%。遠大直燃機於1994年獲得第22屆日內瓦國際發明獎，1997年該直燃機通過德國ISO9001質量認證，1998年Ⅶ型機取得美國最權威的UL安全認證，集團又開始推廣全球首創的用戶無人化管理——由廠家操作監控直燃機的售后服務模式。

1999年，遠大進軍美國，在新澤西州建廠，已經為美國東北部地區的學校、醫院、辦公室和大型電力公司安裝了空調設備，在美國還未遇到強有力的競爭對手。2001年6月，遠大美國公司同6家美國公司一道經過競爭中標，承擔美國能源部下的總價值1,860萬美元的樓宇電冷熱聯供（BCHP）設備的研究、開發和測試項目。

2009年，集團發明「可持續建築」，即用工業流程進行建築部件研發、流水線生產、集裝箱式運輸和標準化安裝，實現90%工廠化，並做到9度地震不倒、5倍節能和100倍空氣淨化，使世界建築科技跨越百年。2015年集團創造了19天建成57層小天城的紀錄。

從2009年起，遠大開始研發環保產品。首先是生命手機（環境儀），即將以往專業人士使用的檢測粉塵、甲醛、二氧化碳、電磁輻射等多種儀器合為一體，並縮小體積，降低價格，讓群眾買得起、易攜帶、會操作。其次是移動肺保，這是一種可隨身攜帶的充電式超級空氣過濾器，可99%過濾PM2.5，並提高呼吸量，使人倍感舒適。集團接著又推出鼻吸肺保（代替口罩）、空調肺保（防止一般空調器盤管凝水滋生細菌）等產品。

遠大的產品靠的是高科技、高質量，從不打價格戰。它曾提出一個口號：「追求20年，追求零故障」（即在直燃機有效使用壽命20年之內絕不會出現停機故障），而它也確實做到了。它銷售了成千上萬臺產品，沒有發生過因產品發生故障而被投訴的情況。正由於此，其產品售價比國內同行產品高30%，在美國高出同行產品20%，仍然供不應求。

遠大原總經理張劍在被問道「遠大的核心競爭力在哪裡」時說：「核心競爭力通俗地講是一種獨特的、別人難以靠簡單模仿獲得的能力。中央空調系統是個複雜的體系，它主要由主機和末端設備組成，其中主機是核心部分，如同人的心臟。中央空調業的傳統發展是，生產出主機，再生產末端設備等部件，然後組裝。很多人可能認為這就是專業，但遠大沒有這樣做。遠大是集中所有精力研究空調主機技術，開發出當前世界上最先進的直燃機，並不斷精益求精。至於末端設備如風機盤管、冷卻塔等，都從外國進口。然后，遠大以核心主機技術統括相關配套技術，進行技術整合，生產出最優秀的中央空調。

「遠大的主要供應商都是相關領域的世界技術權威，所有主要元件材料都是專為遠大生產，不向第三方提供，即它們是遠大的外協廠，按照遠大的技術要求進行開發和製造，並接受遠大對製造過程進行質量監管。這是真正的『中國製

造』，而不是簡單的『進口組裝』，因為核心技術掌握在我們手裡，這是別人無法仿造的。

「在服務上，遠大於1995年率先在全球第一個開發成功『應用型』直燃機電話聯網監控系統，並作為標準供貨項目配備於每臺機組。1999年遠大開始推行由廠家終身承擔直燃機操作、維護責任的『用戶無人化管理』，開創大型工業設備『徹底服務』的先河。這是核心競爭力在我們服務領域的體現。」

資料來源：吳小波. 大贏家［M］. 北京：中國企業家出版社，2001.

[分析問題]

1. 從遠大事例中，你能領會企業核心競爭力的概念及其對企業的巨大作用嗎？
2. 企業應當如何去培育其核心競爭力？

第五章
戰略調研成果綜合分析

本章學習目的

○瞭解調研成果綜合分析的必要性及其內容
○理解關鍵因素的含義和確定方法
○識別如何發現未來的機會和威脅
○識別如何考察企業的優勢和劣勢
○掌握戰略因素的綜合形勢分析法

前面三章已分別介紹宏觀環境、產業環境和企業狀況調研的目的和內容，並作了簡要分析。本章則研究如何將三方面的調研成果綜合起來，確認企業面臨的機會和威脅以及自身的優勢與劣勢，為建立目標和選擇戰略提供有效的計劃依據。

第一節　調研成果綜合分析的必要性及其內容

戰略調研包括對宏觀環境、產業環境和企業自身狀況三個方面的調研，各有其特定的目的和內容，實際工作者常為此花費了大量的時間和精力，收集了不少信息，卻感到難以準確判斷機會、威脅、優勢、劣勢等戰略因素，難以形成綜合概念，也就難以為目標和戰略的選擇提供卓有成效的基礎。這裡的問題就在於人們缺少對調研成果的綜合分析，預定的目的自然難以達到。綜合分析之所以必要，其理由在於以下幾方面：

（1）三方面的調研是分別進行的，實際上它們之間有著緊密的聯繫。例如，宏觀環境諸因素都要影響產業環境，產業環境中關於市場和競爭狀況的分析需要同企業狀況的調研結合起來。因此，我們必須將三方面的調研成果加以綜合，從它們的相互聯繫、相互滲透中去探索和掌握客觀事物發展的規律性，以便達到預期目的。

（2）三方面的調研內容都很多，要求在全面調研的基礎上把握重點。對於本產業和企業而言，重點是什麼，這就需要明確關鍵因素，按關鍵因素深入分析並同已發現的機會、威脅、優勢、劣勢緊密結合。

（3）三方面的調研發現了一些機會和威脅、優勢和劣勢，它們是否確實存在，它們之間有著什麼聯繫，更重要的是還有哪些沒有發現的機會和威脅、優勢和劣勢，有待進一步去發掘。要回答這些問題，就必須進行綜合分析。

（4）三方面的調研，嚴格說來不過是信息收集過程，帶有機械式的例行公事的性質，分析推理還很不夠。而綜合分析則著重是從已有的信息出發進行分析推理，結合關鍵因素來準確判斷機會、威脅、優勢、劣勢，為目標和戰略的選擇提供有效依據。這才是戰略決策者真正需要發揮的戰略性思維或創造性思維（Creative Thinking），是高度智慧的而非機械式的活動過程。

三方面的調研與綜合分析之間的關係如圖 5-1 所示。

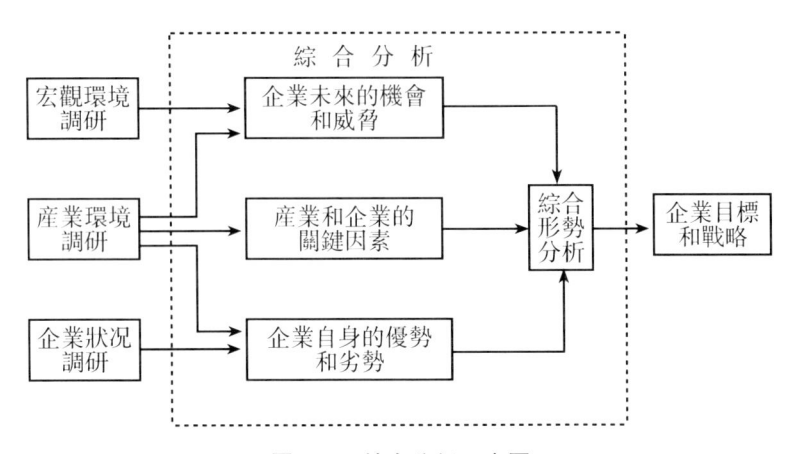

圖 5-1　綜合分析示意圖

從圖 5-1 可看出，綜合分析的內容包括：
（1）明確產業和企業的關鍵因素。
（2）識別企業未來的機會和威脅。
（3）識別企業自身的優勢和劣勢。
（4）將關鍵因素、機會威脅、優勢劣勢緊密結合起來，進行綜合形勢分析，為目標和戰略的制定提供依據。

西方戰略管理的著作常將宏觀環境、產業環境和企業狀況的調研同綜合分析結合起來，稱為 SWOT 分析（也稱 TOWS 分析）。這是機會、威脅、優勢和劣勢等字的英文首位字母的合寫，表明調研的目的就在於查明這些戰略因素，並把它們結合起來，認清形勢，以便選擇目標和戰略。

在 SWOT 分析中，需要注意幾個問題：

（1）將調查和預測結合起來。我們所說的分析包括了總結過去經驗、調查現在情況和預測未來發展三方面，而預測是立足於總結過去和調查現狀的基礎之上的。一般的著作常將調查與預測劃分為兩個階段，但根據實踐體會，二者密不可分，我們最好在弄清現狀之后立即預測其發展趨勢。

（2）調查預測力求具體。無論是機會、威脅、優勢或劣勢，都要分清其主次輕重，特別是結合關鍵因素。此外，我們對機會和威脅還要預測其出現的概率（Probability of Occurrence），以便抓住最可能出現的，也不忽略其他可能出現的，為日后制定應變戰略做好準備。

（3）注意企業文化和權力關係的影響。整個分析都是由企業內部和外部的有關人員來進行的，必然要受到企業文化的影響。權力關係是指高層領導人的權威及其領導方式，如有的企業基本上是創立者或高層領導者的意見占支配地位，另一些企業則實行民主的參與式管理，更廣泛地聽取下屬意見。在進行 SWOT 分析時，發揚民主、集思廣益可能收到更好的效果。

第二節 關鍵因素分析

任何一項事業的成敗都有許多因素在起作用，它們大體上可分為關鍵因素（Critical Factor）和補充因素（Complementary Factor）兩類。前者是指成敗攸關的一個或幾個因素，弄不好就不能成功，弄好了再得到補充因素的配合就可能成功。后者是指一些次要因素，雖然也不可忽視，但對事業成敗不起決定性作用。

這裡所說的關鍵因素又稱關鍵要求（Critical Requirement）或成功鑰匙（Key to Success），是指一個產業或企業要想取得成功必須緊緊抓住的重要因素，它是同補充因素相對而言的。確定關鍵因素也就是回答這個問題：「產業或企業的成敗是哪些因素決定的？」關鍵因素不宜多，一般應控制在 4~5 個，而且全部應當是企業自身可能控制的。

關鍵因素一般按產業或其內部的戰略群體來確定，對該產業或戰略群體所屬的企業都適用。[①] 因此，我們在圖 5-1 中將它列入產業環境的調研項下；但由於

---

① 戰略群體又可稱戰略集團，是指產業內部奉行相同或相似的戰略的企業群，見本書第三章第二節。

這些因素又是企業內部的、企業可控制的因素，所以我們未放入第三章而放在本章來研究。

產業關鍵因素示例如表 5-1 所示。

表 5-1　　　　　　　　　關鍵因素示例

1. 膠合板製造業：先進技術、質量控制、穩定的原木供應來源、人工成本
2. 汽車製造業：汽車款式、售後服務、與經銷商的關係
3. 醫藥製造業：新產品研究開發、產品質量（藥效與使用安全）、生產成本
4. 軟件製造業：新產品研究開發、產品質量控制、產品服務、高素質人才隊伍的穩定性
5. 冷凍食品業：有經驗的顧客對食品的價格和質量進行協商、先進的冷凍過程及良好的冷凍儲存和分銷、與連鎖超市的良好關係、強大而一致的集團品牌、有活力和創新的新產品開發項目
6. 連鎖超市業：商品組合、庫存週轉率、促銷和定價
7. 航空運輸業：安全正點、節約油料、卓越的訂座系統、全過程服務

研究表明，關鍵因素的主要來源一般包括：

（1）產業特徵。這是最為重要的來源。如表 5-1 中醫藥製造業和軟件製造業的新產品研究開發，連鎖超市業的商品組合，航空運輸業的安全正點等，都充分體現產業特徵。沒有一套因素能適用於一切產業。

（2）競爭地位。在一個由少數大企業統治的產業中，大企業的每一舉動往往會給那些較小的企業帶來新問題，從而成為關鍵因素。過去一段時間，在計算機產業中，許多較小的公司都把提供可與 IBM 產品相匹敵的產品視為關鍵因素。

（3）一般環境即宏觀環境。一般環境中因素的變化有可能帶來關鍵因素。例如在 1973 年石油危機爆發前，考慮能源供應重要性的人不多，但危機發生後，能源供應卻成了許多產業的關鍵因素。后來，石油供應緩和，其關鍵性也就下降了。

（4）組織發展。有時，企業在處理長期重大問題之前必須優先處理一些緊迫的短期問題，因而有可能出現暫時性的關鍵因素。例如某公司的幾位高級人員離職，另組競爭性公司，則該公司最緊迫的任務是重組高層班子商討對策。

從上述來源看，關鍵因素也是發展變化的，其確認有著一定的靈活性。從理論上講，關鍵因素的確定有以下兩種方法：

（1）宏觀或由上而下法（The「Macro」or「Top-down」Approach）。該方法首先考慮對本產業所屬企業的盈利性有密切關係的那些因素，再考慮對其他幾個產業盈利性有關的因素，然后將它們加以比較、刪去其中的共同因素，最后對余下的因素根據歷史經驗和產業實踐來判斷，確定本產業的關鍵因素。

（2）微觀或由下而上法（The「Micro」or「Bottom-up」Approach）。這就是只考察本企業所屬的產業，其確定又有若干方法。一是將同行業競爭對手劃分為成功的和不成功的兩類，然后分別考察它們干了什麼或沒有幹什麼，其中成功企業都很注意而不成功企業卻未注意的，就可認為是關鍵因素。另一是考察顧客及其需求，注意分析他們需求的特性以及本產業產品在他們生產經營或生活中所起的作用。如競爭者尚未注意而企業可能贏得競爭優勢的因素，可能就是產業的關鍵因素。

根據實踐體會，在第四章第三節中介紹的產品競爭能力諸因素同競爭優勢相結合，都可能定為關鍵因素。再結合各產業特徵突出產業獨有的因素，就可以將關鍵因素定下來。關鍵因素內部也有主次輕重之別，一般應按其重要程度排序。表 5-2 再舉例說明大學教材出版業的關鍵因素及其被定為關鍵因素的原因：

表 5-2　　　　　　　　大學教材出版業的關鍵因素

關鍵因素	原　　因
1. 選擇教材作者，保證書稿的持續供應。	1. 這是投入的原材料。 2. 從約稿到生產出版的週期長（平均要 5 年）。 3. 作者常有延遲交稿的趨向。
2. 在大學校園具有雄厚的推銷力量（這也是書稿的來源）。	1. 出版商之間競爭激烈。 2. 據調查統計，在學生逾萬人的 69 所大學中有 52% 的學生要買書，在學生逾 5,000 人的 600 所大學中有 73% 的學生要買書。 3. 銷售人員是發現寫教材的作者的主要力量。
3. 新教材（或新版）的出版時間。	必須安排在秋季（最大的銷售季節）上市銷售。
4. 書稿與當前出版期相結合。	1. 必須有高速增長的專業學院（如工商、工程、醫藥、護理等）所需教材。 2. 教師及學生們喜歡採用最近出版的新教材。 3. 消除舊書市場。

資料來源：DONALD L BATES, DAVID L ELDREDGE. Strategy and Policy [M]. 2nd Edition. Wm. C. Brown Publishers, 1984：59.

近年來，人們將關鍵因素擴大應用於商品經營各方面，供戰略選擇時考慮。例如某企業有兩種產品可供選擇，經營這些產品的關鍵因素各不相同。企業明確了這些因素，再同企業實力相比較，就易於決定經營哪種產品。表 5-3 列示了一家烤製食品公司對關鍵因素的總結。

表 5-3　　　　　　　某烤製食品公司研究得出的關鍵因素

產品	銷售渠道
普通型。關鍵因素： 1. 資金雄厚，能維持生產（自動化）的價格優勢。 2. 大規模銷售和重點銷售並存。 3. 廣泛做廣告，確保實際認同，使人感到產品質量可靠，價格合理。 4. 保持現有的質量。	連鎖店。關鍵因素： 1. 擁有精幹的銷售隊伍，與各店經理保持密切聯繫，得到貨架空間和位置，保持商品新鮮。 2. 與連鎖店顧客保持密切聯繫。 3. 產品品種齊全。 4. 經常組織有獎促銷、特別銷售和廣告宣傳。
精製型。關鍵因素： 1. 強大的產品開發能力，不斷地推出新產品。 2. 市場信息靈通，能迅速發現和仿製別人的新產品。 3. 生產組織靈活，決策靈敏，能迅速將產品投入市場。 4. 市場目標渠道和銷售點要引人注意，引起衝動型購物者來購買。 5. 商標認同，產品質量上乘，堪稱精品。	獨立商店。關鍵因素： 1. 在數量上和單價上，使同批產品的分銷成本相一致。 2. 通過精幹的銷售人員與商店經理保持密切聯繫，得到貨架空間和位置。 3. 適合市場需求的產品系列。 4. 經常開展有獎促銷、特別銷售活動。

資料來源：ROBERT J MOCKLER. Strategic Management ［M］. Idea Group Publishing，1993：90.

第三節　機會、威脅分析

宏觀環境和產業環境調研的目的主要是盡力去發現企業未來的機會和威脅。這裡對機會和威脅再做進一步的分析。

一、識別機會

對企業來說，其機會（Opportunity）就是致富的門路和發展的機遇。這在宏觀環境特別是產業環境的調研中，可以通過多種途徑或方法去識別。

（1）發現將迅速增長的產業或行業。由於科技進步，高新科技產業日益受到各國的重視。如企業向高新科技產業發展，其機會肯定多於傳統產業。在中國，政府除注意發展高新科技產業外，還在加快發展一批基礎產業，基礎產業的機會

也就較多於其他加工工業。國家提出了可持續發展戰略，人們對生態環境保護的意識不斷增強，法規日益完備，生產環保用各類設施的產業也有著廣闊的發展前景。三一集團的快速成長就由於抓住了國家加強基礎設施建設的大好機會，見新視角 5-1。

新視角 5-1：

三一集團的快速成長

　　三一集團公司董事長梁林河在其位於江蘇昆山的工廠表示：2011 年油壓鏟機的銷售目標是 3 萬臺，如能實現，則集團的該產品在中國市場上的佔有率將超過目前居於首位的日本小松公司。

　　三一重工是中國發展十分迅速的企業之一。從 2008 年起，政府大量投資於基礎設施建設，給公司創造了極好的機會。公司最早於 1994 年首次推出混凝土泵機，用於向鋼筋框架內大量注入已攪拌好的混凝土，為各類建設項目廣泛使用，迅速取代了進口的同類產品。公司生產的 72 米臂架泵車，還創造了世界紀錄。2011 年 3 月日本福島發生地震海嘯，多地的第一核電站發生嚴重事故，三一集團生產的 62 米臂架泵車被運往福島參加註水冷卻作業。

　　三一集團正將目光投向海外，擬在美國、印度尼西亞、巴西、印度等國建廠，爭取在五年內使公司海外業務占到公司總額的比例增加到 30%。

資料來源：2011 年 8 月 9 日《參考消息》。

　　（2）中國發現將迅速增長的市場或細分市場。隨著人民生活水平的提高，兒童用品迅速增長，兒童食品、營養品、服裝、鞋類、玩具等的種類和數量都在大幅度增加。目前，中國已跨入老齡化社會，老年人口所需的商品和服務將迅速增長，存在著廣闊的市場。隨著人民生活水平的提高，消費習慣的改變，出現了對保健食品、健身器材等的新需求，而某些傳統儀器或物品的需求則將下降。

　　（3）研究特定顧客的特殊要求。例如，中國有 55 種少數民族，如我們深入研究他們的特殊需求，開發一些民族地區適用的生產工具和生活用品，即可發現若干可利用的機會。隨著改革開放，外國人來華做生意和旅遊的人數日益增多，研究他們的特殊需求，改進我們的服務產業和旅遊產業，是大有可為的。

　　（4）尋求現有產品的新用途和新市場。例如，自行車本是中國人民最喜愛的代步工具，但它也可以作為消閒或顯示身分的工具。自行車生產廠家改進了舊車型，大量生產輕便車和山地車，就滿足了這方面的需求。現在許多產品向多功能

化發展，正是適應這一趨勢。農村是非常廣闊的市場，企業如能改進現有的許多產品，使之適應農民的生產和生活的需要，適應農民的購買力水平，就能占領這個廣闊的市場。

（5）採用先進技術，實現技術創新。開發新產品，採用新技術，企業用獨立研製的或從國外引進的先進技術來改造原有的落後的技術，便可捕捉到發展的機會。首都鋼鐵公司自行研製了許多新技術，用於其高爐、轉爐的技術改造上，使公司實現了持續、快速的發展。四川的長虹、重慶的嘉陵等公司，都從國外引進了新技術，發展民用產品取得了卓越的經營業績。

（6）從用戶和經銷商方面找機會。如企業發現用戶使用企業的產品或中間商經銷的產品能帶來豐厚的利潤，這就給企業提供了機會；或者打入用戶的產業，或者自行設立銷售網路。美國的英特爾（Intel）公司本是專業生產芯片的大戶，現在已利用自產芯片的大約 1/3 來生產和銷售電子計算機，從而使公司規模和效益大幅度地增長。

（7）從供應商方面找機會。如企業發現供應商向企業提供原材料而獲得豐厚的利潤，或者該項原材料由採購改為自製對降低企業產品成本或保障供應更為有利，這就給企業帶來了自行生產該項原材料的機會。現在不少冶金企業都在生產自身所需的原材料和輔料，加工企業在生產自用的包裝材料，乳製品企業經營牧場等，便是明顯的例證。

（8）走向國際市場。隨著經濟全球化的發展，越來越多的企業走出國門，找到了機會。它們面向國際國內兩個市場，利用國際國內兩種資源，既獲得了更大的效益，又分散了經營風險。有條件的企業都不應錯過這個機遇。TCL 集團開拓越南市場的經驗見新視角 5-2。

上述八種途徑不過是舉例，並不是很全面。此外，還有一些機會帶有偶然性，事前很難預測。例如 1973 年爆發的石油危機引起世界範圍內的油價猛漲，給日本各汽車公司生產的省油汽車帶來了極好的機會，極大地擴張了其產品的銷售市場。當然，這同日本公司早就研究了顧客的特殊需求，開發出省油汽車有密切關係。

企業的機會應當說是很多的，但要準確識別特別是要先人一步地識別出來，並非易事。這裡最需要的是戰略決策者的戰略性思維（見第一章第五節）；要有超前意識，思想敏銳，目光遠大，見微知著；要有創新意識，敢於標新立異，出奇制勝；還要有人本意識，相信群眾，依靠群眾，調動廣大群眾都來參加識別。企業首先應做廣泛調研，收集到充足的信息，然後通過分析、思考和推理，從信息中識別出機會。

新視角 5-2：

TCL 集團開拓越南市場

1999 年，TCL 集團決定大舉進軍越南市場，在越南建廠生產。2001 年，集團建在越南同奈省邊和經濟開發區的、專門生產彩電和 VCD、DVD 等家用電器的工廠完工投產，該廠具備年產 30 萬臺彩電的生產能力。

在 TCL 集團做出決策時，越南彩電生產能力已達年產 150 萬臺左右，而實際年銷量僅 60 萬~70 萬臺，供大於求，屬於已經飽和的市場。TCL 選擇在這樣的情況下進入越南，是經過周密調查和深思熟慮的。因為他們經過調查發現，越南彩電市場還有相當大的機會：

（1）越南彩電市場供大於求，主要原因是當時國際名牌產品售價過高，超出大部分消費者的購買能力。如有質量同國際名牌持平而價格比較適中的彩電，則會有廣大的市場。

（2）當前，越南市場上的彩電以 15 英吋和 21 英吋（1 英吋＝2.54 厘米，下同）為主，其銷量占總銷量的 90% 以上。隨著越南經濟的發展和人民收入水平的提高，消費者將逐漸轉向購買 25 英吋和 29 英吋的彩電。TCL 提前進入，旨在抓住未來的大屏幕彩電市場。

（3）越南目前有近 8,000 萬人口，但彩電年銷售量僅 60 萬~70 萬臺，預計未來幾年內，越南彩電的市場容量將翻一番，達到 160 萬臺左右。這為彩電企業的發展提供了相當難得的機會。

基於上述調查分析，TCL 集團才做出建廠決策的，到 2007 年，TCL 彩電在越南市場的份額已達 20.25%，僅次於三星的 21.84%。TCL 彩電已連續三年被評為越南的優質產品，成為該市場名副其實的國際品牌。

資料來源：2001 年 8 月 30 日《參考消息》，及網上相關資料。

機會一經識別出來，企業還應當進一步分析研究其幅度大小（即其對企業未來發展可帶來的效益增長額）和出現的概率，盡可能加以量化。大的機會是最受歡迎的，但往往要求很高的條件，且因競爭者眾多，只有具備條件的企業才可能去利用。相反，小的機會似乎沒有多大價值，頗有實力的大企業不會為之心動，卻很可能為小企業所用，為小企業提供生存和發展的空間。估量機會的大小及其主次輕重，是每個企業都應當做的一項工作，在此基礎上再結合企業實際情況做出合理的選擇。企業既不能對自己估計過高，企圖利用所發現的一切機會，又不能隨意取捨，輕易放棄一些可利用的機會。企業對機會出現的可能性也要有清醒

的認識，因為社會經濟情況複雜多變，預測很難準確，各種機會出現的概率有高有低。企業對概率高的機會是首先應當設法抓住的，但對概率低的機會也不宜忽視。

企業有時要對機會的幅度和概率進行量化，是非常困難甚至是不可能的，這時就可以定性地加以描述。定性確認的機會並不表示其利用價值低於能量化的機會，所以仍應給以足夠的重視。

二、識別威脅

對企業來說，其面臨的威脅（Threat）就是對其生存和發展帶來危害的風險或挑戰。在市場經濟、激烈競爭的環境中，企業的機會固然不少，也不可避免地會遇到很多的風險和挑戰。因此，企業在認清機會的同時，也要識別威脅。企業的威脅有多種來源：

（1）存在於產業內外的競爭。這可能是最常見的威脅。在前面第三章競爭狀況的調研中列舉出的五種基本競爭力量，都構成對企業的威脅，其力度大小因時因地因產業而異。人們最易感受到的是產業內部競爭對手的威脅。由於缺少全球知名品牌，中國企業在國際競爭中面臨巨大的威脅，見新視角5-3。

新視角5-3：

缺少品牌，中國只能做「世界工廠」

中國已成為世界第二大經濟體，第一大出口國。但缺少全球性品牌，只能創造別人發明、設計的產品，仍然是「中國發展的陰影」。

由於缺少品牌，我們只能背負「世界工廠」的沉重負擔。例如大量的iPhone（蘋果手機）是中國組裝的，一種高端款型的售價為750美元，中國能拿到25美元就不錯了。又如一雙耐克跑鞋，中國人只能從每1美元中拿到4美分。海外的設計師和工程師賺得盆滿缽滿。

由於缺少品牌，中國每年要向國外廠商支付巨額的專利技術使用費。

中國政府採取了許多措施，鼓勵企業創新，創造具有自主知識產權的產品，取得了一些成效，但仍須廣大企業繼續努力。

資料來源：2010年5月26日《參考消息》轉載美國《華盛頓郵報》的報導。個別地方小有改動。

（2）政治法律因素。國家制定的方針政策、法律法規、計劃、決定等，既可為產業和企業帶來機會，也可能給它們帶來威脅。例如國家的產業政策規定了要對某些產業實行限制或淘汰，對某些產品實行加稅或減少信貸資助等，就威脅到

那些產業和企業的生存。1988年中國實行的治理經濟環境、整頓經濟秩序的決定，立即導致社會需求下降、市場疲軟，給各個產業和企業都帶來了困難。有些國家政局動盪，對國內外投資者形成了嚴重的威脅。

（3）宏觀經濟因素。國民經濟發展速度下降、投資規模縮小、通貨膨脹加劇、失業率上升等不利因素的出現，都構成對產業和企業的威脅。日本在經歷了從20世紀50年代后期到70年代中期近20年的經濟快速增長之後，長期處於經濟低速發展或停滯不前的狀態，使許多產業受到威脅。1997年中期引發的東南亞和韓國的金融危機對全球經濟產生消極影響，時間持續了3年，這對主要面向那些地區出口商品或投資的企業無疑是一個嚴峻的挑戰。

（4）科學技術因素。科技的進步使得原有技術迅速陳舊過時，而給採用原有技術的產業和企業帶來威脅。導致美國鋼鐵工業面臨經濟困難的主要原因之一就是它的生產設施和技術陳舊。科技進步還會改變社會需求，產品單一的企業就潛藏著巨大的風險；相反，多品種生產的企業的風險則較小。

（5）社會文化因素。人口統計方面的變化、人們生活水平的提高、消費傾向的改變，都將影響社會需求，從而對一些產業和企業形成機會，而對另一些產業和企業則構成威脅。例如，中國過去人們都愛喝烈性白酒（酒精含量在50%以上），現在多數人卻喜歡喝低度白酒（酒精含量在40%以下），或改喝葡萄酒和啤酒，這給葡萄酒、啤酒和低度白酒的生產企業提供了發展機遇，但對烈性酒生產者卻帶來威脅。

（6）產業發展階段。當產業處於其成長階段時，企業面臨許多機會，一旦進入成熟階段，因市場增長率放慢而競爭更趨激烈，企業就感受到很大的威脅。當產業進入衰退階段時，企業面臨的威脅更加大，其中實力較弱者被迫退出或遭受淘汰。

上述幾種來源也屬於舉例性質，並非毫無遺漏。還有一些無法事先預測的偶然因素，也可能帶來巨大的乃至致命的威脅。例如1991年爆發的海灣戰爭，使得中國在該地區投資的企業蒙受了巨額損失，威脅到企業的生存。2001年9月11日美國發生的恐怖分子襲擊事件使美國經濟造成了嚴重損失，見新視角5-4。

同上述的機會一樣，對威脅的識別也要求戰略決策者的高度智慧，運用戰略性思維在廣泛收集信息的基礎上，進行超前的分析推理，能先人一步地發現和察覺，以便及早採取防範性對策。威脅一經識別出來，企業也應當進一步研究其幅度大小和出現的概率，盡可能予以量化。對其中幅度大、出現概率高的威脅更應給以特別的重視。

在這裡還需指出，在分析機會和威脅時，往往會發現兩者可能同時存在於同一事物內，即機會中隱含著威脅，威脅中潛伏著機會。人們常說的「挑戰與機遇並存，困難與希望同在」，正是這個意思。這完全符合唯物辯證法。辯證法認為，事物內在矛盾的兩個方面是不平衡的，有主要方面和非主要方面，主要方面決定

企業戰略管理

> 新視角 5-4：
>
> ## 「9·11」事件砸掉美國 164 萬個飯碗
>
> 　　[法新社華盛頓 1 月 11 日電] 根據米爾肯學會今天公布的一項調查，由於「9·11」襲擊事件，美國城市地區在 2002 年將喪失 164 萬個就業機會，尤其是那些依賴於旅遊業的行業。
>
> 　　根據米爾肯學會的調查，紐約今年減少的就業機會總數將在全國各城市中名列首位，達 15 萬個。調查表明，洛杉磯和芝加哥將分別減少 6.9 萬和 6.8 萬個就業機會。
>
> 　　減少的就業機會有大半是在航空、賓館、娛樂和餐飲業中，這些行業在襲擊事件發生后遭到的打擊最大，因為美國人改變了他們的出行計劃。
>
> 　　資料來源：2002 年 1 月 14 日《參考消息》。

事物的性質；然而這種狀況不是固定的，兩個方面可能互相轉化，事物的性質也就隨著起變化。因此，機會與威脅就可以看作矛盾的兩個方面，當機會是主要方面而威脅是非主要方面時，我們認為是機會，其中隱含著威脅；反之，當威脅成為主要方面而機會處於非主要方面時，我們就認為是威脅，其中潛伏著機會。我們指出這一點，並非要混淆機會和威脅的性質界限，而是啓發人們善於辯證地看待事物，在捕捉機會時警惕其中潛在的威脅，而在面臨威脅時尋找其中潛在的機會，以利於充分發揮主觀能動性，抓住機會，避開威脅。實際生活中的這類事例並不少見。

　　例如，中國改革開放以來大力發展電力工業，這對電力設備製造產業顯然提供了巨大的機會。但由於中國資金短缺，許多電站不得不依賴引進外資來建設，外商就借此推銷其電力設備，對中國電力設備製造業構成了潛在的威脅。面對這種情況，中國的電力設備製造業一方面是抓住一切可利用的機會，凡屬中國自行籌資建設項目力爭使用國產設備；另一方面是化解潛在的威脅，通過政府有關部門指定一些引進外資建設項目採取中外合作方式，由我方提供一些配套設備和工程服務，並獲取外方的技術信息。

　　又如，1988—1991 年政府實行治理整頓政策，許多機械企業面臨嚴重威脅，市場疲軟，銷售困難，資金週轉不靈。但有些機械企業從威脅中看到潛在的機會，即國家在繼續支持農業、能源工業、交通運輸業的發展，於是主動調整產品結構，為這些繼續發展的產業服務，不僅任務得以飽滿、生產銷售正常，而且獲得了較好效益，從而渡過了難關。

又如，大陸架油田的開發是一個巨大的機會，可能帶來很高的效益，但也潛伏著巨大的風險。在此情況下，企業如採取合資開發的方式，則既可利用機會，又可分散或減少風險，對合資雙方或多方都有利。中國對沿海油田開發就常採用這種方式，在機會與威脅中求得平衡。

又如，企業經過周密調查，發現在某國或某地區從事生產經營頗為有利，是一個很好的機會。但機會中肯定潛伏著風險，企業暫時還不能預料其幅度如何。企業如怕冒風險而不去經營，則可能錯過機會；如立即大規模投入，又怕遭受巨額損失。有經驗的戰略決策者往往採取的辦法是，小規模地迅速進入機會領域，日後視形勢發展再做打算，一旦出現失誤，也不會沒有退路。

上述事例都說明企業對待機會和風險（威脅）應持辯證觀點而不能絕對化，處理問題要機動靈活，進退自如。

三、機會、威脅同關鍵因素相結合以及 EFE 矩陣

我們通過以上分析，可能發現企業未來的機會和威脅為數不少，不過應加以分類。其中同產業和企業的關鍵因素有關的顯然最為緊要，應當受到高度的重視，而同補充因素有關的，則可放在次要地位去考慮。因此，我們有必要將識別出的機會和威脅同關鍵因素結合起來。表 5-4 以大學教材出版業為例，說明三者的結合。此表有助於企業考慮那些重要的機會與威脅。

表 5-4　　　　大學教材出版業的機會、威脅和關鍵因素

		機會	在下列期限內出現的概率[2] 1年、3年、5年	威脅	在下列期限內出現的概率[2] 1年、3年、5年
關鍵因素[1]	1. 選擇教材作者，保證書稿的持續供應。	兩年之內大學招生人數將增長	0.8、0.6、0.6	學生選擇主修專業的變化	0.8、0.7、0.6
	2. 在大學校園內，具有雄厚的推銷力量，同時約稿。	有專業的推銷人員和約稿人員	無資料	因國際工會罷工而引起紙張短缺	0.1、0.1、0.4
	3. 新教材（或新版）的出版時間。	新的排印技術可縮短生產時間	0.3、0.5、0.8		
	4. 書稿與當前出版期相結合。			舊書市場正在組織起來	0.3、0.5、0.7

表5-4(續)

機會		在下列期限內出現的概率[2] 1年、3年、5年	威脅	在下列期限內出現的概率[2] 1年、3年、5年
補充因素	計算機輔助教學	0.1、0.3、0.7		
	相互交流的學習資料包（軟件）	0.3、0.5、0.7		
	視聽教學包（軟件）	0.4、0.7、0.9		
	技術手冊	無資料		
	管理開發資料	無資料		

說明：①見表5-2；②根據主觀判斷得出。

資料來源：DONALD L BATES, DAVID L ELDREDGE. Strategy and Policy [M]. 2nd Edition. Wm. C. Brown Publishers, 1984：79.

有學者建議運用外部因素評價（External Factor Evaluation，EFE）矩陣來對機會與威脅做些定量分析。[①] 表5-5是北京市一家汽車租賃公司的EFE矩陣實例。此矩陣說明兩個問題：①各種機會和威脅對企業影響的相對重要性；②現行戰略對各種機會和威脅的有效反應程度。建立EFE矩陣的工作步驟如下：

表5-5　　　　　　　　北京某汽車租賃公司的EFE矩陣

項　目	權數	評分	加權分數
機會			
1. 國家汽車工業「十二五」規劃出抬。	0.06	2	0.12
2. 旅遊市場的火爆。	0.07	2	0.14
3. 各種新技術在汽車租賃管理中應用。	0.08	2	0.16
4. 有駕照、無汽車的人數增加。	0.08	2	0.16
5. 國家對自購公務用車的限制。	0.08	3	0.24
6. 加入WTO後，國外汽車商的湧入。	0.05	2	0.10
7. 高科技企業、外資企業等公務用車數量增加。	0.08	3	0.24

---

① F R 戴維. 戰略管理 [M]. 李克寧、譯. 8版. 北京：經濟科學出版社，2001：130-131.

表5-5(續)

項　　目	權數	評分	加權分數
威脅			
1. 國內汽車製造商和國外汽車租賃企業的進入。	0.09	3	0.27
2. 汽車出租價格偏低。	0.05	2	0.10
3. 缺乏統一監管和相應法律法規。	0.07	2	0.14
4. 汽車保險制度不健全。	0.07	2	0.14
5. 個人信用體系未形成，騙車偷車現象尚難控制。	0.07	3	0.21
6. 國內汽車產業實力弱小。	0.07	2	0.14
7. 汽車流通渠道不通暢。	0.08	2	0.16
總　　計	1.00	——	2.32

註：評分表示現行戰略對各種機會和威脅做出有效反應的程度。
　　4分=反應很好；3分=反應超過平均水平；2分=反應為平均水平；1分=反應差。

（1）列出確認的機會和威脅，盡可能具體。

（2）按照各種機會和威脅對產業影響的重要程度賦予他們以權數，權數值從0（最不重要）到1（最重要），權數的總和必須等於1。確定權數須經過集體討論，取得共識。

（3）按照現行戰略對各種機會和威脅的有效反應程度為各種機會和威脅評分，範圍為1~4分。評分反應企業現行戰略的有效性，所以它是以企業為基準的；而上一步驟的權數則應從產業角度考慮，即考慮對產業的相對重要性。

（4）用各機會和威脅的權數與評分相乘，得出加權分數。

（5）將所有加權分數相加，得出總加權分數。總加權分數的變化範圍是1~4分，平均數為2.5分。如表5-5所示，該汽車租賃公司的總加權分數為2.32，低於平均數，說明公司現行戰略還沒有較好地利用機會和迴避威脅，須要重新考慮。

第四節　優勢、劣勢分析

對產業環境和企業自身狀況進行調研，其目的之一是要發現企業的優勢和劣勢。為了準確識別優勢和劣勢，應再做進一步的分析。

一、識別優勢和劣勢

企業的優勢（Strength, Advantage）反應其實力，代表它相對於競爭對手的強項；其劣勢（Weakness, Disadvantage）則反應它的缺陷，代表它相對於競爭對手的弱項。企業只有查明自身的優勢和劣勢，才能考慮如何充分發揮優勢和化解

劣勢。

企業為查明優勢和劣勢，首先須要有評判優勢的標準。有四種普遍採用的標準：歷史的、規範的、競爭的和關鍵領域的。

歷史的標準就是將企業過去累積的歷史資料同其現實情況相比較，並預測其發展變化，即進行時間序列分析或趨勢分析。企業如發現現實情況比過去好，或從歷史資料看情況在逐步改善，預測其前景將會更好，那就認為企業有優勢。歷史標準的採用有一個假定，即所比較的項目過去有，現在有，而且在將來也仍然有，但這個假定不一定在任何情況下都有效。

規範的（Normative）標準是據認為合理的、理論的或理想的標準，它來自書刊、顧問報告、產業實踐或個人的認定。如發現企業的現實狀況在理論上是正確的或符合規範的標準，那就認為企業有優勢；反之，就認為企業存在劣勢。例如，理論說明企業應當使其生產保持穩定性，而不要時高時低，這樣才能少出問題而且降低成本，於是企業就可以在低需求季節累積一些存貨以滿足高需求季節的需要，或者選擇兩種需求高低季節恰好相反的產品（如泳裝和滑雪用服裝）輪番生產，借以保持生產的穩定。又如理論上認為，企業財務上的流動比率一般應為2，快速流動比率一般應為1，這就表明償債能力合理。如果企業實際符合這些要求，就說明企業有優勢。

競爭的標準就是利用成功的競爭者或潛在競爭者的行動作為評定依據，其假定是企業最低限度要同那些競爭者的行動相適應。例如，成功的競爭對手產品質量高，成本低，而本企業產品則差些，那就是企業的劣勢；又如本企業的用戶服務比競爭者做得更好，用戶更滿意，則是企業的一種優勢。

關鍵領域的標準就是以前述關鍵因素作為評定依據的。關鍵因素是企業成敗攸關的因素，如不能滿足其要求，企業就不能成功。所以企業應將現實情況同關鍵因素的要求相對比，如能滿足甚至超過其要求，那顯然是一優勢；反之，如不能滿足，就是企業的劣勢。

上述四種標準可以同時使用。歷史的標準常用於考察財務、行銷、生產等領域的活動。規範的標準則可以用以考察管理方面的活動。競爭的標準用以考察產品組合、質量、成本價格、服務等競爭因素的各項資源。關鍵領域的標準則用來考察同供應商、經銷商的關係等。四種標準還可結合起來使用，如競爭的標準就可以同歷史的或規範的標準相結合。例如，採用歷史的標準發現企業的銷售收入在逐年增長，可以視為優勢；嗣后用以同主要的幾個競爭對手的銷售增長率相比較（即採用競爭的標準），才發現遠遠落后於競爭對手，則應看作企業的劣勢。

在上述四種標準中，競爭的標準和關鍵領域的標準是必須採用的兩個重要標準。關鍵因素的重要性不言而喻，然而企業滿足關鍵因素要求的程度只有在同競爭對手相比較后才能做出判斷。例如電線加工業的一個關鍵因素是「高級」的生

產技術。倘若競爭對手們繼續使用的機器是人工控制的，則由人工控制機器就是企業目前必須達到的「高級」水平；但如有一家競爭對手採用了自動控制的裝備，「高級」水平和關鍵因素的要求也就隨之發生了變化。

企業在採用評判標準識別出優勢和劣勢後，有三種表述方法：定性的、有效性的、效率的。

定性即用文字來表述企業具有的特徵，並不同工作任務相聯繫，例如說：「這家企業的主要優勢是它的創新氛圍很濃」，或「這家企業的劣勢之一是權力過度分散」。

有效性表述法是要表明企業完成特定工作任務或目標的能力如何。例如說：「某企業的優勢是適當分權，它已經使得管理者不拘束於舊例而努力創新，合理安排銷售人員去超額完成各自的目標市場份額。」

效率法則反應企業將投入轉換為產出的能力，主要表述產量的增長、質量的提高、消耗和成本的下降、利潤的上升、能力的利用程度等。

三種表述方法可同時使用，高層管理者常用定性的和有效性的表述法，但涉及投入產出相比較的問題，則同樣需採用效率表述法。基層管理者面對投入、產出的具體問題多，故常用效率表述法。

各種優勢和劣勢的重要程度並不相同，它們對企業的影響程度也各不相同，所以我們還須分辨它們的主次輕重，突出重點。例如，在優勢中，有的是很突出的，有的只是一般的，有的則僅略為領先，這就是重要程度的差異；有些優勢同產業和企業的關鍵因素相關，對企業的影響極大，另一些優勢則只同補充因素有關，影響較小，這就是影響程度的差異。對劣勢也可做類似的分析。

最後，還必須指出，我們在分析優勢和劣勢時，往往會發現兩者可能同時存在於同一事物內，即優勢中潛伏著劣勢，劣勢中潛伏著優勢。這完全符合唯物辯證法。實際工作中，這類事例並不少見。

例如，某企業工程技術人員數量多，在人員總額中的比重大，這可說是一個優勢。但經深入瞭解，高素質的、經驗豐富的人才並不多，或人員安排使用不當，相當一部分被安排去干行政管理工作，而在關鍵技術崗位上的力量卻較薄弱，這就是潛伏的劣勢。企業只有對人員重新安排，強化培訓，提高人員素質，化解潛在的劣勢，才可能真正發揮出工程技術人員多的優勢。

比如，某企業經過技術改造，更新了各條生產線上的關鍵設備，這可說是優勢。但因生產線上的其他設備並未相應更新或改造，前后工序的各類設備不配套，使關鍵設備的能力無法充分發揮，產品質量也難保證，這便是潛在的劣勢。當務之急是要按關鍵設備的要求，加快生產線上其他設備的更新改造，這才能真正發揮關鍵設備的優勢，提高生產線的綜合生產能力。

又如，中國許多鄉鎮企業在初創時人才匱乏，一個廠甚至只有一二名合格的

工程師，這顯然是一種劣勢。但正因為如此，經營者十分珍惜人才，合理使用人才，充分發揮工程師和其他能工巧匠的作用，還利用自身機制靈活的特點，外出招攬人才，這便是潛在的優勢。由於企業注意發揮了潛在的優勢，在一定程度上化解了其劣勢，不少鄉鎮企業創造了大企業無法比擬的輝煌業績。

再如，小型企業一般都缺少資金，無力與強大的競爭對手正面對抗，這可說是一種劣勢。但它們卻可以選擇一些大企業不願經營的小型項目，千方百計降低生產成本，不蓋大廠房和辦公樓，只做節省的廣告，從而利用有限的資金取得較好的效益，這就是發揮了潛在優勢的結果。

舉此數例，並不是想混淆優勢和劣勢的界限，而是希望人們頭腦中多一點辯證法，看問題能更加全面和深入。發現優勢，並不沾沾自喜，而是注意化解其中潛在的劣勢，形成真正的優勢，然后考慮如何發揮其作用。發現劣勢，也不悲觀失望，而是注意發揮其中潛在的優勢，設法化解劣勢，使自己立於不敗之地。無論優勢或劣勢，都是相對的、發展變化的。在一定條件下，發揮人們的主觀能動性，可使劣勢轉化成優勢；反之，故步自封，不求進取，已有優勢也可能轉化成劣勢。

二、創造和保持競爭優勢

企業的優勢代表它相對於競爭對手的強項，可以看作它在競爭中的優勢。但人們識別出的優勢可能多種多樣，須要加以概括，所謂競爭優勢（Competitive Advantage），就是複雜多樣的企業優勢的高度概括或其集中體現。我們在調研成果的綜合分析中，在識別出企業的優勢和劣勢之後，有必要思考企業應當創造和保持什麼樣的競爭優勢，為下一步戰略制定提供依據。

上一章已提到，企業的競爭優勢來自由其獨特資源和出色能力相結合而成的核心競爭力。由競爭優勢所形成的戰略，則可為企業帶來可觀的經濟效益。這種連鎖關係如圖5-2所示。

資源、能力 → 核心競爭力 → 競爭優勢 → 戰略 → 經濟效益

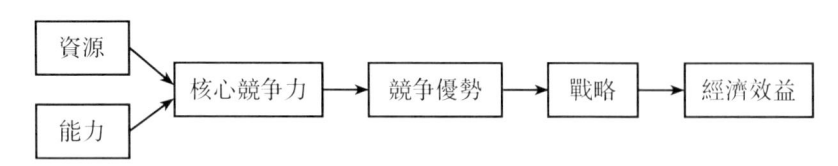

圖5-2　核心競爭力、競爭優勢與戰略的關係示意圖

競爭優勢的基礎是為用戶創造的價值。用戶購買商品或服務，由此獲得的利益與所付出的代價（即價格）之間的差額稱為價值盈余。如企業讓用戶所得的利益較大，或讓他付出的價格較低，即讓用戶享有較多的價值盈余，則企業較其競爭者具有競爭優勢。企業要降低價格，必須降低成本，而企業利潤正是價格與成

本的差額，因此，具有低成本優勢的企業還可能使利潤增加。競爭優勢的本質就是為用戶提供盡可能多的價值盈余（同時也為企業帶來更多的利潤），其途徑有二：一是增大用戶的利益，另一是降低企業的成本。

因此，企業的競爭優勢可概括為以下四種：低成本、差別化、既低成本又差別化、快速反應。

低成本（Lower Cost）是指企業在保證產品質量和服務質量的條件下，千方百計將產品成本降下來，贏得對競爭對手的低成本優勢。有了這種優勢，企業就可以在同五種基本競爭力的相互競爭中處於有利地位。由於成本較低，在價格一定時，本企業就可獲得高於競爭對手（或產業平均水平）的利潤；如產品價格下降，則在競爭對手已失去利潤時，本企業仍然可能獲利。低成本有助於企業在強大的買方威脅下保護自己，因為買方的壓力最多只能將價格壓低到其效率處於第二位的競爭對手的水平，那時本企業依然有利可圖。低成本也構成企業對強大供應方威脅的防衛，因為本企業在對付供應方的漲價要求時具有比競爭對手更高的靈活性。導致低成本地位的諸多因素如規模經濟、先進高效的生產設施等，使企業建立起較高的進入壁壘，潛在的競爭者將難以進入。最後，低成本又使本企業在同替代品企業競爭時所處的地位比競爭對手的地位更為有利。這樣，低成本優勢將使企業能從容應對五種競爭力而獲得高於競爭對手的收益。

差別化（Differentiation）是指企業依靠產品的質量、性能、品牌、外觀形象、用戶服務等方面形成特色，增大顧客利益以吸引顧客，使顧客對產品價格不敏感，甚至願出較高的價格來購買，而產品成本並不比競爭對手高出許多。這一競爭優勢，同樣可以使企業成功地對付五種基本競爭力。由於產品在質量、性能、服務等方面與眾不同，從而企業可利用顧客對品牌的忠誠而降低其對價格的敏感性，避開同產業內競爭對手正面競爭。顧客對本企業品牌的忠誠及其不願另選他家的產品，可增強本企業同買方討價還價的能力。企業由差別化帶來的較高效益，可用以對付供應方的壓力，同時緩解買方的壓力。顧客的忠誠以及要形成自己的特色須付出的努力，就構成了較高的進入壁壘。最後，企業贏得了顧客的忠誠，在面對替代品威脅時，本企業也處於比競爭對手更加有利的地位。

傳統的觀點認為，企業很難同時做到低成本和差別化，因為差別化往往要支付更多的費用。然而隨著生產技術的進步（如柔性製造技術、標準化技術、信息技術的擴大應用）和現代化管理方法的推廣（如價值工程、價值分析、全面質量管理、準時生產制等），有可能既保證和提高產品質量，又直接降低生產成本，這就出現了新的競爭優勢，即既低成本又差別化（Both Lower Cost and Differentiation）。這一優勢兼有上述兩種競爭優勢的特點，其競爭力顯然更強，無須分析。

快速回應（Quick Response）又稱速度（Speed），是20世紀90年代新提出的競爭優勢，是指企業能以比競爭對手更快的速度向其顧客提供所需的產品，這

意味著快速研究試製、快速生產和快速交付。快速回應是在保證產品質量、成本不過多高出競爭對手的條件下實施的，不但不是粗制濫造，反而有利於保證質量和降低成本，因為快速研製、生產和發送產品，要求加快原材料、在製品、成品的流動，減少許多停放等待，也減少一些在停放等待過程中常有可能出現的變質、毀壞或丟失現象。快速回應發揮巨大效益的事例見新視角5-5。

在21世紀，隨著人們工作和生活節奏的加快，速度優勢將日益受到普遍重視。

新視角5-5：

Atlas Door 公司的競爭優勢

Atlas Door 公司是美國一家專業生產工業用門的公司，門的規格、樣式、材質等幾乎是無限的，而該公司突出的競爭優勢就是快速回應。

在這個產業的歷史上，一般訂貨需要4個月才能交付。Atlas Door 進入這一產業，就決定以大幅度縮短交付週期來打敗原有的企業。它建立了一座實行準時生產制的工廠，極大地改進了標準的送貨程序，還開發出計算機輔助設計（CAD）的系統，顧客只須在電話上說明所要的門的具體要求，廠裡的工程師就能接受訂貨並繪製成圖。其結果，公司的交付週期縮短到只需幾周，許多建築公司紛紛趕來訂貨。

公司新的訂貨和設計系統大大地減少了失誤，且由於快速交貨而聲譽卓著，公司還得以提高了門的售價，與此同時，更快的生產流程又降低了成本。結果是，在公司開業的第一個10年，它的稅前利潤為銷售額的20%，幾乎高出產業平均水平5倍。在這樣短的時間內，公司成長為產業中的第一名，在全國80%的經銷商處取代了過去的領先企業。

資料來源：ALEX MILLER. Strategie Management [M]. 3rd Edition. McGraw-Hill, 1998: 1.

上述四種競爭優勢都要人們努力去創造。如果企業未能擁有其中任何一種，那就很危險，遲早會在激烈的市場競爭中被淘汰。還必須指出，任何一種競爭優勢都不可能「一勞永逸」，因為競爭對手之間相互追趕，從不停步。因此，企業不但要創造優勢，而且要努力保持優勢，實現持續的競爭優勢（Sustained Competitive Advantage）。競爭優勢要持續，關鍵是不斷創新，用創新來保持企業的核心競爭力和競爭優勢長盛不衰。

在中國，有意識地將同一產業的企業集中於一地，形成產業集群，也可以創造新的競爭力，創造競爭優勢。見新視角5-6。

新視角 5-6：

高端產業集群，中國的新競爭力

在高附加值製造業，中國正使用一種老方法來挑戰世界，即把同種產品的多個廠家及供應商集中在一起，成為產業集群。這樣的優勢是：能建立一個專業化的勞動力儲備庫，通過同一地方不同廠家的創新成果的擴散來增強競爭力，並打造規模經濟。

東部沿海地區的企業集群曾幫助中國成為低成本製造業的全球領頭羊，如襪城諸暨和溫州的制鞋中心。如今，生產高端產品的新區不斷出現，如無錫的光伏板，上海的制藥和生物科技，成都的計算機、半導體和信息技術集群區。

高端產業集群的興起促進了國內的零部件生產，進口零部件在中國出口產品中的占比已從 20 世紀 90 年代中期的 60% 降低到現在的 35% 左右。中國的新競爭力還反應在今年 10 月份的資本密集型高科技產品出口達到兩位數增長。

資料來源：2015 年 11 月 19 日《環球時報》。

三、優勢、劣勢同關鍵因素相結合以及 IFE 矩陣

我們通過以上分析，得出企業的若干優勢和劣勢，同樣要把它們同產業和企業的關鍵因素結合起來。前已提及，同關鍵因素有關的優勢或劣勢顯然應受到高度重視，而同補充因素有關的優勢或劣勢，則可放在次要地位。表 5-6 是在將優勢、劣勢同關鍵因素相結合時可考慮採用的表式示例。

表 5-6　　企業的優勢、劣勢和關鍵因素相結合的表式

關鍵因素	優　勢	劣　勢
1.	1. 2.	1. 2.
2.	1. 2.	1. 2.
3.	1.	1. 2.
4.	1.	

表5-6(續)

關鍵因素	優　　勢	劣　　勢
補充因素	優　　勢	劣　　勢

說明：關鍵因素、優勢和劣勢都按照重要程度排序。

有學者建議運用內部因素評價（Internal Factor Evaluation，IFE）矩陣來對企業的優勢和劣勢做些定量分析。[1] 表5-7是北京某汽車租賃公司的IFE矩陣實例。[2] 此矩陣說明兩個問題：①各種優勢和劣勢對企業在產業中成敗的影響程度；②各種優勢和劣勢的重要程度。

表5-7　　　　　　　　北京某汽車租賃公司的IFE矩陣

項　　目	權數	評分	加權分數
優勢			
1. 長期經驗的累積。	0.08	4	0.32
2. 長期建立的客戶和供應商關係。	0.10	3	0.30
3. 團結的、熟悉業務的員工隊伍。	0.08	4	0.32
4. 背靠強大的集團公司。	0.09	4	0.36
5. 車輛較新，檔次較高。	0.06	3	0.18
6. 品牌知名度較高。	0.07	3	0.21
劣勢			
1. 缺乏高素質人才隊伍。	0.11	1	0.11
2. 缺乏信息管理方面的經驗。	0.10	1	0.10
3. 缺乏電噴車維修能力。	0.07	2	0.14
4. 租賃網點少。	0.07	2	0.14
5. 車型結構不合理。	0.06	2	0.12
6. 管理模式陳舊。	0.11	1	0.11
總　　計	1.00	——	2.41

註：評分1=重要劣勢；評分2=次要劣勢；評分3=次要優勢；評分4=重要優勢。

建立IFE矩陣的工作步驟如下：

（1）列出確認的優勢和劣勢，盡可能具體。

---

[1]　F R 戴維. 戰略管理 [M]. 李克寧，譯. 8版. 北京：經濟科學出版社，2001：169-170.
[2]　這家公司也正是上節編製EFE矩陣的那家公司。

（2）給每個優勢和劣勢以權數。權數反應對企業成敗的影響程度，數值範圍由0（影響最小）到1（影響最大），所有權數之和必須等於1。

（3）為每個優勢和劣勢評分。分數反應他們各自的重要程度。優勢評分必須用4或3，劣勢評分必須用1或2。評分以企業為基準，權數則以產業為基準。

（4）用各優勢和劣勢的權數乘評分，得出加權分數。

（5）將所有各項目的加權分數相加，得出總加權分數。總加權分數的平均值為2.5。按此例，企業的總加權分數不及平均值，則企業內部狀況尚處於弱勢。

第五節　綜合形勢分析

企業在通過上述步驟明確了企業的關鍵因素、機會和威脅、優勢和劣勢之後，就要把它們綜合起來，以求對企業面臨的形勢得出總體印象，這便是形勢分析（Situation Analysis）的任務。企業進行形勢分析，可以採用兩種不同的方式：調研報告和形勢分析圖表。

一、調研報告

調研報告就是將戰略調研各方面、各階段步驟獲得的主要成果用書面形式進行分析總結，突出反應同關鍵因素相結合的機會和威脅、優勢和劣勢。其主要作用是將調研工作的收穫匯集起來，為戰略管理者制定企業的目標和戰略提供必要的計劃依據（Planning Base）。戰略管理者可能是一個群體，其成員對企業面臨的形勢有了共同的認識，才可能做到意見和行動的一致。企業在戰略選定、付諸實施時，還要對戰略進行檢驗和評價，考察所選定的戰略同外部環境和內部資源的一致性，調研報告又可作為檢驗評價戰略的重要依據（見第十章）。此外，戰略調研是經常性的工作，這裡做出的調研報告在整個戰略管理過程中要經常根據實際形勢的發展變化而修改，所以它又成為戰略實施之後檢驗戰略是否有效的依據（見第十二章）。

調研報告沒有固定的格式，各產業可以不同，同一產業的各企業也可以不同。調研報告一般可分為序言、正文主體和附錄三個部分。其中，序言主要說明調研的過程、計劃和預測的時間跨度、企業內部參加的部門和應邀參加的外部單位或個人、調研中遇到的主要困難等。正文主體部分可按宏觀環境、產業環境和內部狀況依次排列，列出主要的信息分析所得出的成果（機會、威脅、優勢、劣勢）；如篇幅過大，還可抽出其中最重要的內容寫成摘要，放在前面，使戰略決策者一目了然。附錄部分主要是一些表格，列出分析所依據的數據資料和運算公式等。

報告的正文主體部分包括的主要內容實際上是來自前面的表5-2、表5-4和表5-6的信息匯總，但應以宏觀環境、產業環境和企業狀況調研所獲信息作補

充，再加上調研人員的主觀分析。這裡最重要的是發現和反應各方面信息之間的內在聯繫，如宏觀因素對產業因素的影響、產業因素對企業的影響、影響幅度的比較（即主次、輕重）等，以利於對形勢得出總括性的認識，而不是將各類信息不分輕重地簡單羅列起來。這裡可以是調研人員的主觀分析，而由於人們對同樣的信息可能有不同的看法，所以最好是經過討論得出的比較一致的意見，也可以寫上不同意見。

二、形勢分析表

為了將所發現的機會、威脅、優勢、劣勢綜合起來，我們也可以採用圖表（而非文字報告）的形式，較之調研報告更為醒目。表 5-8 就是一種推薦形式。

表 5-8　　　　　　　　綜合形勢分析表

領域	評定標準	優勢	評定等級	機會	出現的概率	考慮的行動

領域	評定標準	劣勢	評定等級	威脅	出現的概率	考慮的行動

說明：1.「領域」是指優勢或劣勢涉及的職能領域（如行銷、生產、財務、人事等）或整個企業。
　　　2.「評定等級」是指優勢或劣勢按其重要程度來評分，優勢用正數，劣勢用負數，還可使用權數來加權評分。
　　　3.「考慮的行動」是指從戰略角度考慮如何發揮優勢、抓住機會、化解劣勢、避開威脅，當然只是提示性的。

表 5-8 將優勢與機會平列起來，劣勢與威脅平列起來，並且標明它們的評定等級和出現的概率，這就足以引導戰略決策者將其主要注意力集中在那些十分重要的優勢、劣勢和出現概率高的機會、威脅之上，並思考如何採取行動以維護企業利益。企業採用這種形式，優勢和劣勢、機會和威脅等都不可能列舉過多，一般控制在 5~10 個，這對一些大型企業或許有困難。

另一種表現形式稱為 SWOT 矩陣。北京某汽車租賃公司的 SWOT 矩陣如表 5-9 所示。

表 5-9　　　　　北京某汽車租賃公司的 SWOT 矩陣

內部因素＼外部因素	優勢——S 1. 長期經驗的累積。 2. 長期的客戶和供方關係。 3. 團結、熟悉業務的隊伍。 4. 背靠強大的集團公司。 5. 車輛較新、檔次較高。 6. 品牌知名度較高。	劣勢——W 1. 缺乏高素質人才隊伍。 2. 缺乏信息管理的經驗。 3. 缺乏電噴車維修能力。 4. 租賃網點少。 5. 車型結構不合理。 6. 管理模式陳舊。
機會——O 1. 國家汽車工業「十二五」規劃出抬。 2. 旅遊市場的火爆。 3. 各種新技術在汽車租賃管理中的應用。 4. 有駕照、無汽車的人數增加。 5. 國家對自購公務車的限制。 6. 中國加入 WTO 后國外汽車商湧入。 7. 高科技企業、外資企業等公務用車數量增加。	SO 戰略方向 (發揮優勢，利用機會) 1. 裝備新技術，以高科技企業、外資企業為主要客戶，高價優質服務。 2. 與國外汽車供應商建立聯盟，降低汽車成本。 3. 與旅遊公司聯盟，拓展新的用戶市場。	WO 戰略方向 (利用機會，化解劣勢)。 1. 實施高素質人才戰略，對外招賢，對內培訓。 2. 與網路公司聯合，開發公務用車專用租賃網。
威脅——T 1. 國內汽車製造商和國外汽車租賃商的進入。 2. 汽車出租價格偏低。 3. 缺乏統一監督和相應法律法規。 4. 汽車保險制度不健全。 5. 個人信用體系未形成，騙車偷車現象尚難控制。 6. 國內汽車產業實力弱小。 7. 汽車流通渠道不通暢。	ST 戰略方向 (利用優勢，迴避威脅) 1. 與國外租賃商合資，引進國外先進管理經驗。 2. 與供應商的維修網點聯合，實行舊車換新車業務。	WT 戰略方向 (化解劣勢，迴避威脅) 1. 成為國外租賃商的特許權經營者。 2. 與銀行聯合，推出租車信用卡，只對會員服務。

同上一種表現形式相同，SWOT 矩陣同樣是把機會、威脅、優勢、劣勢綜合起來，不過採用的是矩陣形式。其主要特點是提出幾種可供考慮的戰略方向，把表 5-8 中「考慮的行動」具體化，對日后的戰略選擇有更大的幫助。矩陣的編

製可按下列步驟進行：

（1）在「機會」一欄中，根據前述表 5-5 列出 5~10 個企業未來的機會，按重要程度排序。

（2）在「威脅」一欄中，同樣根據表 5-5 列出 5~10 個企業未來會面臨的威脅，按重要程度排序。

（3）在「優勢」一欄中，根據前述表 5-7 列出 5~10 個企業具有的優勢，按重要程度排序。

（4）在「劣勢」一欄中，同樣根據表 5-7 列出 5~10 個企業的劣勢，按重要程度排序。

（5）按照上面四個戰略因素的不同組合，提出可供考慮的戰略方向。其中 SO 戰略是指發揮自身優勢去抓住機會的戰略，ST 戰略是指發揮優勢去避開威脅的戰略，WO 戰略指化解劣勢去抓住機會的戰略，而 WT 戰略則指盡量化解劣勢、避開威脅的戰略。

採用這種形式也受篇幅限制，所列戰略因素的項數不宜過多，這對某些企業就不一定適用。

復習思考題

1. 為什麼要進行調研成果的綜合分析？它包括哪些內容？
2. 如何理解和確定企業的關鍵因素？試舉例說明。
3. 識別企業未來的機會有哪些途徑？可否舉出實例？
4. 企業面臨的威脅可能來自哪些方面？可否舉出實例？
5. 舉例說明企業的優勢和劣勢。
6. 評定企業的優勢和劣勢，可採用哪些標準？
7. 聯繫實際來說明機會和威脅、優勢和劣勢分析中的辯證法。
8. 如何理解競爭優勢？企業的競爭優勢可概括為哪幾種？
9. 進行綜合形勢分析，有些什麼方法？
10. 你認為調研報告有哪些作用？
11. 你認為 SWOT 矩陣在實踐中有無作用？企業採用有無困難？

案例：

蘿娜科技公司的 SWOT 分析

　　蘿娜科技公司創立於 1996 年，是一家立足信息產業，集軟件開發、生產、銷售、服務於一體的民營企業。公司現有員工 110 余人，產品有 5 種專用和通用軟件，2014 年實現銷售收入 8,711 萬元，利潤 813 萬元，被認定為四川省高新技術企業。

　　2015 年，隨著軟件產業內部競爭的加劇，蘿娜公司的發展速度有減緩的趨勢，於是公司高層管理者組織力量進行系統的戰略調研，準備制定科學的發展戰略和競爭戰略。下列數表為戰略調研和分析的成果。

案例表 1　　　　　　　軟件產業的關鍵因素

1. 新產品的研究開發（因技術進步快，產品壽命週期短）。
2. 產品質量控制（要求性能優越，還有較高的安全保密性能）。
3. 售前售後服務（專用軟件必須按用戶要求設計，瞭解用戶業務流程）。
4. 高素質人才隊伍的穩定性（知識型產業需要穩定的高素質人才隊伍）。

案例表 2　　　　　　　公司面臨的機會與威脅

機會
1. 國家將軟件產業視為整個信息產業發展的重中之重，在投融資、稅收、出口、知識產權等方面制定了一系列優惠政策，給以支持和鼓勵。
2. 中國經濟的持續、快速增長，人民生活水平的提高，為軟件業創造了巨大的市場。
3. 中國軟件產業屬於早期產業（朝陽產業），且具有繼承性很強、銷售成本低、規模效益大等優點。
4. 公司發展所需的生產要素中，主要硬件供應充足，融資也較易，供應情況還不算緊張。
5. 由於處於產業發展初期，現有競爭對手之間的競爭還不算很激烈，尤其是專用軟件市場空間大，各有其發展余地。
6. 軟件產業現階段尚未出現替代品，買方與硬件供應商的議價能力不強，一部分高科技軟件的進入威脅小。

威脅
1. 中國加入 WTO 后，國外軟件產品和軟件公司更容易進入中國市場，他們的先進技術對國內軟件業形成威脅。
2. 高素質的軟件人才緊缺，流動率高，議價能力強。
3. 技術進步快，產品更新快，工作跟不上，將面臨威脅。
4. 一部分通用軟件的進入威脅大，競爭激烈。

案例表 3　　　　　　公司自身的優勢和劣勢

優勢

　　1. 公司研究開發人員有 56 人，幾乎占總人數的一半，其中研究生 10 人，本科生 39 人，大專生 7 人，隊伍素質比較高。

　　2. 在人力資源管理上，有公開、公平、公正的競爭環境，有良好的激勵和約束機制。

　　3. 與中國科學院計算技術研究所、某大學計算機學院等科研院校建立了密切的合作關係，走產、學、研協同發展之路。

　　4. 建有技術中心和聯合實驗室，實行科研項目責任制，有成功推向市場的獲獎項目。

　　5. 一部分產品的市場地位高，需求旺盛，成長性能好。

　　6. 財務穩健，變現能力與短期償債能力強（2014 年年末的流動比率為 1.86）。

　　7. 公司有良好的企業文化，核心是以人為本、團隊精神和創新思維。

劣勢

　　1. 公司的市場行銷人員、客戶服務人員的數量偏少，素質偏低（絕大部分是大專生）。因此，儘管有比較完善的行銷和服務體系，效果還不理想，影響公司聲譽。

　　2. 人員流動率仍然比較高，隊伍仍然不夠穩定。

　　3. 公司產品質量較好，但知名度尚不高，未能創出名牌。

　　4. 公司的盈利能力低於產業平均水平，原因是一部分產品的市場份額和利潤都偏低。

　　根據上述戰略調研和分析的成果，公司運用了 SWOT 矩陣，提出了一些初步的戰略方向。

案例表 4　　　　　　　　蘿娜公司 SWOT 矩陣

	優勢——S	劣勢——W
內部因素 外部因素	1. 研究開發隊伍素質較高。 2. 人力資源機制較好。 3. 與科研院所合作好。 4. 部分產品成長性好。 5. 建有技術中心、實驗室。 6. 財務穩健。 7. 有良好的企業文化。	1. 其他人員數量少而素質較低。 2. 人員流動率仍較高。 3. 產品知名度不高。 4. 盈利能力低於產業平均水平。
機會——O 1. 國家政策支持鼓勵。 2. 市場廣闊。 3. 產業發展前景美好。 4. 生產要素供應不緊張。 5. 現有競爭者間競爭不激烈。 6. 部分產品進入威脅小。	SO 戰略方向 (發揮優勢，抓住機會) 1. 繼續實行同心多元化戰略，大力開發高附加值的產品。 2. 充分享用政策優惠，引進人才和風險投資。	WO 戰略方向 (利用機會，化解劣勢) 1. 中國盡快招收高素質的行銷和服務人員，提高行銷和服務水平。 2. 加強廣告和人員推銷，提高公司知名度。
威脅——T 1. 中國加入 WTO 后國外廠商參加競爭。 2. 高素質人才緊缺。 3. 技術進步快，產品更新快。 4. 部分產品進入威脅大。	ST 戰略方向 (發揮優勢，迴避威脅) 1. 與更多的科研院所建立戰略聯盟。 2. 與軟件經銷商或大型集成商建立行銷聯盟。	WT 戰略方向 (化解劣勢，迴避威脅) 審查各產品，對發展前景不大、利潤率低的採取維持、抽資戰略，必要時放棄。

資料來源：根據一軟件公司的實際資料整理、公司名稱系化名。

[分析問題]

1. 從蘿娜科技有限公司戰略調研和分析的成果中，你能看出調研成果綜合分析的必要性嗎？

2. 如何識別產業的關鍵因素？你能找出同關鍵因素密切相關的機會、威脅、優勢和劣勢嗎？

第二篇

戰略制定

第六章
戰略制定活動的組織

本章學習目的

○ 瞭解戰略制定階段的工作內容
○ 理解企業使命和遠景的含義與作用
○ 理解企業經營理念和經營方針的內容
○ 理解企業經營目標的建立方法
○ 識別企業制定戰略的時機和基本程序

　　從本章起直至第十章，我們將研究企業戰略制定。如第一章第二節所指出，戰略制定階段一般包括下列工作內容：
　　（1）確定企業的使命和遠景。
　　（2）確定企業的經營理念和經營方針。
　　（3）建立企業的經營目標。
　　（4）選擇和制定企業的經營戰略。
　　前三項工作內容有些已在相關課程中做過介紹，本章將簡要敘述。第四項工作則是本課程的重點，本章僅介紹概要，詳細內容將留待下面四章去研討。
　　必須說明，戰略制定以戰略調研作基礎，所以我們先講戰略調研，后講戰略制定。但在實際工作中，企業要進行戰略調研必須先明確企業的使命、遠景、理念和方針，這意味著戰略制定的前兩項工作內容應放在戰略調研之前（在調研之後也可能對它們做一些修改）。不過，為了敘述的方便，也為了保持戰略制定階段各工作內容之間的密切聯繫，我們仍然將各項工作內容集中於本章論述。

第一節　確定企業的使命和遠景

一、確定企業使命

一切社會組織都有（或應該確定）其使命（Mission）。使命表明組織的目的、任務及其對社會擔負的責任，說明該組織獨立存在的理由。企業的使命回答：「我們的業務是什麼？」「提供的產品或服務是什麼？」「用戶是誰？」「市場在哪裡？」「對用戶、雇員、股東、社會公眾等承擔什麼責任？」等。它使企業能與其他企業相區別。

企業的使命可以是成文並正式對外公布的，也可以是不成文的；可以概括地陳述，也可以較詳地陳述。下面是深圳市著名的高科技企業——華為技術有限公司在 1998 年 3 月提出的使命[1]：

[追求] 華為的追求是在電子信息領域實現顧客的夢想，並依靠點點滴滴、鍥而不捨的艱苦追求，使我們成為世界級領先企業。

為了使華為成為世界一流的設備供應商，我們將永不進入信息服務業。通過無依賴的市場壓力傳遞，使內部機制永遠處於激活狀態。

[社會責任] 華為以產業報國和科教興國為己任，以公司的發展為所在社區做出貢獻，為偉大祖國的繁榮昌盛，為中華民族的振興，為自己和家人的幸福而不懈努力。

海爾公司的使命和願景是致力於成為行業主導、用戶首選的第一競爭力的美好住居生活解決方案供應商。它對內，打造節點閉環的動態網狀組織，對外，構築開放的平臺，成為全球白電行業領先者和規劃制定者，全流程用戶體驗驅動的虛實網融合領先者，創造互聯網時代的世界級品牌。

成文的、較詳細的陳述舉美國強生公司（Johnson and Johnson）的《我們的信條》為例，見新視角 6-1。不成文的較詳細的陳述舉美國華特迪士尼公司（The Walt Disney Company）CEO 的講話為例，見新視角 6-2。

---

[1]　資料來源：1998 年 4 月 6 日《華為人報》第 1 版。

新視角 6-1：

強生公司的《我們的信條》

我們相信，我們第一是要對醫生、護士和病人負責，對父母親們和一切使用我們的產品及服務的其他人負責。為了滿足他們的需要，我們做的每件事都必須是高質量的。我們必須不懈地為降低成本而奮鬥，因為只有這樣才能使我們的價格保持合理。顧客的訂貨必須迅速、準確地交付。我們的供應商和銷售代理商應當有機會賺取相當的利潤。

我們對於自己的職工負有責任，對在世界各地為我們工作的男人和婦女負有責任。他們當中的每一個人都應當被看成獨立的個人。我們必須尊重他們的人格，認識到他們的長處和價值。他們理應有某種程度的職業保障和安全感。工資和福利必須公允、充分，工作場所必須清潔、整齊和安全。全體雇員都應自由地提出建議和批評。凡是合格的人選在就業、個人發展和提高及升遷使用方面都應享有完全平等的機會。我們必須有稱職的管理人員，他們的行為必須公正和有道德。

我們對於我們生活和工作於其中的社會負有責任，也對於世界大家庭負有責任。我們必須成為守法的好公民——支持善行和承擔我們應盡的納稅義務。我們應當為改進國民健康、教育和文化水準而盡力。我們必須把我們有權使用的公私財產管理得井井有條，並且注意保護環境和自然資源。

最后，我們還對我們的股東負有責任。我們的經營業務必須有合理的、可觀的利潤。我們必須試驗新的思想；必須進行科學研究，開展革新活動，從錯誤中吸取教益，並更好地前進；必須不斷更新設備，改造和新建廠房設施，向市場提供更新的產品；必須留有一定儲備供可能出現的困難時期使用。當我們按照上述各項原則經營本公司時，股東們應能取得相當可觀的投資收益。

資料來源：K M BARTOL, D C MARTIN. Management [M]. NY: McGraw-Hill, 1991: 143.

新視角 6-2：

華特迪士尼公司的不成文的使命

迪士尼公司沒有正式的、成文的使命陳述，但其 CEO 邁克爾·艾斯納先生在 1995 年公司年報開頭所作的陳述已經將公司的目的講得很清楚：

我們的目的是要增加股東們的財富。我們必須做到這一點，但絕不忘記我

> 們品牌的價值，我們對公司成員和服務的社區所承擔的責任，以及我們工作的高質量的標準。
>
> 我們的目的是要通過優質工作來提高創造性的生產力。我們相信要經常努力去追求卓越。我們相信，有義務將迪士尼傳統延續下去。
>
> 我們集中力量於繼續創造性地領先，拋棄平凡思想。我們產品的唯一標準應當是「卓越而財務上有活力」。我們絕不去做那些「廉價而平凡」或「高價而平凡」的事。平凡是可怕的。然而我們也絕不去冒險，無論它多麼偉大，除非這個冒險計劃能有良好的財務回報。
>
> 我們的戰略方向是質量和創新。我們瞭解我們的觀眾，絕大多數是家庭觀眾。我們不應聽到有些人對尚未取得公民權的少年觀眾有怨言而悲傷。當這些少年長大、取得公民權又有了孩子后，他們會再來的。
>
> 資料來源：J S HARRISON, C H ST JOHN. Strategic Management of Organizations and Stakeholders [M]. 2nd Edition. South Western College Publishing, 1998.

各企業在使命應當包含的內容上看法不一。戰略管理學者認為企業使命是其戰略管理過程中最公開的部分，因而主張其內容應當全面些，可包括以下九個要素，企業在確定其使命時再靈活掌握[①]：

(1) 用戶：公司的用戶是誰？
(2) 主要的產品或服務怎樣？
(3) 市場：公司在哪些市場上競爭？
(4) 技術：公司是否採用最新技術？
(5) 對生存、成長和盈利能力的關注：公司是否努力實現業務的增長和良好的財務狀況？
(6) 哲學：公司的價值觀、信念、志向和道德傾向是什麼？
(7) 自我認識：公司最獨特的能力和最主要的競爭優勢是什麼？
(8) 對公眾形象的關注：公司是否對社會、社區和環境負責？
(9) 對雇員的關心：公司是否視雇員為寶貴的資產？

企業確定其使命，明確其業務和應對之負責的服務對象，具有下列的重要作用：

第一，對管理工作（包括戰略管理）起指導作用。管理要以使命為依據，為實現使命服務。

第二，對全體員工（包括各級管理者）的行為起規範作用。使命規範員工的

---

① F R 戴維. 戰略管理 [M]. 李克寧，譯. 8 版. 北京：經濟科學出版社，2001：82-83.

職業道德、工作作風和發展軌跡。

第三，為社會各界監督企業的活動起標準的作用。企業的服務對象、政府部門、社區公眾和新聞媒體等都可以使命為標準對企業實施有效的監督，監督又促進企業履行其使命。

企業使命的確定一般由高層管理者負責，經過從上而下、從下而上的廣泛討論、修改，再由高層管理者定案，並公布實行。使命一經制定，即具有相對穩定性，可按年審視是否需要修改。

二、確定企業遠景

企業戰略管理者應有超前意識和長遠意識，經常放眼未來，因此，不僅須要確定企業使命，而且必須確定企業的遠景。所謂遠景（Vision），就是指 5～10 年後企業的模樣，那時候企業的用戶、產品或服務、市場、技術等將如何。遠景回答：「我們要成為什麼？」它反應管理者的志向、抱負和願望，意在率領員工去加以實現。①

成功的企業都制定有既激動人心又切合實際的遠景：青島海爾集團曾提出「國際化的海爾」，要做到三個 1/3，即銷售額中 1/3 來自國內生產、國內銷售，1/3 來自國內生產、國外銷售，1/3 來自國外生產、國外銷售；聯想集團的新領導人楊元慶稱，未來的聯想「將是高科技的聯想、服務的聯想和國際化的聯想」；1999 年 7 月，杭州萬向集團慶祝創業 30 周年，董事局主席魯冠球提出「奮鬥十年添個『零』」的遠景，即 20 世紀 70 年代萬向每天實現利潤 1 萬元，80 年代 10 萬元，90 年代 100 萬元，現在奮鬥 10 年，到 2010 年，萬向要力爭達到每天創造 1,000 萬元利潤。

企業遠景和它的使命在所包含的要素上大體相同。但遠景顯然是未來導向（Future Oriented），近似於未來的總體目標；而使命則表明企業現在的狀況，指出當前的目的、任務、承擔的責任等。② 使命一般都要對外公開宣布，便於社會瞭解和實施監督；遠景則往往只在內部公開，發揮激勵員工和規範企業發展方向的作用，並不向外公布。然而，企業的使命卻應當是它的遠景的起點，遠景的確定必須從使命出發。

企業的遠景與其使命可能並無根本變化，例如前面舉出的中外企業的遠景之例，他們從事的業務基本無變化，只是要求做得更大更好而已。但是遠景也可能

---

① Vision 一詞反應管理者的願望，在群眾認同后又成為群眾的願望，所以又有人將它譯為「願景」。

② 這裡是說明使命和遠景在理論上的區別，實際的情況是，企業在表述其使命時往往也包含了其遠景的一部分（例如要成為行業的領先者），並未嚴格區分。

發生根本變化，例如軟件公司的遠景是提供整套的互聯網服務，摩托車生產企業的遠景是生產汽車等。在此情況下，企業的使命指導著其當前的活動，隨著時間的推移，使命將逐漸向著其遠景發生變化，於是又提出新的遠景。

三、戰略意圖

哈默爾（Gary Hamel）和普拉哈拉德（C. K. Prahalad）兩位學者在將美國同日本的企業進行對比中，提出戰略意圖（Strategic Intent）這一概念。[1] 他們指出，在過去20年中達到世界頂尖級的日本公司（如佳能、本田、小松等），很早就樹有遠遠超過他們當時擁有的資源和能力的雄心壯志，並用以激勵自己做長期、艱苦的努力，終於獲得很大成功。他們把這早就樹立的雄心壯志稱為戰略意圖。例如佳能公司立志要衝擊美國的施樂公司，本田公司立志要成為第二個福特公司（它視福特為汽車工業的先驅），小松製作所立志要趕上和打擊美國的卡特彼勒公司等，這些就是戰略意圖的體現。

戰略意圖是一個相當長遠的遠景（比如20～30年），在剛樹立時遠超出企業當時的資源和能力，似乎是不可能實現的夢想。然而日本企業對戰略意圖實施了積極的管理：向員工傳達，鼓勵他們都要樹雄心立大志，為企業做貢獻；定出分階段的目標（如以5年為一階段），明確具體要求；培訓員工，開發技術，培育核心競爭力；利用戰略意圖並始終如一地指導企業資源的配置；在情況變化或每個階段接近結束時，提出新的目標，以保持員工的熱情。戰略意圖的最大好處在於目標定得高，使員工經常產生危機感和緊迫感，不致因小有成就而自滿，從而使企業變得更有創造力，能最大限度地利用其有限的資源。到現在，上述幾家日本企業的戰略意圖都已經實現或接近實現。

戰略意圖一般不對外公布，旨在激勵內部員工，這一點與企業的遠景相似而與使命不同。當前，美國的許多企業也樹有自己的戰略意圖，主要是未來較長時期應當佔有的產業領先地位，而非以他國的企業作追趕對象。[2] 舉下列數例：

・優尼科石油公司（Unocal Corp.）想「成為業績最優的多國能源公司——不求最大，但求最好」。

・禮來公司（Eli Lilly & Co.）說：「我們的戰略意圖是，全世界的顧客都把我們看作最有價值的醫藥夥伴。」

・聯合信號公司（Allied Signal）想趕上通用電氣（GE）和默克醫藥公司

---

[1] G HAMEL, C K PRAHALAD. Strategic Intent [M]. Harvard Business Review, 1989 (5/6).

[2] M A HITT, R D IRELAND, R E HOSKISSON. Strategic Management [M]. 2nd Edition. West Publishing Company, 1996.

（Merck），成為美國首位利潤創造者。它用以實現這一戰略意圖的方法之一是，要求每年提高生產率6%，且「永遠如此」。

第二節　確定企業的經營理念和方針

一、確定企業的經營理念

企業的經營理念又稱經營思想，國外常稱為經營哲學（Philosophy），是指企業全部生產經營活動（包括其戰略管理活動在內）的指導思想，即為企業生產經營活動所確定的價值觀、信念和行為準則。[1] 任何企業在任何時候都有其經營理念，並不需要在制定其戰略時才來確定。這裡是指企業要重新審視經營理念是否正確，是否符合當時的生產力發展水平、社會制度和經濟體制的要求，是否能促進企業的生存和發展，如有不當之處就應加以修正。經營理念一經確定，就有相對的穩定性，但也不是永遠不變的。

自組織文化理論提出以後，企業的經營理念已成為企業文化的核心部分。經營理念往往首先由企業經營者提出，再經過上下反覆討論，多次修改，逐步形成全體員工的共同認識，用以指導全體員工的行為，並一代代地傳下去。縱觀世界上先進的企業，都有自己穩定的、科學的經營理念，都有長期形成且不斷完善的企業文化，只不過有些企業文化是成文的，有些是不成文的。

人們對經營理念的內容有著多種不同的概括方法。其中之一是列舉出經營理念應包含的若干觀念，例如當前一種帶普遍性的看法是，中國企業應當樹立的經營理念包含著下列六種觀念[2]：

（1）市場觀念。在市場經濟體制下，這是企業經營理念的核心，意指面向市場，以銷定產，按市場需求組織生產經營活動。

（2）用戶觀念。這是指企業把用戶的需求和利益放在首位，為用戶提供最適宜的產品和最佳的服務，讓用戶滿意。

（3）競爭觀念。這是指企業敢於競爭，善於競爭，不斷提高競爭能力，在競爭中謀生存求發展。

（4）效益觀念。企業作為經濟組織，就要著力於提高效益，把經濟效益同社會效益、當前效益同長遠效益結合起來。

（5）創新觀念。這是指企業永不滿足於已有的成就，努力創造新思想、新產

---

[1] 在上節列舉使命所包含的要素中，已舉出經營哲學。但我們認為經營理念有其獨特的重要性，故再加論述。

[2] 中國企業管理研究會《企業管理》編寫組. 企業經營管理［M］. 北京：經濟科學出版社，1998：12-15.

品、新技術、新經驗，在各項工作中，爭創一流業績。

（6）開發觀念。這是指企業要善於有效地開發和利用企業的各種資源，包括人力、物力、財力、技術、組織、信息、時間等資源，尤其是獨特資源。

另一種概括方法是將經營理念劃分為對事和對人兩個方面來說明。對事即指對生產經營活動，其基本的指導思想可包括：努力降低成本，讓利於用戶；千方百計做好用戶服務；遵紀守法，合法競爭；等等。對人包括對待顧客（用戶）、職工、股東和其他同企業發生關係的一切人，其基本的指導思想包括：顧客（用戶）的需要是企業存在的理由，要把顧客的利益作為企業的首要目標；把職工的利益排在第二位，因為他們的行為是實現企業目標的手段；把股東的利益排在最末，但對他們應得的利益也不可忽視；對同企業有關的一切人士或單位，都要尊重、和睦相處；等等。

企業在表述其自身的經營理念時，更有多種多樣的、生動活潑的提法，給人以啟迪。例如青島海爾集團在長期經營中形成了下列經營理念：

·「要麼不干，要干就爭第一」的「第唯一」理念。
·「創造市場」即創造一個專屬於「我」、不屬於「人」的「創新」市場理念。
·「賣信譽而不是賣產品」的「信譽第一」理念。
·「用戶總是對的」的客戶需求為「真理唯一標準」的理念。
·高質量的產品是由高質量的人造出來的「先造人后造產品」的理念。
·「精細化、零缺陷」的只有好（一等）產品、沒有二等品、三等品的「最佳產品」理念。
·「三工並存，動態轉換」的用工制度。
·「計點到位，計效聯酬」的分配理念。
·「聯合艦隊」的組織理念。

上述理念是海爾追求卓越的核心價值觀的多種表現形式，對海爾核心競爭力的形成發揮了主導作用。

深圳的華為公司提出的公司核心價值觀，除上一節介紹其使命時已舉出的「追求」和「社會責任」之外，還有下列主要內容：

[員工] 認真負責和管理有效的員工是華為最大的財富。尊重知識、尊重個性、集體奮鬥和不遷就有功的員工，是我們事業可持續成長的內在要求。

[技術] 廣泛吸收世界電子信息領域的最新研究成果，虛心向國內外優秀企業學習，在獨立自主的基礎上，開放合作地發展領先的核心技術體系，用我們卓越的產品自立於世界通信強手之林。

[精神] 愛祖國、愛人民、愛事業和愛生活是我們凝聚力的源泉。責任意識、創新精神、敬業精神和團結合作精神是我們企業文化的精髓。實事求是是我們行

為的準則。

[利益] 華為主張在顧客、員工與合作者之間結成利益共同體，努力探索按生產要素分配的內部動力機制。我們決不讓「雷鋒」吃虧，奉獻者定當得到合理的回報。

[文化] 資源是會枯竭的，唯有文化才會生生不息。一切工業產品都是人類智慧創造的。華為沒有可以依存的自然資源，唯有在人的頭腦中挖掘出大油田、大森林、大煤礦……精神是可以轉化成物質的，物質文明有利於鞏固精神文明，我們堅持以精神文明促進物質文明的方針。

這裡的文化，不僅僅包含知識、技術、管理、情操……也包含了一切促進生產力發展的無形因素。

四川長虹電器股份有限公司原董事長兼總經理倪潤峰在所寫的一篇介紹公司集約化經營的文章中，談到了公司經營理念的幾個主要方面[1]，也頗有參考價值：

（1）產業報國。其基本內容是：我們要在社會主義市場經濟條件下，在企業長足發展和企業制度現代化的基礎上，努力為消費者生產更多的國貨精品，為國家提供更多稅金，讓國有資本更快增值，讓股東得到豐厚回報。通過引進和自主開發相結合，充分發揮科技的作用，創造世界名牌，不斷提高同國際大公司競爭的能力；培養大批高素質的長虹人，鑄造有鮮明特色的企業文化。

（2）以人為中心，實現有效管理。一曰太極拳理論。剛柔並舉，進退有度。一種管理主張與制度，先要在幹部中醞釀成熟才實施；對職工先有熱情教育、柔性引導，再進行剛性管理；從嚴格勞動紀律等基礎性工作做起，注意寬嚴適度。二曰投石子理論。不斷使池水激起浪花，魚兒才有氧氣。企業要經常向職工灌輸新的思想觀念，提出新的目標任務，保持積極的危機感，才會有生機與活力。三曰外圓內方理論。對外遊刃有余，對內鐵面無私。企業作為社會經濟細胞，必須對外產生廣泛聯繫，只有盡量減少摩擦矛盾，環境才會寬鬆；企業制度和工作原則又是不容違反的，任何人都不能例外。在集體和個人的關係上，長虹人牢牢樹立一個觀點：公司利益高於一切。

（3）圍繞效益提高技術，實現集約化經營。堅持以效益（主要指經濟效益，也包括社會效益和環境效益）為中心，堅持技術進步，在引進技術時注重分析技術和資金密集程度的變化對生產成本的影響。如有經濟效益，就不惜血本引進；如效果不佳，就在現有技術水平上暫時追求規模效應。公司的最佳選擇是，適合公司主客觀條件，不斷推動技術進步又可降低生產成本，以實現集約化經營的內涵擴大再生產。

---

[1] 資料來源：1996年10月4日《中國工業經濟協會通訊》（內刊），第53期（總第398期）。

二、制定企業的經營方針

經營方針（Policy）是在企業經營理念指導下，為規範生產經營活動而制定的行動原則。一般地講，任何企業都應當制定自己的經營方針，以保證其所屬一切單位和人員按相同的基本原則來行動，促進內部的協調和信息溝通，齊心協力地去完成企業的使命和任務。人們常將方針與政策並提，兩者並無嚴格的界限，可以視為同義詞。

對經營方針的理解，不同學者之間有些差別。我們這裡是把經營方針理解為對企業建立目標和選擇戰略也能起指導作用的行動原則，所以將其制定列入戰略制定階段，且放在目標和戰略制定之前。與此不同，有些學者卻視經營方針為保證實現企業目標和戰略的手段，因而將其制定又放在建立目標和選擇戰略之後，有的列入戰略制定階段，有的甚至列入戰略實施階段。這些不過是理解上的差異，但對經營方針的重要性和必要性的認識是一致的。

經營方針是在經營理念指導下制定的，兩者的關係甚為密切。本節前面所提的經營理念的一些內容也可以看作方針。例如面向市場、以銷定產、用戶至上、讓用戶滿意、質量第一、向用戶提供優質產品和優質服務，不斷創新、爭創一流等，就被一些企業定為方針。

企業的經營方針有不同的層次，可分為企業總體的經營方針和各職能系統分別制定、指導其系統的活動的職能性方針。職能性方針是企業總體方針的具體化，為實現總體方針服務，我們將在第十一章內討論，這裡主要考慮企業總體的經營方針。

改革開放以來，中國企業已一改過去只能執行國家和上級行政部門的方針政策而不能自己制定方針的認識和做法，開始根據外部環境、內部條件、使命任務等因素提出本企業的經營方針。如企業在市場行銷方面，提出「立足本省，面向全國，衝出亞洲，走向世界」的方針；在市場競爭方面，提出「人無我有，人有我優，人優我廉，人廉我轉」的方針；在新產品開發方面，提出「預研一代，開發一代，生產一代」的技術儲備方針；等等。這些方針對企業生產經營活動都起了很好的指導作用。

深圳華為公司提出的若干經營方針（或政策），頗有參考價值。它提出的研究開發政策是，遵循在自主開發的基礎上廣泛開放合作的原則；基本人事政策是，公司全體員工無論職位高低，在人格上都是平等的；人事管理的基本準則是公正、公平和公開；價值分配政策是，實行按勞（包括知識勞動）分配與按資（包括企業家的管理與風險）分配相結合的原則，兩者保持合理比例，分配數量和分配比例的增減應以公司的可持續發展為原則；質量方針是，樹立品質超群的企業形象，全心全意地為顧客服務；等等。

企業在制定其經營方針時，應注意下列幾點：

（1）基本精神要符合國家有關方針政策、法律法規和市場經濟客觀規律的要求。

（2）以企業經營理念為指導，有利於實現企業的使命和任務。

（3）要考慮競爭對手的方針，突出自己的獨特風格，不盲目仿效他人。

（4）隨著外部環境和內部條件的變化，適時地對原有方針政策進行重新評價和修訂。

第三節　建立企業的經營目標

企業在其經營理念和經營方針指導下建立經營目標，是戰略制定階段的第三個步驟。有關組織目標的基本知識已在相關課程中介紹，這裡僅作簡要回顧。

一、企業經營目標的含義和內容

企業的經營目標（Objectives）就是它根據企業使命、經營理念和經營方針而規定的在一定期限內應當取得的預期成果。其內容因採用的劃分標準不一而有不同的分類：

（1）按目標的層次來劃分，有企業總體目標、中間目標（即各職能系統、部門、單位的目標）和具體目標（即基層、崗位、個人的目標）。三類目標上下左右之間有著緊密的聯繫，構成企業的目標體系（目標樹）。

（2）按目標的時限來劃分，有企業的長期目標（通常超出一個會計年度）和短期目標（包括年、季、月度的目標）。研究和制定企業的戰略，顯然是同長期目標相聯繫的。

（3）按目標的業務性質劃分，有盈利能力的目標、為顧客服務的目標、員工福利的目標、社會責任的目標等。這種劃分法各企業有所不同，進一步劃分的粗細程度也有所不同。

建立經營目標有著非常重要的意義。有學者指出：「任何組織的管理就是要引導和指揮雇員們去完成組織的目標。整個管理過程以組織目標為核心……如果沒有特定的目標追求，管理就不能正常實施，該組織也不會取得應有成就。」[1]目標管理已作為一種現代化管理方法，在中國得到普遍推廣應用。

經營目標的作用可概括為「三力」，即：①推動力，目標指明方向，起動員作用，通過目標的制定和逐段檢查考核，可推動企業前進；②內聚力（向心力），建立目標體系，協調上下左右的目標，就能協調各方面的活動，產生協同（Syn-

---

[1]　L. L. 拜亞斯. 戰略管理［M］. 王德中，等，譯. 北京：機械工業出版社，1988.

ergy）；③激勵力，目標有利於調動員工的積極性和創造性，為完成企業使命和任務而努力。

大多數企業在建立長期的經營目標時，可以考慮以下項目[①]：

（1）盈利能力，用利潤額、銷售利潤率、每股平均收益等指標來表示。例如：① 4 年內使稅後投資收益率增加到 15%；② 3 年內使利潤增加到 1,500 萬元。

（2）市場，用市場佔有率、銷售量和銷售收入來表示。例如：① 3 年內使銷售收入總額中的民用產品銷售收入增加到 85%，軍用產品銷售收入降低到 15%；② 4 年內使×產品的銷售量增加到 50 萬單位。

（3）生產率，用投入產出比率或單位產品成本等來表示。例如：3 年內使每個工人的日產量（每天按 8 小時計）提高 10%。

（4）產品，用產品線、產品的銷售收入和盈利能力，開發新產品的完成期限等來表示。例如：2 年內淘汰銷售利潤率最低的產品。

（5）財力資源，用資本結構、新增普通股、現金流量、流動資本、紅利償付、集資期限等來表示。例如：① 5 年內使流動資本增加到 1,000 萬元；② 3 年內使長期負債減少到 800 萬元。

（6）物質設施，用生產能力、工作面積、固定費用或生產量等來表示。例如：① 3 年內把倉儲能力增加到 1,500 萬單位；② 3 年內把 A 廠的生產能力降低 20%。

（7）研究開發，用完成的項目或花費的費用等來表示。例如：在 5 年內以不超過 200 萬元的費用，開發出一種中價的發動機。

（8）組織結構與活動，用將實行的改革或將承擔的項目來表示。例如：3 年內建立一種分權制的組織結構。

（9）人力資源，用缺勤率、遲到率、人員流動率或有不滿情緒的人員數量來表示，也可用培訓人數或將實施的培訓計劃數來表示。例如：① 3 年內使缺勤率降低到 8%；② 4 年之內以每人不超過 400 元的費用對 300 個工長實行 40 小時的培訓計劃。

（10）顧客服務，用交貨期或顧客不滿程度來表示。例如：3 年內使顧客反饋的抱怨申訴減少 40%。

（11）社會責任，用活動的類型、服務天數或財政資助等來表示。例如：3 年內我們將對行業聯合會的資助增加 10%。

上述項目不過是舉例性質，一個企業不一定在所有這些方面都建立自己的目標，可以只在某些方面建立目標。一般說來，凡是其成就或成果同企業生存和發展有直接影響的那些方面，都需要建立長期目標。中國的工業企業主要考慮的經

---

① Ｌ.Ｌ.拜亞斯. 戰略管理 [M]. 王德中，等，譯. 北京：機械工業出版社，1988：52.

營目標一般應包括實現利潤額、實現利稅總額、銷售收入、主要產品銷售量、主要產品產量、工業總產值、商品產值和淨產值（增加值）、新產品開發完成項目數和投資項目數、創外匯額等。這些目標還可進一步細化。

二、制定戰略階段建立目標的方法

企業在制定戰略階段建立經營目標時，首先要以其經營理念和經營方針為指導，其次是以戰略調研成果的綜合分析為依據。

上一章我們研究了企業戰略調研成果的綜合分析，如企業能通過分析，明確企業的關鍵因素、機會、威脅、優勢和劣勢，就為經營目標的建立打下了堅實的基礎。目標建立的原則應當是：發揮優勢，抓住機會，化解劣勢，避開威脅。企業按此原則充分發揮主觀能動性，就可將在一定期限內可能獲得的預期成果確定為企業的目標。這裡需要的是具體分析和測算，並無簡單的計算方法或公式可用。

為了實現其應有作用，企業經營目標的建立應滿足下列基本要求：
（1）比較全面、詳細，又突出重點。
（2）明確具體，盡可能定量化。
（3）先進合理，積極可靠，適當留有餘地。
（4）各類別、各部門、崗位的目標可相互制約，但應協調一致。
（5）靈活機動，可適應情況變化而及時調整。

在綜合分析調研成果和據以確定經營目標時，企業文化和權力關係都有巨大的影響。前已提及，企業文化是指企業員工共同擁有、能確定企業行為方式的價值觀體系，經營理念就是企業文化的核心組成部分。企業在對優勢、劣勢、機會、威脅進行綜合分析時，就要受企業特有文化觀念的影響，臨到建立經營目標時，這個影響更為直接。例如：著重發揮什麼優勢，抓住什麼機會，就可能有不同的選擇；如何化解劣勢、避開威脅，又可能有認識上的分歧；而在目標的先進性、合理性、留有餘地等方面更會有不少的爭論出現。這些分歧和爭論只有用共同的價值觀體系去加以統一和解決。權力關係是指某個人影響另一人或群體去做某些事的能力。如領導者居於高度權威地位，可能個人做出決策；也可能是領導者比較民主，實行參與式決策。

這裡必須說明建立目標同選擇戰略之間的關係。從理論上說，建立目標無疑應在選擇戰略之前，即企業在戰略調研的基礎上先制定長期的經營目標，然後再考慮選擇哪些戰略去實現這些目標。我們因此將建立目標列為戰略制定階段的第三個步驟，而將選擇和制定戰略列為戰略制定的第四個步驟。但根據企業實踐體會，企業在戰略調研基礎上先去建立經營目標是比較抽象的，按照「發揮優勢、抓住機會、化解劣勢、避開威脅」的原則來直接定出未來的預期成果不太容易，不如先考慮如何發揮企業的優勢，化解自身的劣勢，如何去抓住未來的機會，避開可能的威脅，拿出具體的謀劃或方案來，這就是進行戰略的選擇了。企業有了

初步設想的戰略，再測算執行這些戰略能取得多大的成果，提出初步的目標。當然，企業對這個初步目標可能不滿意，於是又提出補充的戰略，或對初步戰略進行修改調整，再測算可能取得的預期成果，對初步目標加以修正。如此反覆進行，直到目標以及為實現目標而採取的戰略都較為滿意為止，這樣就把目標和戰略都同時確定下來了。

所以我們在理論上是承認建立目標應在選擇戰略之前的，但不作機械理解，得出必須先有目標才考慮戰略的結論。在實際工作中我們可以把它們結合起來，如認為先考慮戰略比較具體，據此測算出可能取得的成果得出目標，也未嘗不可。當然最終兩者是同時定下來的。企業採用這種方法應注意的問題是，不能以目標來遷就戰略，例如有了初步設想的戰略和初步的目標就立即表示滿意而把它們都定下來。關鍵是要掌握好建立目標和選擇戰略的共通原則，充分發揮主觀能動性，盡可能發揮優勢，抓住一切可能抓住的機會，並盡可能化解劣勢，避開威脅，使經營目標定得先進合理、留有余地，戰略選擇正確，能為實現目標提供保證。

三、長期目標同短期目標的關係

企業的戰略是長期的謀劃，但應有分階段、年度的要求，長期目標也就有必要分解為階段、年度的短期目標，這樣才有利於實施和檢查考核實施情況，確保原定目標的順利實現。

根據長期目標來建立短期目標，不可能採用什麼計算方法或公式，只能按戰略實施的進度分階段、年度確定其可能實現的預期成果，即定為短期目標。長期目標指導著短期目標的制定，短期目標要保證長期目標的實現。總的要求是盡力做到企業的經營業績能有一個持續、快速、健康、協調的發展，防止大起大落。

這裡實際上已談到戰略管理同日常的計劃管理之間的關係。戰略的制定和實施嚴格地講也屬於企業的計劃管理，戰略計劃要靠年度、季度計劃來保證，長期目標分解得出的短期目標也就是年度、季度計劃的目標（當然要結合實際情況的發展變化進行必要的修改和調整）。

第四節　選擇和制定企業經營戰略

這是戰略制定階段的第四個即最終步驟，內容非常豐富。本節準備只簡要介紹幾個基本問題，其他內容將在后面分四章研究。

一、企業戰略選擇的主體和時機

戰略選擇的主體，是指由誰負責來選擇戰略。我們在第一章第四節中已說明，企業內部有戰略管理層次。規模不大（未設置事業部等戰略經營單位）的企業主要有企業總體戰略和職能性戰略兩個層次，規模較大（設有事業部）的企業

則主要有企業整體戰略、事業部戰略和職能性戰略三個層次。職能性戰略屬於戰略實施階段的工作內容，因此，本節只須研究企業整體戰略和事業部戰略的選擇和制定。

企業整體戰略是由最高管理層負責的。在規模不大的企業中，其最高管理層要選擇企業發展戰略，它謀劃著企業發展的方向和道路；還要選擇企業競爭戰略，它謀劃著企業如何參與競爭，贏得競爭優勢，以克敵制勝；當然，還可能選擇其他一些戰略，如創新驅動戰略等。在規模較大、設有事業部的企業中，其最高管理層只須選擇企業發展戰略，而競爭戰略則交由各事業部部長選擇。不過，最高管理層還要為所有的事業部謀劃其發展戰略，目的是協調各事業部的發展，合理分配企業資源。事業部選擇競爭戰略，則由其管理層負責。

戰略選擇的時機，是指在什麼時候應該選擇戰略。企業戰略是適應市場經濟和激烈競爭的需要而制定的，目的是謀求自身的生存和發展。所以無論是年初、年中或年末，每當企業外部環境和內部條件發生比較重大的變化，對企業的生存和發展帶來比較重大的影響時，就應當考慮戰略的選擇或重新制定。這類時機多種多樣，有時十分明顯，有時卻難以掌握。

例如，企業從未制定戰略、實行戰略管理，現因面臨激烈競爭，處境已然不妙，深感有做出全局性、長遠性謀劃之必要，這就是戰略選擇的時機。又如，企業在實施其戰略的過程中，面臨發展的大好機遇，是否發展、如何發展，必須慎重考慮、周密籌劃，這也是戰略選擇的時機。再如，企業在戰略實施過程中，由於政府政策變化，或新技術新產品出現，或新的強勁競爭對手參加進來，給企業帶來嚴重威脅，這時也必須重新考慮其戰略。一般說來，外部環境中發生的重大事件，例如中國加入 WTO、國家實施西部大開發戰略等，都是企業重新選擇其戰略的時機。即使外部環境並無多大變化，但在企業自身狀況大大好轉（例如經營情況很好或有新股東參加進來）或嚴重惡化（例如銷售收入和利潤急遽下降）時，也就到了重新選擇戰略的時機。上述這些情況比較明顯，較易掌握。

如出現事前難以預料的突發性事件，給企業帶來重大的影響時，企業也必須重新審視其戰略。例如：1973 年的石油危機就曾迫使美國的汽車公司改變戰略；1997 年在東南亞各國和韓國突然爆發的嚴重金融危機，導致這些國家及其他相關國家的眾多企業實行戰略調整；2001 年美國發生恐怖分子襲擊的「9‧11」事件對美國乃至全球的經濟產生巨大影響，許多產業的企業都重新考慮其戰略。這類戰略選擇的時機就很難掌握，企業往往只能被動應付。

企業管理者對待戰略選擇的時機可能有兩種態度。一種是被動的，即平時不做好調研工作，等待機會降臨、危機到來或問題成堆之後，再來考慮戰略選擇。這種態度常因行動滯后，導致錯過機會或問題難解而招致損失。另一種是主動的，即經常地關注外部環境和企業狀況的變化，主動尋找機會，發現問題，先人一步地考慮戰略的選擇。這種態度常會及時地抓住機遇，避開威脅，或將問題解決

在萌芽狀態。我們當然提倡第二種態度，運用戰略性思維，並努力做好戰略調研工作。不過，企業對於突發性事件，則往往被迫應對，但也要迅速行動，堅決果斷。

人們對戰略選擇時機的認識是一個漸進的、逐步明確的過程。當機會、威脅或問題在最初出現時，給人的印象比較模糊，甚至飄忽不定，難以捉摸，必須待他們繼續發展，其徵兆逐漸明顯起來后，認識才會逐漸清晰。所以即使對高明的戰略管理者來說，要掌握好戰略選擇的最佳時機，也是一項困難的任務。但是戰略管理者一旦察覺到有重新選擇戰略之必要，就不能遲疑不決，特別是要防止因強調戰略的穩定性或因自己對正在執行的戰略負有責任而阻礙必要的戰略變革。

二、企業戰略制定的基本程序

企業的發展戰略和競爭戰略有許多，它們本身並無優劣高下之分，而是各有適用的範圍和條件，各有利弊和短長。因此，戰略選擇並非抽象地比較各種戰略的優勢，而是從實際出發，具體情況具體分析，考察在特定的條件下適用何種戰略。不同的條件須要採用不同的戰略，根據條件來選擇戰略，條件變化了，戰略就要重新選擇。這是權變觀點的運用，完全符合唯物辯證法。

須要考察的條件主要有兩項：①宏觀環境和產業環境，它們帶來何種機會和威脅，這反應了客觀的社會需求，看企業可以做些什麼；②企業自身狀況，同競爭對手相比有何優勢劣勢，這反應了企業主觀的能力，看企業能夠做些什麼。企業選擇戰略時，就從這兩項條件出發，按照「發揮優勢、抓住機會、化解劣勢、避開威脅」的原則，選出比較適當的戰略。上述兩方面的條件都來自戰略調研，這說明戰略調研確實是戰略選擇的基礎，戰略選擇的正確與否在極大程度上同戰略調研的質量好壞密切相關。上述戰略選擇的原則同上節所說的建立經營目標的原則相一致，兩項工作原本是相結合的，而且目標和戰略最終是同時確定下來的。

我們還可用兩句話來概括戰略選擇的基本要求，那就是「審時度勢，量力盡力」。前一句話是指企業周密地考察環境，發現機會威脅；后一句話是「量力而行、盡力而為」的縮寫，指企業認真地考察自身實力，發現優勢劣勢。企業要將兩者結合起來，選擇適當的戰略，既量力而行，絕不頭腦發熱而輕舉妄動，又要盡力而為，絕不因循保守而坐失良機。戰略管理者在選擇戰略時要完美地實現這一要求，並非易事，外部環境中有許多不確定因素，預測未來更難準確，對自身實力的估計也常有差異。為解決此難題，戰略管理者必須抱持學習的態度，適時總結經驗，對了就堅持，錯了就快改，有問題抓緊解決。這樣才可能既抓住機會，又避免大的失誤。

根據上述，我們可以明確戰略選擇的基本程序為「三步走」：第一步是收集戰略調研的全部信息，尤其重視分析成果；第二步是按照戰略調研的成果來選擇適宜的戰略，有時可借助一些工具，包括前已介紹的 SWOT 矩陣，以及波士頓矩

陣、通用電氣方格、霍福爾矩陣①等；第三步是對已選出的戰略進行檢驗和評價，通過檢驗者即為制定的戰略。后面的第十章將對戰略的選擇和檢驗作進一步的討論，並介紹自發性理解的戰略制定。

三、企業戰略制定的幾個關係

在戰略管理過程的戰略制定階段，有一系列的關係問題，有些已在前面提及，這裡再集中加以討論。

（一）戰略調研與企業使命、理念、方針等的關係

我們在本章剛開始時即說明，企業的使命、遠景、理念和方針等的確定是在戰略調研之前進行的，即使不制定戰略、未推行戰略管理的企業，也有它們各自的使命、理念、方針等；如要進行戰略調研，就須要先瞭解企業的業務範圍，以經營理念和方針作指導。因此，從程序上看，企業確定使命、理念、方針等在先，戰略調研在后。

不過，企業在進行了戰略調研，發現了企業的機會、威脅、優勢、劣勢之后，有可能對企業原定的使命、理念、方針等做出必要的調整或變革，其中最可能調整的是企業的業務範圍。例如，企業面臨機會而自身又有加以利用的實力，就可能擴大業務範圍；反之，如面臨威脅或自身實力削弱，也可能縮小或改變業務範圍。業務範圍的變化必然引起理念、方針等做出相應地改動。在現實生活中，這類事例屢見不鮮。因此，從戰略調研的成果將影響企業的使命、理念、方針等來看，也可以理解為戰略調研是在企業使命、理念、方針等的確定之前。

（二）戰略調研與企業目標和戰略選擇的關係

企業目標的建立和戰略的選擇是立足於戰略調研基礎之上的，必須先弄清企業的機會、威脅、優勢、劣勢，才有可能按照「發揮優勢、抓住機會、化解劣勢、迴避威脅」的原則來建立目標和選擇戰略。因此，從程序上看，戰略調研在先，目標、戰略的制定在后，這是毫無疑義的。

至於建立目標和選擇戰略的程序問題，則在上節中已說明：從理論上講，建立目標應在選擇戰略之前，因戰略是實現目標的手段；但據實踐體會，在戰略調研基礎上往往可以 SWOT 矩陣列出的戰略方向為依據，先考慮戰略，再測算可能實現多大的目標，如此反覆進行，直到目標和戰略都較為滿意為止，這時目標和戰略就同時確定下來而不分先后了。國外有學者正是因此而將目標和戰略的選擇結合起來，稱為「戰略選擇」（Srategic Choice）②。

---

① 這些工具將在第十章第二節中討論。

② J A PEARCE II, R B ROBINSON Jr. Strategic Management ［M］. 6th Edition. McGraw–Hill, 1997.

(三) 戰略制定和戰略實施之間的關係

我們在第一章第二節介紹戰略管理過程時就講了戰略制定和戰略實施兩階段間的關係，提出有兩種不同但可相互補充的理解：常規性理解和自發性理解。前者將戰略的制定和實施視為可以明確劃分的階段，后者則認為兩階段有部分重合而不能截然分開。從程序上來看，兩種理解是一致的，戰略制定在先，戰略實施在后；兩種理解的差別在於戰略制定的完善程度，常規性理解是「先精心制定戰略，然后認真實施戰略」，自發性理解則是不能等待戰略完美才實施，只要有方向就干起來，在實施中逐步形成戰略或使戰略完善起來。我們認為兩種理解並不相互排斥，可根據企業所歸屬的產業和外部環境的具體情況靈活加以運用。①

我們認為，作為企業帶全局性、長遠性的謀劃，總體戰略一般都是方向性的而不可能很具體。所謂「精心制定」，意指關係到企業興衰成敗的大政方針，企業理應高度重視，周密籌劃，盡可能減少失誤。所謂「認真實施」，也是指努力做好各項實施工作，加強監控，在外部環境和內部條件發生重大變化時，適時地調整原定戰略。在實際生活中，戰略一經制定就可以執行到計劃期末並圓滿實現預定目標的情況是極為罕見的。由於不確定因素很多，往往是戰略剛實施一段時間，企業就須要考慮制定新戰略，對原戰略加以修改，所以新戰略的制定可以同原戰略的實施平行交叉起來，這才是正常的情況。具體如圖 6-1 所示。

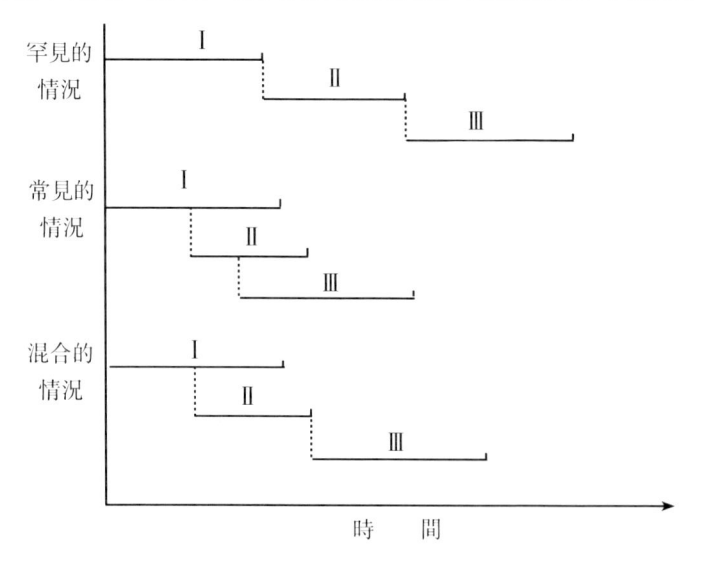

圖 6-1　戰略的交替示意圖

說明：① Ⅰ、Ⅱ、Ⅲ 代表不同的戰略，其線條長度代表計劃期（例如 3 年、5 年）。
　　　②罕見的情況是一個戰略期滿才實施另一戰略，常見的情況是不等原戰略期滿即須制定和實施新戰略（原戰略不再繼續實施）。

---

① 見本書第一章第二節。

復習思考題

1. 戰略制定階段包括哪些工作內容？
2. 如何理解企業的使命和遠景？它們有何區別？它們各有何作用？何謂戰略意圖？它有何積極作用？
3. 如何理解企業的經營理念？可否舉出實例說明？
4. 如何理解企業的經營方針？企業制定其方針須注意什麼問題？
5. 企業經營目標的制定，有哪些基本要求？能否舉出不符合這些要求的目標實例？
6. 企業在戰略制定階段如何建立其目標？
7. 如何識別戰略選擇的時機？
8. 你是否認為戰略制定與戰略實施兩階段之間可以交叉並行？

案例：

三星電子：爭做明星

20世紀60年代末，李秉喆出任三星集團的董事長。他是韓國大財閥之一，他的工廠能製造從服裝到船舶等多種產品，但李有著雄心壯志，想從低附加值的傳統產業轉移到高科技產業即電子產業中。於是，1969年，他創辦了三星電子，生產電冰箱、吸塵器、微波爐等白色家電產品。三星電子創立時韓國政府正好提出《電子產業八年發展規劃》，因而獲得了政府在研發經費、興建廠房、低息貸款等多方面的大力支持。

到20世紀80年代初，三星電子在白色家電市場已佔據一定的地位。李秉喆赴日本考察，發現半導體芯片業正在迅速發展成為一個新興產業，應當大膽進入並力爭成為產業的領先者。為了做到這一點，三星電子就應當建立宏偉的經營目標和發展戰略。1982年，公司秘密組建了半導體商業項目小組，其任務是找出最具吸引力的半導體電子產品。1983年，通過對小組提出的備選項目進行評選，三星決定進入動態隨機存取存儲器（DRAM）芯片製造業，隨后就制定出了長期的戰略規劃。據此規劃，公司將購入相對簡單的技術，對其加以修改，並通過反求工程設計出新產品，最終開發出最先進的產品，使公司成為產品和過程創新的黑帶所有者。為了使此規劃更加精細，三星還派遣了一批工程師連同管理團體到美國去繼續做DRAM商業項目的規劃工作。

此后10年，三星電子基本上一直在實施其戰略規劃，到20世紀90年代初，它已成為DRAM產業的領導者。它所採取的「建立宏偉目標、精心制定戰略、認真實施戰略」的方法，也在其後幾年中得到了回報。1997—1998年，由於芯片需求和價格大幅度下降，產業蒙受沉重打擊，在其競爭對手紛紛削減預算和產能時，三星電子仍執著於其戰略規劃，繼續投資以增強其生產經營能力。當經濟週期轉為繁榮時，三星是擁有充足產能並從中獲利的少數幾家公司之一。

嗣后三星更加壯大。到2003年，它已成為薄膜電晶體液晶面板、計算機顯示器、錄像機、微波爐的世界第一名及其他許多領域中的世界第二名。公司於2010年接管數碼形象事業部業務，組成由圖像顯示器、信息技術（IT）解決方案、生活家電、無線、網路、半導體及LCD事業部在內的八大事業部。

到2015年，公司員工達28.6萬人，按銷售預計，在世界「五百強」中排第18位。2015年10月三星公司公布了三季度財務報告，已獲得銷售收入51.7萬億韓元（相當於465億美元），營運利潤7.4萬億韓元（相當於64.6億美元）。

資料來源：德威特，梅耶爾. 戰略管理［M］. 江濤，譯. 北京：中國人民大學出版社，2008：60-61. 引用時有刪節.

[分析問題]

1. 三星電子制定的戰略對其發展起了多大的作用？
2. 從三星的戰略規劃中，你能看出公司的使命、遠景、經營理念及其與目標、戰略的關係嗎？

第七章
企業發展戰略

本章學習目的

○ 瞭解企業發展戰略的含義及其分類
○ 識別各種擴張型戰略的特點
○ 識別各種穩定型戰略的特點
○ 識別各種緊縮型戰略的特點
○ 掌握企業發展戰略選擇的要求

從本章起，我們將用三章分別研究企業的發展戰略、競爭戰略和國際化經營戰略。本章研究的企業發展戰略即其總體戰略，又稱公司戰略或主戰略（Corporate, Master, or Grand Strategy），是對企業全局的長遠性謀劃，由其最高管理層負責制定和組織實施。無論企業規模大小，產品多少，其發展戰略主要是解決經營方向、道路、業務範圍等大政方針問題，具體考慮以下幾點：①企業是否應當擴張、收縮或暫時維持現狀？②假如企業要擴張，應當走什麼道路？是通過內部擴展，還是通過併購或合資經營？③企業應當集中經營現有業務，還是擴大或縮小業務範圍？是集中於現在的產業，還是跨入其他產業？

企業的發展戰略有許多種，各學者的分類不同，各企業命名的戰略更是豐富多彩。我們認為，如從經營的方向來看，企業發展戰略大體上可分為擴張型、穩定型和緊縮型三個大類，就如一個人一樣，或向前邁進，或原地不動，或向后退卻。每一類戰略，又可細分為若干種戰略，例如擴張型戰略就包括集中發展、多元化、一體化、併購和聯盟等。擴張型戰略是企業最廣泛採用的戰略，涉及的問題也

最多，下面將按細分的戰略分節闡述，而穩定型和緊縮型戰略則各用一節來說明。

第一節　集中發展戰略

集中發展戰略（Concentrated Growth Strategy）是擴張型戰略（Expansion Strategy）中廣泛採用的一種，它就是集中生產單一的或少數幾種產品或服務，面向單一的市場，不開發或很少開發新產品或新服務。這時企業的發展主要通過市場滲透（用現有產品在現有市場上取得更大的控制權）和市場開發（用現有產品去開拓新市場包括國際市場），來實現生產規模的擴大和利潤的增長。採用這種戰略時，企業的擴張速度因產業發展的階段不同而異。例如產業處於成長期，速度可能很快；反之，如已進入成熟期，速度就比較緩慢。擴張速度還因企業採用的市場行銷策略不同而不同，如策略正確而有效，則速度可望加快。

集中發展戰略又可細分為下列兩種戰略[①]：

（1）單一經營（Single Business）。它是指企業只有一種產品，或雖有少數幾種產品但企業銷售額的95%以上來自某一種產品的情況。

（2）主業經營（Dominant Business）。它是指企業生產少數幾種產品，但企業銷售額的70%～95%來自某一種產品的情況。

如果企業生產多種產品，且無任何一種產品的銷售額占到企業銷售總額的70%，則應當看作多元化戰略而非集中發展戰略。

企業採用這種戰略的原因主要有二：①有些產業，例如採掘工業（礦山、油田、氣田等）、公用事業（發電站、煤氣公司、自來水公司、公共交通公司等）、交通運輸業（鐵路、公路、水運、空運等）、金融業（銀行、保險公司、證券公司、信託投資公司等）等，由產業特性所決定，一般說來，其企業只能集中發展。②在其他產業中，有些企業或受規模和實力限制，或由其經營者的穩健的價值觀所決定，或因有關科學技術發展速度較為緩慢，也紛紛採用集中發展戰略。例如：四川的長虹電器公司過去實行的「獨生子戰略」，就是集中發展彩電；中國地產界第一品牌、深圳的萬科股份有限公司原來從事多元化經營，后來向專營房地產集中，向住宅建設集中；長沙的遠大空調有限公司更是一直專注於中央空調主機的開發和生產，並曾明確規定不搞多元化。這些成功企業的經營者有一個共同的理念：「不專一，就不能成功」（見新視角7-1）。現在，在美、英、日等國，堅持集中發展戰略的企業仍然佔有相當大的比例（見新視角7-2）。

---

① 這裡提出的集中發展戰略與多元化戰略的定量化界限，以及單一經營與主業經營戰略的定量化界限，均見：M A HITT, R D IRELAND, R E HOSKISSON. Strategic Management [M]. 2nd Edition. West Publishing Company, 1996.

新視角 7-1：

專一才能成功

長虹倪潤峰說：

「獨生子」戰略，是公司面對激烈的市場競爭、在經營業務上的現實選擇⋯⋯一個大公司固然要搞多種經營，但首先要有自己的拳頭產品。所以我們決定先把彩電這個「兒子」養大，全力以赴上檔次上規模，然后才說第二個拳頭產品。

萬科王石說：

我不再盲目追求高增長，只求把房地產做透。我也不做高檔寫字樓或低檔經濟房，只做精品住宅。我們在確定萬科合理利潤回報後，不惜工本地把住宅精致化，力求每一個萬科花園都是一座豐碑。也正因此，萬科集團才逐漸成為房地產業唯一的全國性品牌，這才是企業生存的長遠之道。

遠大張劍說：

不論你是商業還是製造業，企業都是為客戶服務，為他們提供價值的。我們更多的是在獲得自身效益的同時，為客戶提供盡可能多的別人所不能提供的價值⋯⋯所謂專業化，即意味著唯有專業，才能比別人強，才能創造出不同的、更好的價值。競爭的結果就是必須比別人做得更好，必須比別人創造更多的價值。要做到這點，你就要比別人更專業。

資料來源：吳小波. 大贏家 [M]. 北京：中國企業家出版社，2001.

新視角 7-2：

集中發展的企業為數不少

1950 年，《財富》雜志所列美國最大 500 家工業公司中只有 38.1% 在從事多元化經營，就是說，這些公司中有 60% 以上都在從事單一經營或主業經營。到 1974 年前後，從事多元化經營的企業比重增加到 63%，從事集中發展的降至 37%。從 20 世紀 70 年代后期開始，特別是在 80 年代中期，許多公司趨向於重新集中發展，主動放棄那些同主業無多大關聯的經營單位。事實上，1981—1987 年，在《財富》雜志所列 500 家大公司中重新集中於其主業的大約有 50%。其結果，到 1988 年前後，這 500 家公司中從事單一經營和主業經營的所占比例已增加到 53%（在計算多元化經營企業的比例時，只考慮了產品多元化，而未包括市場和國際多元化，所以這裡的 53% 有些水分）。

> 在英國，從事單一經營和主業經營的企業比例從 1960 年的 60% 降到 1980 年的 37%。同樣，在日本最大的公司中，1958 年有 60% 在從事單一經營和主業經營；1973 年，這個比例降到 53%。
>
> 資料來源：M A HITT, et al. Strategic Management [M]. 2nd Edition. West Publishing Company, 1996.

集中發展戰略有許多優點：①因產品和市場單一，業務比較單純，領導和員工全力投入，企業就享有專業化的優勢，熟能生巧，專能出精，就可將某一專業「做透」「比別人做得更好」。②因產品品種少，企業有可能加大生產批量，贏得經驗曲線效益和規模經濟效益，獲得低成本優勢；或者在產品質量、性能、服務上狠下功夫，形成自己的特色，獲得差別化優勢。③因業務比較單純，企業在技術和管理上遇到的問題肯定少些，平時就著力解決；遇到突發性危機，一般也能從容應對，平穩度過。

然而對於一般產業來說，集中發展戰略也有風險：①如產業規模受到限制，則會束縛企業優勢的發揮。例如世界著名的太陽眼鏡生產商奧克利（Oakley），在該產業內極為成功；但因太過專一，其發展潛力遠未充分發揮出來，因而最近決定進入運動服產業。[①]②隨著科技的進步，人民生活水平的提高，消費傾向的改變，社會對產品或服務的需求也在不斷變化。如企業現有產品或服務的市場衰退，就會遭遇危機。這對於科技發展速度快、產品壽命週期短的產業和企業來說，就更為重要。正由於如此，企業需要密切關注外部環境的變化，保有必要的新產品儲備以應變，或在必要時改變戰略。即使由其產業性質決定而採用集中發展戰略的那些企業，為求得更快更好的發展，也可以考慮採用下述的某種戰略。

第二節 多元化戰略

一、多元化戰略的含義和分類

多元化戰略（Diversification Strategy）也可譯為多樣化、多角化戰略，就是通過開發新產品或開展新業務來擴大產品品種或服務門類，以增加企業的生產量和銷售量，擴張規模，提高盈利水平，在中國常稱為多品種生產、多種經營。多元化戰略是同上述集中發展戰略相對應的，其特點是沒有一種產品或服務的銷售額占企業銷售額的 70% 以上。

多元化戰略可細分為下列三種：

---

① 吳小波. 大贏家 [M]. 北京：中國企業家出版社，2001：24.

（1）相關多元化戰略（Related Diversification Strategy）。它又稱同心多元化戰略（Concentric Diversification Strategy）。其特點是，新增的產品或服務與原有產品或服務在大類別上、生產技術上或行銷方式上是相似的、相關聯的，可以共同利用本企業的專門技能和技術經驗、設備或生產線、銷售渠道或顧客基礎。採用這種戰略的企業一般不會改變企業原來歸屬的產業部門。

青島海爾集團同時生產冰箱、冰櫃、空調器、洗衣機、電熨斗、吸塵器等各類家用電器，一汽、二汽集團除繼續生產卡車外，還製造各種轎車、中型客車、專用車輛等，四川琪達公司從生產襯衫起步，現在同時生產西服套裝、床上用品、針織品等，這些都是相關多元化的實例。在化工、石油化工等資金密集型產業中，許多企業都在生產和經營許多種產品，並不斷開發新產品，也執行的是相關多元化戰略。

世界上許多著名的公司，如通用、福特、豐田、本田等汽車公司，索尼、松下、日立、東芝等家用電器公司，杜邦化學品、寶潔洗滌劑等公司，默克、輝瑞等醫藥公司，都在執行相關多元化戰略。

（2）不相關多元化戰略（Unrelated Diversification Strategy）。它又稱複合多元化戰略（Conglomerate Diversification Strategy）。其特點是，新增的產品或服務與原有產品或服務毫不相關，不能共用企業原有的專門技能、設備、生產線、銷售渠道等。採用這種戰略的企業，一般都是跨產業經營。

由鄉鎮企業起步的杭州萬向集團在1996年即已擁有全資及控股企業32家，分屬汽車零部件業、基礎置地業、自然資源業、仲介服務業等四大主業；以生產空調器聞名的江蘇春蘭集團現又製造和銷售摩托車；四川綿竹劍南春公司以名酒「劍南春」的生產經營為主，兼營旅遊服務、房地產開發、高科技應用等多種業務；成都國光電子管廠除繼續生產電子器件外，經營了一家大型電器商場。這些都是不相關多元化戰略的實例。

國外許多大型企業也選擇了不相關多元化戰略。例如以生產萬寶路香菸馳名的美國菲利浦·莫里斯公司先後收購了米勒啤酒、通用食品、納貝斯克餅干等公司，往食品業轉移，其下屬卡夫食品公司的銷售額已上升到集團銷售總額的40%；此外，集團還兼營專用紙張、包裝材料、房屋建造和設計等業務。

（3）既相關多元化又不相關多元化戰略。這是指前兩種戰略的組合（Combination）。其特點是，企業經營的業務中，一部分是相關多元化，可共同利用技術經驗、生產設備、銷售渠道等，另一部分卻是不相關多元化，跨入別的產業。例如雲南天然氣化工集團下屬的雲天化股份有限公司、雲南紅磷化工有限公司和重慶國際複合材料有限公司同屬於化工行業，屬於執行相關多元化戰略，與此同時集團投資於金融、交通、房地產、商貿、食品、電子、建材等多個領域，屬於執行不相關多元化戰略。國外的大型企業如通用電氣（GE）、西屋電氣（Westinghouse)、強生醫藥等也在奉行這樣的組合戰略。

嚴格地說，上述的菲利浦·莫里斯公司也在執行這種戰略，因為它所經營的香菸、啤酒和餅干等都屬於食品工業，有很多共通性。這部分生產經營應視為相關多元化，而其他的專用紙張、房屋建造等部分則應屬不相關多元化。

以上關於多元化戰略的含義和分類，都是從企業提供的產品或服務的品種及其經營業務的門類來考察的，是同第一節的集中發展戰略相對應的。目前，有些學者擴大多元化戰略的範圍，將市場多元化和國際多元化也包括在內，見新視角7-3。

新視角7-3：

市場多元化與國際多元化

當前，有些學者認為多元化戰略的範圍很廣，既可從經營的產品、業務的門類來考察，又可從市場和國家的廣度來考察，於是提出：

（1）市場多元化。這是指企業服務的市場面廣，不限於當地市場。奉行集中發展戰略的企業，有的甚至只有一種產品，但只要它面向國內各省市、各行業，都應視為實施市場多元化戰略。不過，我們應當把集中發展戰略看作多元化戰略的低級階段。

（2）國際多元化。這是指從事國際化經營的企業，它不是為單一國家服務，而是同時為若干國家服務的。

我們認為，學者提出這兩個概念有一定的道理，但意義不大，市場多元化很容易混淆集中發展戰略與多元化戰略的界限。國際多元化戰略可以直接稱為國際化經營戰略，不須要列入多元化戰略中。

二、多元化戰略的經濟意義

當面對一個產品同質性高、容量巨大的市場，而企業擁有對手難以模仿的獨特資源和核心競爭力時，企業一般會採用集中發展戰略，前述遠大空調有限公司就是一個典型。然而對於其他許多企業，多元化幾乎是他們最常採用的擴張型戰略，大多數大中型企業都是多元化經營的。這是因為多元化戰略具有巨大的經濟意義：

1. 擴大經營規模，獲得範圍經濟

經營企業總是希望企業能茁壯成長，逐步壯大。企業奉行集中發展戰略可以擴大企業規模，但速度較慢，且常受到多種局限。企業採用多元化戰略，則可較快地擴大規模。海爾集團董事局主席張瑞敏在解釋海爾執行多元化戰略的原因時說：「在市場競爭中，有名牌但沒有規模，名牌便無法保持和發展；有規模而無

名牌，規模便無法保持和發展。因此，海爾創出名牌后，必須走規模經濟的道路，組建聯合艦隊。」① 企業擴大規模，可獲得規模效益，而對實行多元化戰略的企業來說，主要是獲得範圍經濟的效益。規模經濟（Economy of Scale）是指當某種商品或服務的產銷量增加時，其單位平均成本隨之下降，這同學習曲線和經驗曲線的效應有關。範圍經濟（Economy of Scope）則是指企業一起生產和銷售多種產品和服務時，其成本將低於單獨生產和銷售同樣數量的單一產品的成本，這是來自職能部門和業務單位的節約。多元化戰略的範圍經濟效益是很明顯的，因為多種產品或服務、多種經營業務共享企業的基礎設施。

2. 拓展新的發展空間和經濟增長點

隨著科技進步和經濟發展，新產品、新技術、新業務、新產業不斷湧現，這是企業擴張可利用的機會。如企業有相應的實力，就應當抓住這樣的機會，拓寬自身的發展空間和經濟增長點。許多企業採用多元化戰略就是出於這一動機。

如果企業已經培育出核心競爭力，則此競爭力可運用於多種產品，通向多元市場，企業自然應充分發揮競爭力的作用，採用多元化戰略。例如，本田公司掌握了發動機和傳動系統的核心技能，就同時經營汽車、摩托車、發電機、鋤草機等產品；佳能公司掌握了光學、成像及微處理等方面的技能，就同時經營複印機、照相機、激光打印機、掃描儀等產品。

3. 尋找新的生存空間

這與上一點相似，但側重於迎接挑戰、克服困難或渡過危機。例如企業現有的產品銷售困難，或有強勁的競爭對手進入，或產業已進入成熟階段，市場前景不妙，則企業有必要經營其他的產品或業務，通過多元化戰略來維繫自身的生存。

菸草行業的企業（如菲利浦·莫里斯公司）普遍實行多元化戰略，這是因為香菸的市場容量增長有限，而且行業的名聲不好，經常受到消費者、衛生機構、環境保護主義者的控告和司法機關巨額的判罰，所獲利潤已不能繼續投入本行業。菸草企業的多元化戰略是一個特例，既是為了維持生存，也是為了重塑企業形象。

4. 平衡自有的現金流量

現金流量（Cash Flow）是企業利潤及固定資產折舊基金之和，代表企業的可支配收入。企業如實行多元化戰略，同時經營多種產品和業務，其中有些需要擴張，這就要有追加投資，而另一些可暫時維持現狀或緊縮，其現金流量可抽出來支援須要追加投資的單位，於是在企業內部即可做到現金流量的余缺調劑和平衡，而不用通過資本市場。

---

① 厲以寧，曹鳳岐. 中國企業管理教學案例 [M]. 北京，北京大學出版社，1999：4.

在20世紀70年代創造的「波士頓增長—份額矩陣」、通用電氣公司的「紅燈戰略」等，合稱為組合分析法（Portfolio Analysis），就是平衡現金流量的範例，可用於為各種產品和業務選擇戰略。這些方法至今仍然有用，將在第十章內講述。

5. 分散經營風險

這是針對集中發展戰略的風險而言的。集中發展「把全部雞蛋放在一個籃子裡」，在外部環境發生劇變時，企業就會陷入嚴重危機。實行多元化戰略，多種產品和業務將企業的風險分散，「東方不亮西方亮」，企業就有了回旋餘地。當然，這並不是說多元化戰略就沒有風險了，恰恰相反，它也會面臨新的風險。

三、多元化戰略的風險

儘管多元化戰略對眾多企業都有很強的吸引力，但它也隱藏著重重風險。有不少新興企業在多元化經營中遭遇挫折，甚至煙消雲散。略舉數例，見新視角7-4。

新視角7-4：

多元化戰略大敗局實例

上市代碼為009的深圳寶安集團是一家老牌的上市公司。它從1990年起大舉進軍多項產業，企業規模以翻番的速度膨脹，在其鼎盛時下屬控股公司有44個，分佈在15個城市（其中一個在國外），涉及房地產、生物製藥、建材、商貿、進出口、金融證券、倉儲運輸、酒店服務等10個產業。1994年以來，公司業績逐年下滑，歷年的每股收益分別為0.67元、0.19元、0.04元、0.003.5元，由原來的「藍籌股」變為三線股。至1997年年初，公司終於不堪重負，董事會宣布決議：與下屬54家子公司脫離關係。

1987年，廣東東莞市「黃江保健品廠」成立，生產「生物健」口服液。1988年1月，該口服液一舉獲得中國運動營養金獎；8月，黃江廠更名為「太陽神」，該口服液也更名為「太陽神」。經過大肆的廣告宣傳，1990年「太陽神」的銷售額達2.4億元，市場份額最高時達63%。1993年，「太陽神」的營業額更達到創紀錄的13億元；同年，公司向多元化進軍，一年內上馬了包括石油、房地產、化妝品、電腦、邊貿、酒店業等在內的20個項目，並進行大規模的收購和投資活動，公司上述項目投資達3.4億元，但幾乎全部白費。1995年12月，公司的「紅籌股」概念在香港上市，首日即跌破招股價，下跌22%。1996年，公司出現虧損，公布的虧損額為1,100萬元。1998年，公司的銷售額持續下滑。

1994年8月，濟南三株實業有限公司成立，其產品三株口服液同時宣告研製成功。1994年，產品銷售額即達1.25億元；1995年達20億元；1996年公司自稱產品銷售額達到創紀錄的80億元。在1996年，公司大舉開展多元化經營，先后推出了「賦新康」「生態美」「心腦康」「保騰康」「吳氏治療儀」等新產品；1997年上半年，公司一口氣吞下20多家制藥廠，投資超過5億元，后又計劃再上一飲料廠。很快，三株的產業觸角延伸到了醫療、精細化工、生物工程、材料工程、物理電子和化妝品六大行業。1997年，公司的銷售額銳減10億元。1998年3月湖南常德市發生一退休老船工「喝8瓶『三株』致死案」，法院判三株公司敗訴，賠償29.8萬元；此后，公司銷售額急遽下滑，從4月到7月全部虧損，兩家工廠停產，6,000名員工回家；5月，四處傳言三株已申請破產。人們都在問：「這個企業怎麼如此脆弱？」1999年，常德事件二審三株勝訴，但此時，公司下屬的200多個子公司已停產。2000年，三株企業網站消失，全國銷售幾乎全停。

　　資料來源：吳曉波. 大敗局［M］. 杭州：浙江人民出版社，2001.

　　企業界用「多元化陷阱」來描述這種情況。多元化戰略的風險不小，概括起來，主要來自下列幾個方面：

　　（1）時機選擇上的失誤。企業實行多元化戰略，一方面是外部環境出現了機會或威脅，有此客觀需要，另一方面是企業內部具備必要的實力，有了主觀可能，兩方面相匹配才是多元化的恰當時機。當然，要這兩方面完全匹配也不容易，但人們易犯的錯誤主要是重客觀需要而輕主觀可能，往往過早過快地實行多元化，把攤子鋪得太大，結果必然導致失敗。企業過度謹慎、錯失良機的情況也是有的，但相對少些。

　　（2）工作進度安排上的失誤。無論是相關多元化或不相關多元化，企業都要做許多紮實工作方能收效，因此，在工作進度上必須妥善安排，做到不疾不徐。假如企業頭腦發熱，操之過急，一下子就要開發出許多新產品或者進入許多新行業，工作必然粗糙，很難收到預期的效果。

　　（3）對實行多元化的客觀需要判斷失誤。例如企業在新產品開發上沒有以市場為導向，不是按市場需求來選擇開發項目而是按開發人員的興趣自定，結果產品開發成功了也不能投入市場。又如企業進入新產業，最重要的是考察該產業未來的成長機會及競爭態勢，確有需求方能考慮進入，但現實生活中，盲目跟風、聽從政府安排、想撿便宜（輕信所謂「零收購」）等現象不少，以至於一進入就背上包袱，巨額投資打了水漂。

　　（4）對實行多元化的主觀實力判斷失誤。一般說來，企業實行相關多元化，因不跨出本已熟悉的原產業，這方面的風險較小，只要在工作安排上量力而為即

可。企業實行不相關多元化，則應特別慎重，無論該產業的成長機會多好，假如自身無實力或實力太弱，則不應當進入。許多墜入「多元化陷阱」的企業都是由於盲目進入自己完全陌生的行業所致，這是一個深刻的教訓。

（5）在多元化擴張途徑上的工作失誤。例如企業通過併購或合資來實現多元化經營，就要做許多工作，如對併購對象進行資產、經營、文化上的整合等。這些工作做不好，不但得不到預定的效果，而且會給企業背上包袱，增加不穩定的因素。

（6）管理工作跟不上的失誤。實行多元化，企業規模擴大了，出現的問題將增多，對管理的要求將提高，而管理的難度將增大，因此，企業必須相應加強管理，提高管理水平。在那些失敗的企業中，我們發現一共通現象，即由於管理跟不上，幹部貪污盜竊、洩露公司技術機密等違規違紀事件層出不窮，成億元的應收帳款竟無法查證，這與公司的失敗有很大關係。

歸納起來，多元化戰略既有巨大的經濟意義，又蘊含著巨大風險，這就要求我們總結歷史經驗，在採用多元化戰略時做好管理工作。

四、多元化戰略的管理關鍵

總結國內外企業實施多元化戰略的經驗教訓，企業在選用這個戰略時，必須正確處理下列幾個方面的關係和問題：

1. 多元化戰略與集中發展戰略的關係

如前所述，這兩個戰略之間並無高下優劣之分，他們各有適用條件，且各有利弊。因此，我們應研究企業所屬產業的性質，並密切關注外部環境和自身狀況的變化，應當採用某個戰略就選用某戰略，選用時要趨利除弊，充分發揮該戰略的積極作用，同時防範可能出現的風險。一旦發現失誤，我們應立即採取補救性措施。

2. 正確掌握時機，安排好工作進度

企業如已考慮選擇多元化戰略，則時機和工作進度問題至關重要。青島海爾集團在創業初期是實施名牌戰略，7年後實力已具備（掌握了制冷技術，形成了獨特的經營理念和管理模式），才開始實行相關多元化戰略，而且業務的拓展是循序漸進，不是一哄而起的。相反，太陽神、三株等企業則不顧自身實力，在很短時間內就涉足於許多陌生而複雜的行業，其失敗毫不足奇。

3. 相關多元化與不相關多元化的關係

企業從集中發展過渡到多元化，首先實施相關多元化，其風險較小，因為新產品、新業務同原有產品和業務有關，未跨出原產業，企業累積的技術和管理經驗可得到較好的利用；反之，如直接進入不相關的其他陌生產業，則須從零開始，無異於二次創業。海爾集團先實行相關多元化，然後才採用不相關多元化，正是一個寶貴經驗。有許多奉行不相關多元化的企業，都是從相關多元化起步的。

4. 正確選擇打算進入的業務

實施相關多元化的企業主要是注意新產品和新業務的市場需求狀況，堅持按

市場需求來開發，選擇難度不太大。實施不相關多元化的企業要進入企業原來不熟悉的新產業，則選擇難度加大了，這裡的關鍵是不僅要考慮新產業的市場前景，還要著重考慮自身的資源、能力能否同新業務相匹配，即自身的競爭力和競爭優勢能否轉移到新業務中，進入新業務后能否使自身的競爭力和競爭優勢更加強大。自身的資源、能力同新業務之間的「適合性」，是多元化戰略尤其是不相關多元化戰略的基礎。

如果企業對新業務很不熟悉，不瞭解這個「適合性」，或者經過調研發現不存在這個「適合性」，則不管那個業務如何時髦、如何「熱門」，也不要輕易進入。美國通用電氣公司（GE）前任CEO韋爾奇（Jack Welch）奉行「第一或第二」政策，其意是他們所要經營的業務必須是自己能處於「不是第一，就是第二」的領先地位的，否則就一概不經營。對於一個已經多元化的企業，如發現有的經營業務中已有不能發揮企業競爭優勢或對企業優勢已無大助益的業務時，就應當加以放棄，以便集中精力辦好其他業務。這就是業務重組戰略，將在本章第七節中介紹。

我們對待上述「適合性」，還要有辯證的、發展的觀點，因為企業自身的資源和競爭力是可控因素，是可以設法加強的。企業等到資源和實力同新業務完全匹配才去進入，也可能錯過良機。因此，企業如遇到機會，只要具備一些基本條件，且有進一步補充資源、壯大實力的可能時，就可以先干起來。不過，在此情況下，企業只能小規模地、試驗性地干起來，進可攻，退可守，縱使失誤，損失也不大。

5. 主業與輔業的關係

多元化企業有多種業務，必須要分清業務相互間的主輔關係，牢牢抓住一個主業（Core Business）不放手，用主業來支撐企業。這在實行不相關多元化戰略的企業中尤為重要。杭州萬向集團涉足四大產業，但其核心企業萬向（集團）公司在1996年的總資產、實現銷售收入、出口創匯額和利潤額分別占到集團相應指標的60%，25%，65%和46%，① 這說明集團的主業是汽車零部件業（儘管其銷售收入的比重較低）。

美國管理大師彼得斯（Thomas J. Peters）和沃特曼（Robert H. Waterman, Jr.）總結的美國最佳管理企業的經驗之一是「不離本行」。他們指出：「凡是向多種領域擴展其業務……卻又緊靠它們自己的老本行的企業，表現總比別家好。」「最不成功企業，照例就是那種向各方面都插上一腳，經營五花八門的公司，而其中尤其是通過購買把別家企業兼併過來的公司，總是走向敗落的。」② 這段話似

---

① 資料來源：1997年9月30日《中國工業經濟協會通訊》（內刊），第54期（總第371期）。
② 彼得斯，沃特曼. 成功之路［M］. 徐凱威，等，譯. 北京：中國對外翻譯出版公司，1985：350.

乎正是針對著萬向集團的成功經驗和深圳寶安、太陽神、三株等企業的失敗教訓來說的。

6. 企業規模擴大與強化管理的關係

隨著多元化戰略的實施，企業規模日益擴大，原有的管理模式和經驗必然難以適應，這就須要管理創新，盡快提高管理水平。特別重要的是企業要建立一支優秀的管理團隊，吸收對新業務熟悉的人才，並有一套比較完善的激勵約束機制，保證團隊的穩定性和人才作用的發揮。聯想集團的原董事局主席柳傳志非常重視接班人的培養，2000年聯想分成兩個公司，立即交給30多歲的楊元慶和郭為去分管，而且為他們準備了強大的管理團隊，這些團隊是聯想多元化戰略成功的重要保證。

企業要執行好多元化戰略，還須選擇好適當的途徑，是依靠內部擴展，還是通過外部併購或合資經營。這個問題將留待第四節中討論。

企業實行多元化戰略，擴大企業規模，獲得範圍經濟效益，這是有一定限度的，並非規模越大、經營的業務越多就越好。這就提出了企業的橫向邊界的問題，一些戰略經濟學家已對此做了研究，我們將其研究成果摘要寫入本章的附錄。

第三節　一體化戰略

一、一體化戰略的含義和分類

為了理解一體化戰略（Integration Strategy）的含義，我們須要瞭解各產業之間的相互聯繫，現用圖7-1來說明。

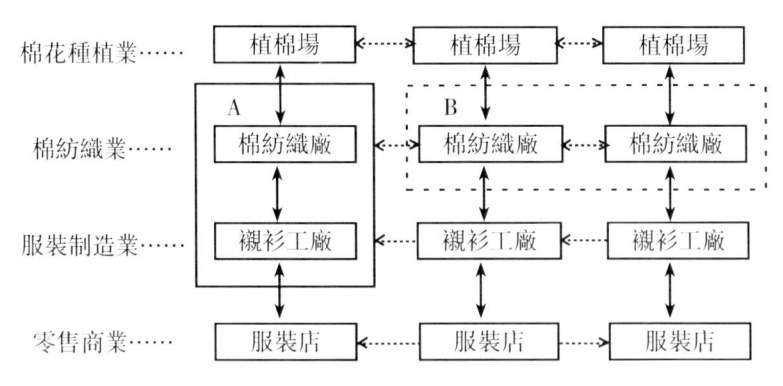

圖7-1　產業間相互聯系示意圖

說明：⟷ 代表縱向聯系
　　　⟵⟶ 代表橫向聯系
　　　A：縱向一體化
　　　B：橫向一體化

圖7-1舉棉紡織產業為例，它從棉種植產業購進棉花作原料，將其產品棉布售與襯衫製造業，再經它們制成襯衫，交由服裝零售店出售給最終消費者。每個產業內部都有若干企業，現各舉出三個示意，這些企業相互間既有聯繫，又存在競爭關係。圖7-1表示的產業之間的聯繫，我們稱為縱向聯繫或產業鏈。如以棉紡織產業為基準，則在它之後、為它提供生產要素的產業，稱為上遊產業（在此例中為棉種植業）；在它之前、接受它的產品的產業，稱為下遊產業（在此例中為服裝製造業和零售商業）。

現再看各產業內部的企業，它們都在從事各自的經濟活動。在同一個產業內部的各企業之間的聯繫，我們稱為橫向聯繫，這些企業的經濟活動是相同或相似的。與此相對應，在一條產業鏈上的各企業之間的聯繫，我們稱為縱向聯繫，這些企業的經濟活動是不相同的，但可以連續起來。

所謂一體化戰略就是企業將原本可獨立進行的、相互連續或相似的經濟活動組合起來：相互連續的活動的組合，稱為縱向一體化（Vertical Integration）；相似的活動的組合，稱為橫向一體化（Horizontal Integration）。如圖7-1所示，A代表棉紡織廠兼營服裝業，利用自產棉布做襯衫再出售，這就是縱向一體化戰略；B代表棉紡織廠兼併另一棉紡織廠，以擴大規模，這就是橫向一體化戰略。

企業的縱向一體化戰略又可細分為兩種：

（1）向前一體化戰略（Forward Integration Strategy）。這是指企業向產品銷售的方向即下遊產業方向發展，例如將自己的產品進行深度加工、提高其附加值再出售（如上例紡織廠自製襯衫），或組建自銷產品的網點，直接面向消費者等。

（2）向后一體化戰略（Backward Integration Strategy）。這是指企業向提供生產要素的方向即上遊產業方向發展，例如自行組織生產本身所需的原材料、能源、包裝器材等而不再向外採購（如上例紡織廠自營棉花種植）。

很明顯，實行縱向一體化戰略，企業一般都要跨產業經營，而實行橫向一體化戰略，企業不會跨出原產業。

現在中國實行縱向一體化戰略的企業較多，最典型的為鋼鐵企業。他們自營礦山或自建電廠、耐火材料廠、包裝材料廠等，就是向后一體化；用自產鋼材加工成門窗、家具等再出售，或在全國重點城市設立銷售服務處、對用戶直銷，就是向前一體化。其他如紡織企業兼營印染、服裝或床上用品，造紙企業兼營印刷，膠合板企業製造家具，水泥生產企業製造水泥構件等，都屬於向前一體化。造紙企業開發森林、乳製品企業經營畜牧場等，則屬於向后一體化。

中國實行橫向一體化戰略的企業正日益增多。國家為了推進經濟結構調整，改變某些產業內部布點過多、力量分散、形不成規模經濟的狀況，制定了鼓勵產業中的優勢企業去兼併收購劣勢企業，即實行橫向一體化戰略的政策。國內最大的兩家汽車公司即一汽和二汽，已先後在全國各省市併購了數十家汽車廠，組成

集團。長虹、康佳等電視機公司也已分別兼併了幾家電視機廠，類似事例還有許多。

在這裡，我們有必要說明一體化戰略與多元化戰略的區別和聯繫，以免把它們混同起來。

多元化戰略與縱向一體化戰略之間的區別是易於識別的：多元化是指產品品種擴大、經營業務門類增多，而新增品種或業務是屬於同一產業的（相關多元化），或者雖不屬於同一產業但並非有連續關係的（不相關多元化）；縱向一體化則是指有連續關係的經濟活動的組合，其新增產品和業務必然是屬於不同產業的，而且必然是相互有連續關係的。不過，兩者也存在聯繫，縱向一體化戰略的實施一般會擴大企業產品品種，增加業務門類，這就導致一般意義上的多元化。

多元化戰略與橫向一體化戰略的區別則不很明顯。實行橫向一體化，因併購同行業的企業，企業的產品品種一般都會擴大，而且新的產品與原有產品都是相關聯的，所以同實行相關多元化戰略的結果很相近。不過，嚴格說來，兩者仍然有區別：相關多元化戰略可以通過內部擴展（如自行開發新產品或引進新產品）又可通過併購同行業的其他企業來實現；而橫向一體化戰略則僅限於收購同行業的其他企業這一途徑，不包括內部擴展。當然，這兩種戰略的區別甚微。

企業實行橫向一體化戰略，僅限於兼併收購同行業的其他企業一個途徑，而實行縱向一體化戰略，則仍然有三種途徑：內部擴展、外部併購、合資經營。這三種途徑各有利弊，將在第四節中加以說明。

由於橫向一體化戰略實際是併購戰略的形式之一，在實行時應注意的問題將在第四節中兼併討論；本節下面將集中研究縱向一體化戰略的有關問題。

二、縱向一體化戰略的經濟意義

企業實行縱向一體化戰略，有許多好處。向前一體化戰略的好處如下：

（1）如企業的用戶利用本企業的產品或服務而獲得高額利潤，則本企業可向前一體化來經營用戶的業務，增加自己的利潤。

（2）如企業有足夠的實力來對自己的產品進行深度加工並在市場競爭中有優勢，則可利用向前一體化來擴大規模，增加盈利。

（3）如企業現在可利用的高質量的中間商數量很少，或代價高昂，或不可靠，不能滿足企業銷售需要，則可通過自設銷售網點，更好地控制銷售渠道。[1]

（4）如企業控制銷售渠道以保證穩定生產對自己非常重要時，則可通過向前一體化來更好地預測市場對自己產品的需求。

---

[1] 例如著名的 IBM 公司停止了通過零售商銷售其臺式電腦，而計劃用網上銷售系統取代，因為通過零售商銷售要賠錢。

（5）電子商務和純網上商店的出現，使得許多傳統的零售商也開設網上商店（例如沃瑪特公司的網站正在努力成為領先的網上折扣商店），這也算向前一體化。

（6）向前一體化擴大了企業規模，可形成規模經濟和範圍經濟，對企業有利。

向后一體化對企業也有不少好處，主要是：

（1）如企業發現其供應商因供應本企業產品而獲得高額利潤，則本企業可通過向后一體化經營該供應商的業務，增加自身的盈利。

（2）如企業對某種原材料、能源、零部件或元器件，需求量大，對企業生產有關鍵影響，而企業又有可能自行組織生產時，則可利用向后一體化來更好地保證供應。

（3）如企業現在可利用的高質量的供應商數量很少，或代價高昂，或不可靠，不能保證企業需要，則可利用向后一體化來保障供給。

（4）如企業發現有條件、有實力自行組織某種原材料的生產，有利於提高產品質量，降低產品成本，或更易於有效控制質量、成本和可獲得性時，則宜於採用向后一體化。

（5）企業對於一些稀缺的、遠距離運輸或須要進口的原材料等，儘管需用量不大，也應當盡可能利用向后一體化，設法自行組織生產。

（6）向后一體化擴大了企業規模，可形成規模經濟和範圍經濟，也對企業有利。

縱向一體化戰略既然有上述經濟意義，對許多企業尤其是大企業富有吸引力。

三、縱向一體化戰略的風險和管理關鍵

企業實行縱向一體化戰略，又面臨巨大風險，稍有不慎，就可能讓企業背上包袱。這些風險主要有：

（1）縱向一體化就像不相關多元化一樣，企業跨產業經營，進入原來並不熟悉的領域，必然會遇到很多新問題和很大的風險。如企業實力有限，必然陷入困境。

（2）企業如向前一體化，自行組織產品的深加工或產品的銷售網路，不但須投入大量的資源，而且要冒得罪原有中間商的危險。企業進入新領域，是否有競爭力，是否能增加利潤，有待驗證。

（3）企業如向后一體化，自行組織原材料、零部件等的生產，同樣須投入大量的資源，建設必要的生產設施，這些設施如只限於滿足企業自身的需要，可能規模太小，形不成規模經濟，如要獲得規模經濟，則有必要為其產品開闢新市場，並在那個市場上去競爭。

（4）企業通過縱向一體化實現的規模擴大，是否能獲得規模經濟和範圍經濟的效益並不能完全肯定。有一點是能完全肯定的，那就是企業管理的難度將增大，對管理者素質的要求將大大提高，這也是風險所在。

考慮到縱向一體化戰略的經濟意義與風險，我們對它就應抱慎重態度，認真

對待，切忌頭腦發熱、輕率從事。企業管理的關鍵主要有下列幾點：

（1）密切關注外部環境和內部條件的變化，發現實施縱向一體化戰略的機會。如發現，立即制訂方案，認真分析和論證客觀需要和主觀可能。企業只有經過充分論證、發現需要與可能相匹配時，才是採用縱向一體化戰略的時機。

（2）慎重考慮打算進入的產業。首先是考慮該產業的市場前景和競爭狀況；其次是本身的資源條件和競爭力，如進入，企業是否會遇到巨大的障礙或阻力（進入壁壘），是否會遇到該產業中現有企業的強大反擊，企業自身有無迎接挑戰的實力；再次是企業將以多大的規模進入，成本—效益分析的結果是否對企業有利。不經過周密細緻的調查研究，企業將難以做出正確決策。

（3）正確選擇實施戰略的途徑。前已提及實施縱向一體化戰略的途徑有三，即內部擴展、外部併購和合資經營。在實際生活中，企業採用外部併購的較多，因為它可以利用被併購企業原有的人員、經驗、生產技術設施、銷售渠道等，比由企業新建更好，可極大地減少風險。

（4）隨著企業規模擴大，要不斷加強管理，包括健全管理體制、提高管理人員素質、完善規章制度、強化監控等。管理跟不上，企業有可能前功盡棄而導致戰略失敗。

與多元化戰略一樣，一體化戰略的實施也是有一定限度的，這就提出了企業的縱向邊界問題，我們在本章的附錄中介紹了這方面的研究成果。

附帶在此說明，目前在美國的一些產業（如汽車和製鋁業）中出現了與向后一體化戰略相反的「分解化戰略」（Deintegration Strategy），即企業盡可能將零部件等外包（Outsourcing）出去，而且同時包與若干供應商，利用它們之間的競爭，以獲得盡可能好的供應條件。對於跨國公司來說，它們執行全球化戰略，可以在全球範圍內、在互聯網上尋找最理想的供應商，採用外包辦法比自己生產更有利，所以更可利用「分解化戰略」。[①] 我們認為，對向后一體化和「分解化戰略」仍然要具體情況具體分析，靈活地加以運用。

第四節　兼併與聯盟戰略

一、兼併戰略

兼併（Merger）可視為一種擴張型戰略，也可看作實施上述擴張型戰略的手段。它有幾種形式：

（1）真正意義上的兼併。它又稱為統一（Consolidation）。如 A 公司與 B 公司兼併組成 C 公司，A 公司和 B 公司都不復存在。

---

① 　F R 戴維．戰略管理 [M]．李克寧，譯．8 版．北京：經濟科學出版社，2001：180．

（2）兼併或收購（Acquisition）。A 公司購買 B 公司的全部資產，繼承它的負債，或 A 公司買進 B 公司的全部股票，繼承它的資產和負債，A 公司繼續經營，B 公司成為 A 公司下屬的子公司或不再存在。

（3）控股（Holding）。A 公司購買 B 公司的部分股票，或向 B 公司注入資金，達到控股的程度，A、B 兩公司均繼續經營，A 公司稱為母公司，B 公司則為被 A 公司控股的子公司。

如將兼併戰略看作實施上述擴張型戰略的手段，則又可劃分為下列幾種形式：

（1）相關（同心）兼併。它是指企業利用兼併其他企業來實施相關（同心）多元化戰略。

（2）不相關（複合）兼併。它是指企業利用兼併其他企業來實施不相關（複合）多元化戰略。

（3）縱向兼併。它是指企業通過兼併其他企業來實施縱向一體化戰略。

（4）橫向兼併。它是指企業通過兼併其他企業來實施橫向一體化戰略。

第二次世界大戰後，因市場競爭日趨激烈，各國的兼併活動持續不斷，許多強者兼併或收購弱者或控制弱者，也有一些強強兼併的事例。新視角 7-5 介紹了 2015 年全球十大併購案；新視角 7-6 介紹了中國企業 2015 年大併購。

新視角 7-5：

2015 年全球十大併購案

並 購 方		交易規模(億美元)
美國制藥商輝瑞	愛爾蘭制藥商艾爾建	1,600
比利時啤酒商百威英博	南非啤酒商 SAB 米勒	1,174
荷蘭皇家殼牌石油公司	英國天然氣集團	815
美國 Charter 通信	美國時代華納有線	796
美國陶氏化學	美國杜邦	686
美國戴爾	美國信息存儲公司 EMC	670
美國亨氏食品	美國卡夫食品	626
美國健康保險公司 Anthem	美國保險集團 Cigna	552
美國管道營運商 Energy Transfer Equity	美國能源基礎設施公司 Williams companies	550
李嘉誠旗下長江實業	和記黃埔	531

資料來源：2015 年 12 月 30 日《環球時報》。

新視角 7-6：

中國企業 2015 年大併購

2015 年，中國企業在國內外掀起併購高潮。據路透社報告，截至 12 月 21 日，2015 年已公布的涉及中國企業的併購交易總額達 7,263 億美元，增長 60.7%，創歷史新高。

先看國外併購。美國經濟復甦乏力，歐洲多國陷入債務危機，財政極端困難，企業經營維艱。在此情景下，中國企業大舉跨出國門，尋找市場，壯大實力。據英國《金融時報》報導，僅 2015 年上半年，中國投資者在科技、傳媒和電信行業完成 35 宗併購，交易金額為 244 億美元。製造業的併購為 39 宗，交易總額為 128 億美元；金融行業達成 12 宗併購。不少中國企業的併購具有里程碑意義，登上媒體頭條，如安邦保險以 19.5 億美元收購紐約華爾道夫酒店，中國工商銀行以 6.9 億美元收購南非標準銀行公眾公司 60% 的股份。

再看國內併購。2015 年是中國國民經濟發展規劃倡導的「全球視野」的元年，企業要走出去，就必須壯大實力，由國內大企業向世界大企業過渡；與此同時，中國經濟面臨下行壓力，需要擠出資本泡沫，釋放產能；而併購恰好起到節約產能的作用，將過剩產能轉到別的領域有效運用。在 2015 年，中國出現了多起行業內「老大」與「老二」握手言歡的兼併事例。首先是央企大重組，如中國南車和北車兼併、國家核電和中國電力投資兼併、中遠集團和中國海運集團兼併等。國資委還公告，中國外運長航集團即將成為招商局集團的子公司。其次，在互聯網領域，滴滴打車兼併快的打車、58 同城入股趕集網、百合網收購世紀佳緣等。

對於中國企業未來的併購行為，路透社稱，中國紫光集團正計劃未來五年投資 3,000 億元人民幣打造成全球第三大芯片製造商；中國化工集團正考慮收購市值 351 億美元的歐洲農用化學品製造商先正達。

有學者認為，中國正掀起第二次併購浪潮。10 年前是第一次併購潮，當時主要是國內企業小規模併購，在國外併購也只是收購經營不善的外企。這次的併購既有大型國企，又有私企巨頭，海外併購也主要針對世界上最具創新力的國家。他預計，2016 年中國的併購可能進一步加速。

資料來源：2015 年 12 月 30 日《環球時報》。

企業實行兼併戰略，具有巨大的經濟意義。就強弱兼併來說，強勢企業正確地運用併購弱勢企業的戰略，是其資本運作最有效的途徑，可使它快速進入新的產品和市場領域，或迅速擴大市場份額；可使它獲得在其擴張中急需的特殊資

源，壯大自己的核心競爭力；可減少競爭對手，或降低競爭成本；可通過併購實現多元化或一體化，擴大企業規模，獲得規模經濟和範圍經濟。青島海爾集團主要通過併購來實施多元化戰略，長虹、康佳等集團通過併購來實施橫向一體化戰略，都取得了極大的成功。1991年9月，杭州一家區屬校辦企業——娃哈哈營養食品廠兼併了一家國有企業——杭州罐頭食品廠，震驚國內外，這次兼併使娃哈哈有了迅速成長的空間；后來，娃哈哈又向西部發展，兼併了重慶市涪陵糖果廠、罐頭廠、酒廠、礦泉水廠，一方面生產娃哈哈產品，一方面開發當地特產榨菜等資源，深加工后出口，也獲得了良好效益。

兼併不僅對強勢企業有利，對弱勢企業也有利，因為弱勢企業單靠自身力量很難走出困境，而得到強勢企業的扶持，則可迅速走出，現有資源可得到合理利用，職工生活可得到充分保障，消除了企業破產、職工失業的隱憂。強弱兼併對國家也有利，因為這既可為強勢企業創造擴張的好機會，又為弱勢企業找到擺脫困境的出路，使存量資產得以利用，生產得以發展，社會穩定得以保證。

就強強兼併來說，主要的好處是進一步擴大企業規模，進一步增強競爭能力，消除國內的過度競爭，甚至達到一定程度上的壟斷，以更好地同外國的競爭對手相競爭。美國的埃克森和美孚兩大石油公司的兼併，是為了成為世界第一大石油公司，以同英國、荷蘭的石油公司相競爭。波音公司和麥道公司的兼併則是為了在民用飛機製造上同歐洲的空中客車公司相競爭。中國一些強勢企業兼併組成企業集團，是為了迎接參加WTO，更強有力地參與國際競爭。

企業實施兼併戰略，也有較大的風險。我們不能簡單地將兼併看作強勢拯救弱勢企業的手段，如果兼併後企業的資源不能互補，甚至毫不相干，則強勢企業將背上沉重包袱，不但不能擴張，甚至可能被拖垮壓垮，弱勢企業仍然救不活。中國已有許多這種教訓，新視角7-7略舉兩例。

總結中國企業併購的經驗教訓，我們要使兼併戰略獲得成功，收到預期效果，必須謹慎從事，特別注意掌握下列幾個管理關鍵：

（1）認真考慮兼併是否必要，對企業有何利益，明確規定兼併所要達到的目標。不可為了圖虛名或趕浪頭而盲目行事，也不要受外來壓力的干擾。

（2）按照預定的兼併目標，慎重選擇兼併對象。要對擬兼併對象進行認真細緻的調查研究，只有確能達到兼併目標的（例如其資源能與企業互補的）、具備一些基本條件的（例如海爾集團所謂的「休克魚」）對象，才能作進一步的考慮。政府部門起仲介作用是有益的，但不宜用行政命令辦事。

（3）根據具體情況，選用恰當的兼併方式。兼併可以是兼併收購，也可以是控股，在特殊情況下，還可以先讓兼併對象破產清理，再整體收購。企業究竟選取何種方式，須慎重考慮，選擇的標準自然是企業的利益，但也要合法合理，獲得各方面的讚同和支持。

新視角 7-7：

實施兼併戰略的風險

一、「拉郎配」活活拖垮龍馬

福建龍馬集團的前身為龍岩拖拉機廠，20世紀80年代初率先在全國製造出實質是拖拉機、外面裝有擋風玻璃和方向盤的第一代龍馬農用車。1991—1994年，龍馬集團躍上了全國農用車行業「霸主」寶座，年產值、銷售額均超過6億元，排名全國第一。

在20世紀90年代初，國內對農用車市場未來發展出現較大爭議，龍馬集團在當地政府和有關部門的「引導」下，走上多元化發展之路。主要手段就是在當地政府的強行干預下，集團先後兼併了一大批與其生產不相關的企業。最多時，集團下屬有近100家企業，除生產農用車外，還生產經營茶葉、罐頭、飲料、鋁材、生物化工、房地產、酒店、水泥等。1999年，在省汽車工業集團公司的干預下，龍馬又兼併了債務沉重的福建汽車廠。

這些由政府「拉郎配」進行的兼併，使龍馬背上了數億元的債務包袱。更嚴重的是，由於盲目兼併，目標企業與龍馬集團無法產生協同效應，還大量消耗集團在農用車上的利潤；再加之龍馬無力經營管理如此眾多而陌生的產業，最終，一家優秀的企業被拖垮了。2001年3月，龍馬集團突然關門歇業，當地政府不得不咽下自己種下的苦果。

資料來源：《成都日報》，2001年9月8日。

二、「火腿王」跌入困境

河南洛陽春都集團曾引領中國火腿腸產業從無到有，市場份額最高時達70%以上，資產達29億元。然而僅幾年時間，這家企業便跌入低谷，如今企業虧損6.7億元，負債13億元，上百條生產線全部告停。

春都的困境來自經營者因初期的輝煌而頭腦發熱，當地政府領導也要求它盡快「做大做強」，於是盲目擴張，將當地制革廠、飲料廠、藥廠、木材廠等一大堆負債累累、與肉食加工不相干的虧損企業一下兼併過來。這樣的兼併不但未給企業帶來任何效益，還使企業背上了沉重的包袱。它所兼併收購的17戶企業中，半數以上虧損，近半數關門停產；對20多戶企業的參股和控股資金也有去無回。

資料來源：2001年11月5日《成都日報》。

（4）切實做好被選中的兼併對象職工的思想工作，特別是對它的管理者要耐心做工作，講清兼併對雙方的好處，消除不必要的顧慮，使兼併能在友好氣氛中達成協議。要避免傲慢的態度、蠢笨的建議和魯莽的措施。

（5）按照政府有關政策法令的規定步驟來實施兼併，盡力爭取政府的支持。

（6）在實施過程中繼續做好兼併對象職工的工作，傾聽他們的意見，解決他們的困難，對於管理者一般盡可能留任，至少留任一段時間。

（7）兼併成功后要抓緊做好戰略、技術、經營管理和文化等方面的一體化工作，整頓和改造兼併對象，使之能迅速同企業融為一體，真正實現預定的兼併目標。

二、聯盟戰略

聯盟（Alliance）戰略又稱合作戰略（Cooperative Strategy），同兼併一樣，既可視為一種擴張型戰略，又可看作實施上述擴張型戰略的手段。在第三章第四節中，我們曾討論企業間的合作環境，聯盟戰略正是這一環境的利用。聯盟戰略有多種形式，大體上可分為兩大類。

（一）合資經營

合資經營（Joint Venture）是指由兩個或兩個以上的企業共同出資組建一個新企業，該企業為出資者企業聯合所有。① 合資經營可以出現在一個國家的幾個企業之間，也可以出現在不同國家的幾個企業之間（如中國的中外合資、合作企業，以及中國企業到國外去興辦的合資企業）。在中國，如由國內幾家企業搞合資經營，可按照《中華人民共和國公司法》的規定，組建有限責任公司或股份有限公司，而不必命名為合資公司；所以用合資命名的是指中外合資、合作企業，還有中國一個特殊情況——中國港、澳、臺商同內地企業合資經營的企業。

企業合資經營的原因主要有：

（1）為了實施多元化戰略而組建合資企業。例如中國許多企業集團都通過參股而進入金融、房地產、物業管理、餐飲、休閒娛樂等產業，形成不相關多元化格局。

（2）為了實施一體化戰略而組建合資企業。例如企業想在異地（包括國外）市場銷售其產品，就同當地一企業合資經營，利用其原有的分銷系統以及在經營方面的知識和經驗，盡量消除文化差異。

（3）為了分散經營風險。某些工程計劃有很大風險，如由幾家企業組建一合資企業來經營，則風險可以分散，實現有利共享、有難同當。例如中國的沿海油

---

① 在上文中，我們已將控股作為兼併的一種形式。因此，這裡的合資經營，一般是指出資者企業都是參股而未控股。但合資經營企業卻有控股、參股兩種情況。

田開發，就同一些外國公司搞合資經營。

(4) 為了便於進入外國市場或取得外國資源。許多國家對於外商進入都有正式或非正式的限制，為對付限制，企業即可同該國的企業搞合資。企業如欲獲得外國某些自然資源（如礦產），彌補本國資源之不足，也可同該國企業合資經營。

(二) 合作安排

合作安排（Cooperative Arrangement）是指兩個或兩個以上的企業通過口頭承諾或書面協議，建立起互利互惠的協作關係。合資經營必須公開，新組建的企業有一套法定的登記註冊程序；而合作安排則可公開也可不公開，只要參加各方遵守共同承諾或協議就行。

企業合作安排的內容很多，如聯合開發新產品和新技術，聯合開發新市場或控制原市場，聯合對付某個強大的競爭對手，聯合防止或消除破壞性的和過度的競爭，負責企業與經銷商和供應商之間的穩定合作安排等。企業利用這些手段，可以較快地實現產品或市場的多元化，獲得範圍經濟，而不用併購。這就增加了企業的靈活性，降低了風險，且避開了政府對橫向一體化方面的限制，同時這些安排如獲得成功，還可以考慮將合作夥伴併購過來。國外流行的許可證和特許權經營（Licensing and Franchising）也是合作安排的兩種形式。[①]

IBM 公司巧妙地利用電腦硬件和軟件的互補關係，同軟件企業合作，獲得了顯著效益，見新視角7-8。2002年1月23日，聯想集團董事局主席柳傳志與長虹集團首席執行官倪潤峰聚首綿陽，商談兩家從信息家電入手展開合作，這對於推動兩大集團的多元化發展與中國的高科技事業，都可能發揮巨大作用。[②]

新視角7-8：

IBM：巧用合作戰略

在其競爭對手經營狀況極不景氣的情況下，美國高科技巨人IBM卻每股盈利急升，主要是由於其實施了徹底排除「單干主義」的巧妙合作戰略。

1999年11月，IBM制定了與獨立軟件公司（包括美國微軟和德國SAP公司等）合作的方針，因為它的軟件業一直虧損，必須退出，而利用合作戰略來填補這塊空白。

IBM與軟件公司達成了銷售合作協議。7萬多名營業負責人和銷售代理店接受了與合作夥伴軟件有關的培訓，以便在向客戶出售信息系統時推薦合作伙

[①] 採用這兩種形式，有利於將大小企業結合起來，我們將在本書第八章中討論。
[②] 2002年1月24日《成都日報》B7版，對此事有比較詳細的報導。

伴的軟件。美國西貝爾系統公司通過與 IBM 合作，鞏固了自己作為世界最大顧客管理軟件公司的地位。

與此同時，軟件公司則承諾幫助 IBM 產品的銷售。西貝爾公司將本公司的所有軟件提供給 IBM 的服務器使用，這樣，它的客戶將易於購進 IBM 的服務器。澳大利亞程序系統公司通過將 IBM 的最尖端服務器用於蛋白質解析系統，發揮了使 IBM 打入醫療領域的作用。

作為 IBM 合作夥伴的軟件公司現有 74 家，其合作戰略的一個特徵是原則上不進行收購或資本分擔。《福布斯》雜志以《別了！兼併與收購》為題，對 IBM 在避免收購風險的情況下取得成果的寬鬆合作方式給予了高度評價。

IBM 正在與日本的富士通進行一攬子合作談判。雖然 IBM 與老對手修復關係的舉措引起了不小的騷動，但是對以合作戰略為核心並大幅改變經營模式的 IBM 來說，這也許是一個極其自然的選擇。

資料來源：2002 年 1 月 27 日《參考消息》載《日本經濟新聞》報導。

執行聯盟戰略，各家企業仍然保持原來的獨立地位不變，僅靠承諾或協議來維繫，這裡就蘊藏著許多風險。假如協議的簽訂不盡合理，或合作夥伴不如實顯示其競爭力，或未能提供所許諾的補充資源，或合資企業的管理不善，都會導致聯盟解體。因此，企業對聯盟戰略的實施應慎重對待，注意處理好下列問題：

（1）慎選聯盟夥伴。聯盟的雙方或多方參加聯盟的動機可能不同，目標有別，這就需要企業認真挑選，一定要選那些聲譽良好、值得信賴的對象；然後反覆協商，求同存異，形成共識，達成大家都感到滿意的協議。

（2）如合資經營，則要研究合資企業的控制和管理問題，如合資比例、主要領導人的職位安排、採取何種管理形式、各派多少管理人員和承擔多大責任等。企業解決這些問題，要遵守政府有關的政策法令，並考慮如何有利於企業取得成功。

（3）如合作安排，則要共同研究合作的規定期限。在開始時，期限可以短些，例如 2~3 年。到期后，如合作夥伴同意，則可延長，否則即終止。此外，還應研究規定出在何種情況下可提前退出聯盟，以保障各方的合法權益。

三、實行擴張型戰略的三種途徑對比

前已說明，實行多元化戰略和縱向一體化戰略有三種途徑：內部擴張、兼併收購、聯盟（合資經營）。它們各有利弊，現列表 7-1 加以對比：

表 7-1　　　　　　　實行擴張型戰略三種途徑的利弊

途徑	利	弊
內部擴展	規模逐漸擴大，管理問題較少 相容的企業文化 鼓勵員工的企業家創業精神 不承擔大量的外來義務	擴張速度慢 須創造新的資源 須提升現有資源 增大產業競爭程度
兼併收購	擴張速度快 可獲得補充資源 可提升現有資源 排除潛在的競爭對手	收購成本往往很高 伴隨著大量、不必要的業務 做出重大承諾，承擔大量義務 組織間的衝突可能妨礙一體化
聯盟（合資）	擴張速度較快 可獲得補充資源	缺乏強有力的控制 很難將各企業整合起來 援助潛在的競爭對手 長期有效性存在問題

從表 7-1 可看出，我們不能簡單地說出三種途徑誰優誰劣，而須結合實際情況和條件具體分析，按照趨利避害原則來選擇。假如擬兼併的對象對企業很有利，而弊並不大，為企業所能承受，則顯然應選併購途徑；反之，則應選聯盟或內部擴展模式。新視角 7-9 介紹中國企業海外擴張的兩種途徑即為一例。

新視角 7-9：

中國企業海外擴張的途徑

中國優秀的企業如海爾、聯想、華為、萬向等都已成功地打入歐美等發達國家市場，未來我們還會看到更多的中國企業登上全球舞臺，成長為跨國公司。

中國企業海外擴張的途徑有兩種，或是擴大現有經營規模，或是併購外國對手。華為公司走的是第一條路，它開始集中精力打入東南亞和非洲市場，累積了經驗，再闖入歐美等國的市場。儘管遭遇到很多挫折，但還是一步一腳印地獲得了進展。

然而許多企業選擇走的是第二條路，因為它可以較快地取得較為先進的外國技術，以及分銷渠道和管理經驗，還可以從已創立多年的國際品牌中獲益。2012 年 1 月，三一重工出資 3.24 億歐元收購德國普茨邁斯特公司 90% 的股份，此前公司的海外銷售額僅占公司總額的 4%，通過此次收購，這一占比就增長了 3 倍，還獲得國際分銷和服務網路，使其一舉成為全球行業領袖的有力競爭者。

資料來源：2012 年 3 月 1 日《環球時報》。

第五節　穩定型戰略

穩定型戰略（Stability Strategy）也是企業採用得比較普遍的發展戰略，旨在維持現狀，或者等待時機、再圖擴張，或者暫時穩定、逐步緊縮。下面是兩種可供選擇的穩定型戰略：

一、暫停或謹慎前進（Pause or Proceed with Caution）戰略

企業採用暫停戰略，主要有下列原因：①企業經過了一段時期的快速擴張，或收購了一些企業之後，須要暫時停下來整合資源、調整結構或加強管理；②產業已進入成熟期，銷售增長放慢，甚至呈零增長狀態，前景尚不明朗；③外部環境中的主要因素正在或即將發生巨大變化，很難預測究竟是威脅大於機會，還是機會大於威脅。在出現以上情況中的某一種或幾種時，企業在短期內奉行暫停戰略是很有用的。

必須指出，企業執行暫停或謹慎前進戰略時，應當時刻注意外部環境的變化而不能延續時間過長。外部環境是快速變動、難以預測的，它可能不久就帶來許多新的機會，企業必須趕快去抓住；它也可能帶來許多新威脅，企業必須盡快去迴避。不管怎樣，高層領導者都應及時做出新的決策，改變維持現狀的暫停戰略，否則就會使企業錯過機會或遭受原本可以避免的損失。

二、抽資（Harvest or Harvesting）戰略

抽資戰略或直譯為收穫戰略，又稱利潤（Profit）戰略。它是指企業暫時維持現狀，不再追加投資以求發展，而將企業的利潤或現金流量儲存起來，等待機會再用出去。企業採用這種戰略的原因與暫停戰略相似，主要是產業已進入成熟期，市場前景不太樂觀，或者外部環境正在快速變化，預測困難，只好靜觀其變。

抽資戰略也常被企業用於其下屬的某一戰略經營單位、產品線或特定的產品，即企業不再對它投資，而將它的利潤或現金流量抽出來，暫時儲存或用以支援其他急需資金去發展的戰略經營單位或產品。下列情況就可能成為採用抽資戰略的對象：①企業內部某領域正處於穩定或開始衰退的市場中；②企業的某領域不能帶來滿意利潤，但暫時還不能放棄；③企業的某領域並非公司經營中的主要部分，不能對公司做出很大貢獻；④如不再對它追加投資，其市場份額和銷售額下降的幅度不大。

抽資戰略如同暫停戰略一樣，不可能長期堅持下去。如市場情況出現新的機會，它可能改為擴張型戰略；相反，如情況惡化或出現新的威脅，它又可能改為緊縮型戰略。

第六節　緊縮型戰略

緊縮型戰略（Retrenchment Strategy）同擴張型戰略剛好對應，是在外部環境對企業不利、企業面臨嚴重困難時，不得不採用的向後退卻的戰略。顯然，它們對企業沒有吸引力。但是，市場經濟波濤起伏，優勝劣汰。處於逆境狀態的企業如能及時退卻，則可減少損失，還可等待時機東山再起，所以在這時採用緊縮型戰略不但可行，而且必要。

下面介紹幾種可供選擇的緊縮型戰略。

一、轉向（Turnaround）戰略

轉向戰略其實就是真正意義上的收縮或壓縮（Contraction or Cut-back），目的是渡過難關，希望形勢好轉，然后採用其他戰略。在下列情況出現時，企業就須要採用轉向戰略：①經濟衰退或不景氣，或遇到經濟危機，估計要持續相當長的時間才能好轉；②因某種原因，整個產業銷售下降，導致企業財務狀況不佳，資金嚴重短缺；③因某種原因（如新產品、新技術的出現），企業產品的需求下降，競爭壓力增大，利潤減少甚至出現虧損；④因原材料價格上漲或工資上升，產品成本升高而出現虧損；⑤因管理上出現問題而使企業陷於困境；等等。

企業實行轉向戰略經常採取的措施主要有：①更換管理者，包括從高層到基層的管理者；②裁減人員或減少工時；③削減資本支出、研究開發費用、廣告和促銷費用以及一般經常性支出，並加強成本控制；④壓低產品產量，甚至將一些車間或生產線停下來；⑤拍賣一些閒置未用的資產；⑥加緊催收應收貨款；⑦強調集權，將原已分散的一些決策權收上來。企業採取這些措施，必然會遇到很大的阻力和困難。因此，企業管理者的態度必須堅定，千方百計做好工作，增強應變意識，爭取盡快走出困境。

二、放棄（Divestment or Divestiture）戰略

放棄戰略較之轉向戰略更進一步，就是企業賣掉其下屬的某個戰略經營單位（子公司或事業部）、某個生產部門或某條生產線，以求獲得資金來解救自身的財務困難。

企業採用放棄戰略是一個困難的決策，因為存在著許多障礙：①技術或經濟結構上的障礙。例如企業賣掉某個下屬單位，就會影響企業技術上的成套性和經濟結構的合理性，對生產經營不利。②總體戰略上的障礙。企業內部各單位之間的緊密聯繫和戰略依存關係，可能不允許放棄某個經營單位。③管理上的障礙。放棄是失敗的象徵，會使管理者的自尊心受到傷害，並威脅著他們的前程。有

時，放棄還同社會目標（如環境保護）相衝突。

為了克服上述障礙，企業管理者要態度堅定，選好選準擬放棄的單位，使對企業技術、經濟、戰略上的負面影響減少到最低限度；要用充足的理由來說服員工特別是準備放棄的單位的員工；還要同放棄單位的購買者充分協商，妥善安排包括其管理者的該單位員工，使能各得其所。

三、依附（Captive Company）戰略

當企業處於困境又想維持自身的生存時，可以去尋找一個「救星」，通常是它的最大用戶，爭取成為用戶的依附者，借此生存下去，這便是依附戰略。在20世紀80年代，美國的汽車零部件和電子元器件的生產廠商（一般都是小型企業），經受不住經濟衰退的折磨，就紛紛採取這種戰略，投靠到大汽車公司和電子裝置公司的門下。這些依附者本身還是獨立存在的，但已同其「救星」簽約，規定將其產品的絕大部分（例如75%以上）供應給「救星」，在生產技術上接受「救星」的指導和嚴格監督，從而成為它的「衛星」企業。

中國鼓勵優勢企業兼併劣勢企業。有些劣勢企業被兼併后仍然繼續存在，只不過成為優勢企業的下屬戰略經營單位或該集團的一個成員。就這些被兼併而又繼續存在的企業來說，也可視為在執行依附戰略，不過，其依附的程度較之上述「衛星」企業還更深些。

四、破產或清算（Bakruptcy or Liquidation）戰略

這就是指企業按照《中華人民共和國破產法》的規定，通過拍賣資產、停止全部經營業務來結束自己的生命。顯而易見，對任何企業的管理者來說，這是最無吸引力的戰略，通常只有在其他戰略全部失靈時才被迫採用。然而，如企業已符合破產條件，則及時進行破產清算較之固執地堅持無法挽回的事業，可能是最適當的戰略。企業堅持無法挽回的事業，其結局仍然是不可避免地破產。但到那時可清算的東西將更少，員工們包括管理者所受的痛苦和損失將更大。

第七節　組合與重組戰略

一、組合戰略

以上對擴張型、穩定型和緊縮型三大類發展戰略的內容分別做了介紹。在現實生活中，有些企業並非單純採用某一戰略，而是將多種戰略組合起來使用，例如海爾集團就同時採用相關多元化和不相關多元化戰略，這就出現戰略的組合（Combination of Strategies），一些學者因此還將組合戰略（Combination Strategies）

列為發展戰略中的一類。事實上，許多大型企業常常從事多元化經營，下屬若干經營單位，其中有些在擴張，另一些可能在穩定或緊縮，這也是組合戰略。

組合戰略又分為兩種：同時組合與順次組合。前者如大型企業下屬的一些單位實行擴張型戰略，另一些單位則實行緊縮型戰略。后者如企業在一段時期採用擴張型戰略，然後在一定時期內採用穩定型戰略；先使用轉向戰略，待條件好轉後再採用擴張型戰略。

二、重組戰略

重組戰略（Restructuring Strategy）與組合戰略相似，它是對企業現有經營單位的調整、壓縮或改組。一個大型企業下屬若干經營單位，由於長期發展，企業的組織結構和文化易趨於穩定保守，如再加上持續的成功，很可能出現「大企業病」，驕傲自滿、反應遲鈍、增長緩慢。此時企業的經營單位中常常會有一些增長乏力、效益很差的單位存在，而大家視而不見；也可能攤子鋪得太大，有些單位與主業毫不相干，既無多大效益，又分散了企業資源，影響企業競爭力。在這些情況下，企業就須要採用重組戰略，使企業回到有競爭力的、持續增長的軌道上來。

重組戰略有以下幾種形式：

（1）壓縮規模（Downsizing）。這是指企業精簡業務、裁減人員，有時也撤消或賣掉一些生產單位。例如企業通過將原來自製的零部件外包（Outsourcing），委託協作廠加工，而撤消個別單位，縮小企業規模。此時企業的經營單位組合可能改變，也可能不變。

（2）縮小範圍（Downscoping）。這是指企業撤消或放棄與主業關係不大、效益又差的經營單位，縮小企業多元化的範圍，以便企業更專注於主業，恢復和增強核心競爭力。範圍縮小肯定要改變企業的經營單位組兼併壓縮企業規模。

（3）業務重組（Business Restructuring）。這是指對企業的經營單位進行調整，而不是單純的壓縮。企業對那些與主業關係不大、效益又差的單位實行壓縮，同時又新建一些經營單位，進入新的有前途的又能發揮企業競爭優勢的領域。這樣有進有退，有所為有所不為，企業的規模和範圍可能並未縮小，反而增大。美國的通用電氣公司（GE）在20世紀80年代進行的業務重組就獲得了巨大成功，見新視角7-10。

新視角 7-10：

通用電氣公司的業務重組

　　1878 年，愛迪生通用電氣公司與托馬斯—休斯敦電氣公司兼併成立通用電氣公司。它就是當今僅存的 1896 年的道瓊斯原始指數的註冊公司，也是 20 世紀初美國 12 家最大公司中唯一的幸存者。它現在全球 100 多個國家經營，在 26 個國家和地區建有 250 個工廠。1981 年傑克·韋爾奇被任命為公司總裁時，公司共有 42 萬名員工。

　　在 20 世紀 70 年代末、80 年代初，由科技創新帶來的大變革已經開始，韋爾奇看到這一趨勢，而公司絕大多數員工並未意識到。公司在機車、汽輪機、核電站等產品項目上，積壓大量訂貨單，成了一種麻醉劑，使人看不見潛伏的危機。1981 年，公司通用積壓未發貨訂單達 180 億美元，約占總收入的 1/3，靠這些訂單還可繼續為公司帶來幾年豐厚的收入。但在繁榮背後，這些部門的技術已逐漸落後，創新不足的問題被掩蓋了，其他部門也存在同樣的問題。當時，公司的生產率每年提高不到 2%，而日本的競爭對手生產率卻高達每年 8%~10%；公司的年銷售額已首次出現負增長，但公司內部並未意識到危機來臨。多年的成功使企業的官僚體制高度成熟，其背後是保守的傳統文化。從總裁到員工有 9 個層次，公司的繁文縟節被尊為經典，而掌握它卻成為晉升榮華的必備條件。當時的通用人是：上級為先，顧客其次。韋爾奇察覺到，這種官僚體制正是收入與利潤增長的障礙。

　　韋爾奇下決心實施為期十年的重組戰略（包括業務重組和組織變革）。他的改革可謂大刀闊斧，甚至殘酷無情。他要求：所有的戰略經營單位，要麼是世界第一，要麼是世界第二，否則就將面臨被放棄的命運。同時，他大力精簡機構，裁減人員，從總裁到員工壓縮到 6 個層次。1981—1992 年，公司從 19 個行業中撤出，收回資金 110 億美元；同時進入 23 個行業，投資 210 億美元，形成了以高科技產業、服務產業和原有核心產業組成的新的經營組合；同時，採取措施大大促進生產率的提高，強制性地實施降低成本計劃，減少官僚程序，縮短對市場變化的反應時間。

　　經過十年改革，老企業煥發了青春。1991 年公司的利潤比十年前增長 10%，是同期美國 GNP 增長率的 1.5 倍。1991 年公司營業額為 600 億美元，利潤為 44 億美元，股本報酬率達 20%，比美國 500 家大企業平均 12% 的水平高出許多。公司的股票價格每股為 72 美元，比十年前上漲了 5 倍，而同期美國 500 家大企業的股票一般只上漲了 2 倍。1992 年 4 月，公司市值達 670 億美元，在全美排第 3 位（1981 年排第 11 位）。《福布斯》雜誌將公司評為全球最具競爭力的企業之一。

資料來源：諾爾·蒂奇，等.掌握命運 [M]．[譯者不詳]．上海：上海譯文出版社，1996．

下面用表 7-2 對本章所介紹的企業發展戰略做一概括。必須說明，這裡介紹的都是基本的、典型的戰略，在具體運用時，完全可以靈活地派生出一些戰略。如前已提到的四川長虹公司的「根據地戰略」「獨生子戰略」和「制高點戰略」，即是一例。

表 7-2　　　　　　　　　　企業發展戰略分類表

擴張型戰略	穩定型戰略	緊縮型戰略
集中發展 　　單一經營 　　主業經營 多元化 　　相關多元化 　　不相關多元化 一體化 　　縱向一體化 　　橫向一體化 兼併 聯盟（含合資經營）	暫停或謹慎前進 抽資（或收穫、利潤）	轉向 放棄 依附 破產或清算
組合戰略 　　同時組合 　　順次組合		重組戰略 　　壓縮規模 　　縮小範圍 　　業務重組

復習思考題

1. 企業發展戰略即總體戰略主要考慮和解決什麼問題？
2. 簡要解釋下列戰略的概念：

　　　集中發展戰略　　　　　聯盟戰略
　　　相關多元化戰略　　　　抽資戰略
　　　不相關多元化戰略　　　轉向戰略
　　　縱向一體化戰略　　　　放棄戰略
　　　橫向一體化戰略　　　　依附戰略
　　　兼併戰略　　　　　　　清算戰略
　　　組合戰略　　　　　　　重組戰略

3. 集中發展戰略有什麼優點？有什麼風險？

4. 有人談到多元化戰略時說：「成也多元，敗也多元。」你是否同意這種說法？為什麼會出現這種說法？

5. 縱向一體化戰略有何好處？企業在採用時應當注意哪些問題？

6. 兼併收購戰略有什麼優越性？企業在採用時應解決好哪些問題？

7. 在什麼情況下可以採用穩定型戰略？

8. 緊縮型戰略既然對企業無多大吸引力，為什麼還要選擇採用？

9. 試選擇一個你所瞭解的企業，識別它所採用的發展戰略。

10. 試舉出一個採用組合戰略或重組戰略的事例，並說明其採用該戰略的原因和效果。

案例：

海爾集團的多元化戰略

青島海爾集團的前身是青島冰箱總廠。這個廠在實施名牌戰略、實力壯大之后，從 1991 年起開始採取多元化戰略，陸續併購了若干企業，形成集團，迅速成長為國內家電行業的領先企業。

1991 年 12 月，青島冰箱總廠兼併了處境艱難的青島冰櫃總廠和空調器廠，更名為青島海爾冷櫃總公司和空調器總公司，組建起海爾集團。

1995 年 7 月，海爾集團兼併青島紅星電器股份有限公司，正式進入洗衣機領域。

同年 12 月，海爾集團出資收購武漢希島實業股份有限公司 60% 的股權，成立武漢海爾電器公司，實現首次跨地域擴張。

1997 年 3 月，海爾集團出資 60% 與廣東愛德集團合資組建順德海爾電器有限公司；8 月，合資成立萊陽海爾電器有限公司，進軍小家電市場。

1997 年 9 月，海爾集團宣布從「白色」家電跨入「黑色」家電領域，此后兼併了杭州和黃山兩家電視機廠，推出大屏幕、高清晰度、高附加值的彩色電視機，並加快數字化彩電的開發步伐。

1998 年，海爾集團又宣布進軍「米色」家電——個人電腦。至此，海爾完成了對家電業所有行業的滲入，並進入高科技電子行業。

現在海爾集團仍在繼續實施多元化戰略，擴大經營範圍，跨入其他產業。

縱觀海爾集團的多元化戰略，具有下列幾個鮮明的特點：

(1) 開始階段，堅持採用相關多元化戰略，在同一產業內擴大產品門類；后

來才擴展到不相關多元化戰略，向其他產業延伸。

（2）主要是通過兼併、收購方式來實行多元化戰略，實現較快速的擴張；同時也採用合資經營、自我擴展等方式。在時間安排上不疾不徐，保持一定的間距。

（3）在收購對象的選擇上，採取吃「休克魚」的做法，即選擇那些硬件（如機器設備）較好而軟件（如企業的理念、管理等）較差的對象。兼併以後，注入海爾的文化和管理模式，即可迅速激活「休克魚」，充分發揮海爾優越的無形資產的效益。

（4）在集團的組織體制上，採取「聯合艦隊」而非「火車頭拉車廂」的形式，即承認各子公司的相對獨立性，如像艦隊中的一艘軍艦，可以各自為戰，但又不允各自為政，要聽從旗艦的統一指揮，集團通過資金調度中心、質量認證中心等加強對子公司的協調和監督。

由於多元化戰略獲得成功，海爾集團發展迅猛，並為從1999年起實施國際化經營戰略打下了堅實基礎。

資料來源：吳小波. 大贏家[M]. 北京：中國企業家出版社，2001.

[分析問題]

1. 海爾集團實行多元化戰略的具體做法，你是否讚同？試從理論上予以說明。

2. 海爾集團的吃「休克魚」和組建「聯合艦隊」的做法，是否具有普遍推廣的價值？

附錄：

企業邊界

一、企業的橫向邊界

企業實行多元化戰略和橫向一體化戰略，將擴大企業規模，獲得規模經濟和範圍經濟效益。但並非規模越大、範圍越廣就越好。所謂企業的橫向邊界就是指其有效規模，或其提供產品或服務的品種數量、所經營的業務門類的合理界限。我們確定這一界限，就要研究規模經濟、範圍經濟的來源以及規模不經濟的來源，並做出具體的分析判斷。

規模經濟和範圍經濟的來源：

（1）固定成本的不可分割性和分攤。規模經濟的主要來源是固定成本在越來越多的產量中分攤，即生產規模越大，則單位產品分攤的固定成本越低，從而贏得低成本優勢。基於此，資金密集型和技術密集型產業的企業固定成本高，規模經濟極為明顯；反之，勞動密集型的企業則因固定成本低而規模經濟影響較小，甚至可能不存在規模經濟。

（2）變動成本可隨生產率的提高而降低。規模大的企業能夠分工較細，勞動專業化，以提高效率，並使人工成本下降。規模大也有利於能源有效利用，如雙倍產出的機器並不須要耗費雙倍的能源。

（3）存貨費用的分攤。為預防供應中斷影響生產或銷售，企業必須有適當的存貨，存貨費用將由生產或銷售的產品來負擔。規模大的企業存貨相對於其業務的比例較之小規模的企業要小，從而其產品分攤的存貨費用較少而成本下降。

（4）生產的物理特性——立方—平方規則。這個規則是，物體的體積越大，其表面積與體積之比越小，如表7附-1所示。

表7附-1　　　　　　　　立方—平方規則

長寬高	表面積	體積	表面積/體積
1×1×2	10	2	5.00
2×2×4	40	16	2.50
3×3×6	90	54	1.67
4×4×8	160	128	1.25
5×5×10	250	250	1.00

註：表面積以平方表示，體積以立方表示。

在許多生產過程中,生產能力與生產裝置的體積成比例關係,生產總成本則與裝置的表面積成比例關係。因此,當企業規模擴大、能力增大時,其產品平均成本將下降,因表面積與體積之比是下降趨勢。

(5) 行銷經濟性。這來自三方面:①產品銷量大,單位產品分攤的廣告費較少;②生產或銷售多種產品的企業能利用廣告實現範圍經濟;③企業的多種產品都可利用某一產品已建立的良好聲譽。

(6) 購買經濟性。大批量購買能獲得價格優惠,這是因為供應商將產品售給單一顧客比售給多個顧客的成本低。

(7) 研究與開發。單位產品分攤的研究開發費隨產銷量的增加而遞減;如一項研究與開發產生的觀念對其他研究有幫助,則效益更大。

(8) 共用職能部門等基礎設施。企業實行多元化經營,這些基礎設施的規模及其費用並不會成倍增加,從而實現範圍經濟。

規模不經濟的來源:

(1) 人工成本上升。企業規模越大,將支付越高的工資。

(2) 管理難度增大。企業規模越大,業績評估和激勵工作就越難做,要改進績效也越難;同時,漏洞增多,監控不易,往往帶來損失。

(3) 專有資源不易複製。企業的成功常得益於專有資源(如特殊技能),在專有資源不易複製時企業擴大規模,則原資源將負擔過重,乃至導致失敗。

企業確定橫向邊界,就要在規模經濟、範圍經濟與規模不經濟之間進行權衡。例如:當企業規模不大時,為追求規模經濟、範圍經濟,可以擴大規模,而此時規模不經濟的問題並未顯現出來;當規模已經擴大,規模不經濟的問題已經突出時,那就已達到或超過橫向邊界,應當考慮穩定規模或壓縮規模了。

二、企業的縱向邊界

企業實行縱向一體化戰略,向其上遊或下遊產業發展,也有一定界限,這就是縱向邊界。最明顯的例子是「自製或購買」的決策。企業生產所需的投入(如零部件)可以自製,也可以向獨立的生產商採購。向外採購,我們稱之為「使用市場」,而自製則可稱為「自行治理」,兩者各有利弊。企業確定縱向邊界,就要在「使用市場」與「自行治理」之間進行權衡。

使用市場的好處:①獨立的生產商可實現規模經濟,其成本可能比企業自製要低;②生產商受到市場規律的約束,有更強的動力去降低成本和進行創新,如自製則動力不足。

使用市場的不利之處:①如對某項投入有嚴格的質量、性能或交貨期限方面的要求,則生產商可能達不到要求而影響企業生產;②企業生產上的秘密或技術訣竅,將因委託獨立的生產商協作而洩露;③將產生交易費用,即談判、簽訂貨

合同、採購、運輸等一系列過程上的費用；④市場失靈導致的損失，例如簽訂的合同不夠完善、當事人之間缺乏信任等。

自行治理的好處：①在一個企業內部，上級可指導和約束下級的行為，可制定規章制度和計劃；②通過對各部門目標的協調，有利於實現企業的總體目標；③不致洩露技術機密，有利於培育企業核心競爭力。

自行治理的不利之處：①將產生代理成本。這是指代理人（典型代表是雇員）按自我利益行事而不按委託人（典型代表是企業股東）的要求行事所產生的成本，以及為了控制這類行為而制定和執行規章制度所引發的控制成本。②將產生影響成本。這是指為影響企業內部利益分配的活動成本，以及由於影響活動所造成的錯誤決策的成本。

企業縱向邊界的確定，須要認真分析使用市場和自行治理兩者的利弊，做出抉擇。例如企業產品的關鍵零部件就宜於自製，企業核心競爭力所在的業務流程就不能放棄，須要密切協調的活動就不應分割；反之，一般的零部件盡可能利用市場，一般性的業務活動可以外包，有些活動其員工的努力程度非常重要而又很難準確衡量（即其代理成本最高），就適於利用市場（正由於此，企業一般不設立自己的廣告部門，而利用獨立的廣告專業商）。

資料來源：戴維·貝讚可，等. 公司戰略經濟學 [M]. 武亞軍，等，譯. 北京：北京大學出版社，1999. 由潘旭明教授摘要編寫。

第八章
企業競爭戰略

本章學習目的

○掌握企業的基本競爭戰略
○理解不同產業環境中的競爭戰略選擇
○理解處於不同競爭地位時的競爭戰略選擇
○理解不同規模企業的競爭戰略選擇

在市場經濟、競爭激烈的環境中，每個企業除制定其發展戰略之外，還必須制定其競爭戰略。競爭戰略主要是解決企業如何在特定的產業或市場中去參加競爭，贏得競爭優勢，改善競爭地位，以克敵制勝的問題。具體說來，它要回答兩個問題：①企業應當依靠何種競爭優勢（例如低成本或差別化）去競爭？②企業應當面向廣大的市場，還是尋找一個比較狹窄但仍有利可圖的細分市場？競爭戰略其實也是為發展戰略服務的。

在產品和經營業務都不太複雜的企業中，沒有必要設置事業部等經營單位，企業的競爭戰略與其發展戰略同屬總體戰略，由最高管理層負責。在設有事業部等戰略經營單位的大型企業中，則發展戰略由公司最高管理層負責，而競爭戰略常由戰略經營單位的管理者負責，即競爭戰略成為戰略經營單位的戰略。

在前面的第五章第四節中，我們介紹企業的競爭優勢可概括為四種，下面將據此來研究可供選擇的基本競爭戰略。基本競爭戰略的運用須要考慮企業所處的產業環境、競爭地位以及企業自身的規模大小，因此，我們將再分節討論企業在這些不同情況下的競爭戰略選擇問題。

第一節　基本競爭戰略

對於基本競爭戰略的研究，M. E. 波特教授做出了巨大貢獻。[①] 他提出了三種基本競爭戰略：總成本領先、差別化、集中化。后來的學者又補充了兩種：既成本領先又差別化、快速回應。以下將對這些戰略分別論述。

一、總成本領先戰略

總成本領先（Overall Cost Leadership）戰略又稱為較低成本（Lower Cost）戰略，就是企業主要依靠發揮較低成本的競爭優勢來參與競爭。它通過建立起經濟規模，採用先進的生產設備，改善產品的設計和工藝以便於製造，抓緊成本與管理費用的控制，盡可能減少研究開發、廣告、推銷和服務等的開支，全力以赴地降低產品成本。當然，對產品的質量、銷售服務以及其他方面也不容忽視，但貫穿於戰略中的主題是使成本低於競爭對手。

企業採用總成本領先戰略，就可以使企業及其戰略經營單位在同五種基本競爭力量的相互競爭中處於有利地位，因為它有低成本的競爭優勢（見第五章第四節）。

企業採用總成本領先戰略，要求具備較高的市場份額、良好的原材料供應等。企業有了高市場份額，才能大量生產和銷售，靠規模經濟和經驗曲線效益來大幅度降低產品成本。企業因成本領先而獲得的較高收益，又可以進一步擴大市場份額和對生產設施等進行再投資。較大的市場份額可說是保持低成本地位的一個先決條件。

企業奉行總成本領先戰略，通常需要的基本技能和組織要求見表 8-1。

表 8-1　　　　　　　　總成本領先戰略的要求

需要的基本技能和資源	基本組織要求
1. 持續的資本投資和良好的融資能力。	1. 結構分明的組織和責任。
2. 工藝加工技能。	2. 以滿足嚴格的定量目標為基礎的激勵。
3. 對工人嚴格監督。	3. 嚴格的成本控制。
4. 所設計的產品易於製造。	4. 經常、詳細的控制報告。
5. 低成本的分銷系統。	

資料來源：M E 波特. 競爭戰略 [M]. 夏忠華，等，譯. 北京：中國財政經濟出版社，1989.

[①] M. E. 波特是美國哈佛商學院的教授，先后出版了《競爭戰略》（1980）、《競爭優勢》（1985）和《國家的競爭優勢》（1990）三本專著，深受學術界和工商界的歡迎。《競爭戰略》一書的第二章集中討論基本競爭戰略。現在三本書都已有中譯本。

美國的福特汽車公司在20世紀20年代率先推行生產合理化運動，通過限制車型及種類、採用流水生產線及高度自動化設備、減少改型以促進經驗累積、嚴格推行低成本措施等，取得了所向無敵的成本領先地位，提供了採用總成本領先戰略的成功範例。現在美國的杜邦、德州儀器、林肯電器等公司都在奉行總成本領先戰略，使其成本低於競爭對手，而在競爭中遙遙領先。

企業採用總成本領先戰略，也有風險。主要的風險來自三方面：①技術進步，使得本單位的技術陳舊落后，或產業的新參加者和追隨者通過模仿和採用更先進的技術而獲得較低的成本；②市場需求變化，人們開始追求差別化的產品，對價格不甚敏感（而本單位由於將注意力放在成本上，往往容易忽視市場需求和行銷方面的變化）；③原材料、能源等的價格上揚，導致產品成本上升，競爭優勢削弱。

仍以上述福特公司為例。在20世紀20年代以後，當美國公眾收入增加、想多買一輛汽車時，市場開始偏愛改型的、舒適的、封閉而不是敞篷的汽車，客戶願為此多出價。通用汽車公司對開發一套完整的車型進行投資有所準備，而福特公司為降低成本而付出的大量投資卻成了改變車型的嚴重障礙，這就使福特在競爭中處於劣勢，付出了極大代價才得以調整過來。

二、差別化戰略

差別化（Differentiation）戰略就是企業依靠產品的質量、性能、品牌、外觀形象、用戶服務等方面的差別化來贏得競爭優勢，要求本單位的產品或服務具有特色，對特定的顧客具有強大的吸引力，而使顧客們對價格不甚敏感，甚至願出較高的價來購買。當然，這種戰略並不意味著可以忽視成本，但成本並不是戰略的主題。

採用差別化戰略，同樣可以使企業及其戰略經營單位成功地對付五種基本競爭力量，因為它在質量、性能、服務等方面有了差別化的競爭優勢（見第五章第四節）。

企業奉行差別化戰略，有時會與爭取更大的市場份額相矛盾。一般的情況是，企業要使產品在質量、性能、服務等方面具有特色，其成本和價格必然較高，如進行廣泛的研究、產品設計、高質量的原材料、周到的顧客服務等都得支付較多的費用。因此，即使許多顧客都瞭解本單位產品的特色，也不一定都願意並有能力支付較高的價格，這就使本單位的市場份額受到了限制。當然，市場份額雖不太大，但本單位仍然能從較高的價格中獲得較好的收益。

企業奉行差別化戰略，通常需要的基本技能和組織要求見表8-2。

表 8-2　　　　　　　　　　差別化戰略的要求

需要的基本技能和資源	基本組織要求
1. 強大的生產行銷能力。	1. 在研究與開發、產品開發和市場行銷部門之間的密切協作。
2. 產品工程。	2. 重視主觀評價和激勵，而不是定量指標。
3. 對創造性的鑑別能力。	3. 有輕鬆愉快的氣氛，以吸引高技能工人、科學家和創造性人才。
4. 很強的基礎研究能力。	
5. 在質量或技術上領先的公司聲譽。	
6. 在產業中有悠久的傳統或具有從其他業務中得到的獨特技能組織。	
7. 得到銷售渠道的高度合作。	

資料來源：M E 波特．競爭戰略［M］．夏忠華，等，譯．北京：中國財政經濟出版社，1989.

在機械、電子等產業中，許多企業都採用差別化戰略。例如日本的索尼公司、美國的 IBM 公司和卡特皮勒推土機公司、德國的奔馳汽車公司等，就是突出的代表。它們的產品因質量優越，經久耐用，服務周到，深受顧客歡迎，儘管價格可能高於其他公司，仍有不少忠誠的用戶。中國企業正積極推行名牌戰略，也是為了突出產品特色，以便能在國內外激烈的市場競爭中取勝。如海爾集團、遠大公司等就取得了優異的業績。具體見新視角 8-1。

新視角 8-1：

變「中國製造」為「中國創造」

過去，中國工業尤其是日用消費品工業，同發達國家的同行業相比，享有較低成本的競爭優勢。這是因為當時中國人民的生活水平低，工人的工資水平低（僅為發達國家工人工資水平的幾分之一，甚至十分之一），原材料價格低，各類設施建設費用也較低，這樣，「中國製造」儘管在質量上可能比發達國家的同類產品稍遜一籌，但仍可憑藉低成本、低價格的優勢贏得廣大中低階層消費者的青睞，大踏步地跨出國門，走向全世界。發達國家的一些企業也紛紛轉移到中國設廠，或獨資，或合資，或委託加工，撈取低成本的優勢而大獲其利。

> 　　現在情況變了。由於人民生活水平提高，工人工資水平已翻倍，原材料價格上揚，各類設施費用增多，中國企業原有的較低成本競爭優勢已大為削弱甚至消失，這就使企業有必要轉而尋求差別化的競爭優勢。這就使企業要創造新產品，提高質量性能，創出名牌，做到「人無我有，人有我優」，還要強化售前售後服務，贏得用戶的忠誠。為此，企業要奉行創新發展理念，推行創新驅動戰略，將「中國製造」變成「中國創造」。這是中國企業在國內國外市場上競爭的長遠之計，也是企業的當務之急。
>
> 　　現在一些在中國設廠的外資企業由於已失卻低成本優勢，將其業務轉移到東南亞國家（如越南、孟加拉國、泰國等），因為那裡的人工成本較低。這些資本流動對中國無多大影響。

　　企業採用差別化戰略同樣會有一系列的風險。例如，本單位產品的成本和價格如果同實行總成本領先戰略的競爭對手的差距拉得過大，就可能失掉某些顧客，他們因為節省開支轉而購買價格較低的產品。又如顧客需要的差異程度下降，或競爭對手通過模仿而使原有的差異縮小，都會給本單位帶來威脅。例如，美國的幾家摩托車生產廠家一直執行差別化戰略，但後來抵擋不住日本摩托車廠家的侵襲，後者以大幅度節省研究費用而成功地進入了美國市場。

三、集中化戰略

　　上述兩種戰略的區別在於企業建立競爭優勢的方面不同，一是從成本方面，另一則從質量、服務等方面；但如從市場競爭的範圍即公司目標市場的廣度看，它們都一致地以廣大的市場為目標。集中化（Focus）戰略則不然，它選擇一個狹窄的市場（即細分市場）為目標，集中生產該狹窄市場所需的產品，集中滿足該狹窄市場的需求，所以，它是從競爭範圍的角度提出來的，有別於上述兩種戰略的一種競爭戰略。

　　集中化戰略可以同上述兩種戰略分別結合。如企業在狹窄的市場上從成本方面建立競爭優勢，則稱為「成本集中化」（Cost Focus）戰略；反之，如企業在狹窄的市場上從質量、服務等方面建立競爭優勢，則稱為「差別集中化」（Focused Differentiation）戰略。它們都屬於集中化戰略。表8-3說明了這些戰略之間的關係。

表 8-3　　　　　　　　　　基本競爭戰略關係表

項　目		競爭優勢	
^^	^^	較低成本	質量、服務等
競爭範圍	廣大市場	成本領先	差別化
^^	狹窄市場	集中化	
^^	^^	成本集中化	差別集中化

資料來源：M E Porter. The Competitive Advantages of Nations [M]. Free Press, 1990: 39. 在引用時略有改動。

企業採用集中化戰略，如在成本或在質量、服務等差別化方面建立了競爭優勢，就能在狹窄市場（而不是廣大市場）上同總成本領先戰略或差別化戰略一樣，成功地同五種基本競爭力量相抗衡，對此無須再做分析。同時，本單位之所以採用集中化戰略，必然是經過調研，選擇了對替代品最具抵抗力或競爭對手最弱之處作為自己的目標市場，這就等同於增強了自己的競爭能力和競爭地位。

集中化戰略對於實力不很強大的企業和小型企業有著特別重要的意義。例如，美國的波特油漆公司主攻的是職業油漆工市場，而不是那些「自己動手」的用戶市場。為了更好地為職業油漆工服務，它採用了免費配製油漆以及對 1 加侖以上的訂購快速送貨到工地等措施，並在工廠倉庫設置了免費咖啡室，為職業油漆工提供休息場所。美國的第三大食品分銷公司馬丁—布羅公司，執行「成本集中化」戰略，它削減了其客戶，只余下 8 家主要的快餐連鎖店，只保留這些客戶所需的狹窄的產品系列，訂單的接收與這些客戶的購買週期相銜接，按客戶的地理位置來設置自己的倉庫，而且嚴格控制交易記錄並使之計算機化。這兩家公司獲得的回報是快速的發展以及高於平均水平的利潤率。

企業採用集中化戰略，也面臨一些風險：①如果所選擇的狹窄市場與廣大市場之間對所期待的產品或服務的差距在縮小，則將受到那些面向廣大市場的企業的競爭威脅；②如果本身的成本比面向廣大市場的企業高出太多，則將喪失成本優勢，或使差別化優勢被抵消；③如所選擇目標市場的需求在逐步萎縮，或競爭對手在狹窄的市場裡又找到增長迅速的細分市場，企業的生存就面臨嚴峻的挑戰。

四、既成本領先又差別化戰略

波特教授只提出了上述三種基本競爭戰略。他認為，一家公司或其下屬的戰略經營單位有可能同時做到低成本和差別化，但這種情況通常是暫時性的，因為差別化往往要支付更多的費用。

然而隨著生產技術的進步，特別是柔性製造技術的運用，企業同時做到低成本和差別化的可能性大大增加了。這就出現一種新的競爭優勢——既低成本又差別化（見第五章第四節），從而出現一種新的競爭戰略——既成本領先又差別化（Both Cost Leadership and Differentiation）。企業採用這種競爭戰略，其競爭能力顯然比單純執行總成本領先戰略或差別化戰略更加強大，這是充分利用先進科技所取得的成果。

這些學者舉出的技術進步因素包括：①柔性製造技術的應用，例如組織混流生產線，就能執行差別化戰略而不增加多少費用；②零件標準化、通用化的發展和成組技術的應用，使多品種的生產能做到低成本、高質量；③採用準時生產制（Just in Time System）等先進的生產組織形式，可以減少生產線上加工的零部件品種數和大幅度地壓縮存貨；④一些現代化管理方法如價值工程（Value Engineering）和價值分析（Value Analysis）等的廣泛應用，可做到既保證和改善產品的質量，又直接降低其成本。

日本的幾家大汽車公司，如豐田、日產和本田，經常被認為是奉行既成本領先又差別化戰略的範例。美國的質量管理專家代明（W. Edwards Deming）堅持產品質量和生產率（即低成本生產）可以相容的觀點，他要求人們「經常地、永無止境地改進生產和服務的系統，提高質量和生產率，從而經常降低成本」[①]。遵照他的觀點和要求，企業就可能採用既成本領先又差別化的高級的競爭戰略。

五、快速回應戰略

快速回應又稱速度，是 20 世紀 90 年代新提出的競爭優勢（見第五章第四節），快速回應戰略就是指企業依靠這一競爭優勢去參與競爭的一種競爭戰略。進入 21 世紀，人們工作和生活的節奏加快，快速回應戰略的重要性將更加突出。

企業實施快速回應戰略，可以在下列活動中創造競爭優勢：①快速回應顧客的要求；②縮短產品開發週期；③提高生產率；④快速發運顧客定貨；⑤採用信息技術，實現信息共享。

企業採用快速回應戰略，通常需要的基本技能和組織要求見表8-4。

表 8-4　　　　　　　　　　快速回應戰略的要求

需要的基本技能和資源	基本組織要求
1. 製造的工程技能。	1. 在研究開發、產品開發和市場行銷諸職能間的強有力的協調。

[①] W. E. DEMING. Out of the Crisis [M]. MIT, Center for Advanced Engineering Study, 1986: 23.

表8-4(續)

需要的基本技能和資源	基本組織要求
2. 卓越的投入後勤與產出後勤。	2. 在激勵計劃中著重強調用戶滿意。
3. 銷售和用戶服務的技術人員。	3. 委派得力的作業人員。
4. 高水平的自動化。	4. 接近關鍵用戶的傳統。
5. 公司在質量或技術上領先的聲譽。	5. 擁有業務熟練的銷售和生產運作人員。
6. 柔性製造的能力。	6. 對用戶服務人員授權。
7. 強大的下游夥伴。	
8. 同主要部件供應商的堅強合作。	

資料來源：J A PEARCE Ⅱ，R B ROBINSON Jr. Strategic Management［M］. 6th Edition. McGraw-Hill，1997. 東北財經大學出版社1998年重印本，255頁。

企業採用快速回應戰略也會面臨風險，主要有：①在一般情況下，要實行快速回應，必須先進行人員培訓、組織變革或業務重組；如不按此程序而加快活動進度，就可能出問題。②在一些產業（如穩定的、成熟的產業）中可能不存在這種競爭優勢，因為這裡的顧客可能對速度無興趣。

關於企業的五種基本競爭戰略就介紹至此。如果一個企業或其戰略經營單位未能採用上述幾種戰略中的任何一種，那就叫作「徘徊其間」（Being stuck in the middle），情況就會不妙，利潤就會很低。理由很簡單，因為它們既未面對廣大市場贏得競爭優勢，又未在狹窄市場上取得優勢，自然很難同五種基本競爭力量相競爭，長此下去，遲早會被淘汰。表8-5就說明了這個問題。

表8-5　　　　競爭戰略與「徘徊其間」的關係表

項目		差別化狀況	
		低	高
成本狀況	低	單純的成本領先或成本集中化	既成本領先又差別化
	高	徘徊其間（無競爭優勢）	單純的差別化或差別集中化

處於「徘徊其間」狀態的企業必須盡快做出決策，如採取必要步驟實現成本領先或差別化，或者至少與對手相匹配，以求擺脫困境。這當然要花費時間並付出不懈的努力，但也有不少在這方面取得成功的事例。河北省邯鄲鋼鐵公司通過嚴格的成本控制、實現成本領先而獲得巨大成就的經驗，就具有普遍的指導意義。

第二節　不同產業環境中的競爭戰略選擇

在第三章中，我們研究了產業環境，分析了產業的性質及其發展階段。產業環境對企業競爭戰略的選擇有著極大的影響。本節將選擇幾種基本的產業環境，對企業競爭戰略問題進行更具體的分析。

一、分散型產業中的競爭戰略選擇

第三章第一節已介紹分散型產業的概念。這些產業擁有為數眾多的企業，企業規模一般都不大，且實力比較均衡，其中最大的幾家佔有的市場份額也有限，不存在能左右整個產業活動的市場領先者。因此，這些產業的市場近似於完全競爭市場。分散型產業主要有農業、養殖業、農副產品加工和經營、商品零售業、飲食服務、修配服務、簡易的木材和金屬加工業等。

造成產業分散的原因主要是經濟因素，如進入壁壘低（例如無需大量原始投資）、不存在規模經濟、運輸成本或庫存成本高、在某些重要方面的規模不經濟性（如快速的產品變化或樣式變化、顧客的需求多變、顧客對服務的要求苛刻等）。政府禁止集中或地方法規限制，也造成一些產業的分散。高新科技產業（如太陽能利用、光導纖維產業等）在剛興起時，因沒有一家企業掌握了足夠的技能和實力以佔有巨大的市場份額，往往也比較分散。

分散型產業中戰略選擇的基點是，對付分散。對付之法有三：①實行集中化的競爭戰略。如產品或服務類型的集中化、市場集中化、顧客類型的集中化、地理區域的集中化等。企業要善於尋求自己不同於競爭對手的特色，干別人所未干的事情（差別集中化）；或簡單樸實，厲行節約，贏得成本優勢（成本集中化）。在可能的條件下，企業要設法增加產品或服務的附加值，如對銷售提供更多的服務，對零配件進行簡單的組裝或配套等。②實行與其他企業聯合的戰略。這可以是松散型的，也可以是緊密型的。應注意的是聯合要自願協商、平等互利、強化組織管理，搞好利益分配。③實行依附於大企業、為大企業服務的戰略。這對於簡單的木材和金屬加工（如零配件製造）、修理服務等產業，有著較為重要的意義。

克服分散有可能為分散型產業中某些企業提供戰略機會。規模經濟可能創造出來，例如使多樣化的飲食需求標準化，就使得某些飲食服務企業通過連鎖經營、特許權經營或橫向兼併而急遽擴大，甚至成為跨國經營的企業。美國的麥當勞、必勝客、肯德基等就是例證。在零售商業中，也有沃爾瑪、西爾斯等公司，靠連鎖經營或橫向兼併等戰略而成為規模宏大的企業。高新科技企業由分散逐步走向集中，則是自然的趨勢，我們要盡早發現這種趨勢。

分散型產業的獨特環境要求企業防止一些戰略上的失誤，主要是：①不顧條件而尋求產業的支配地位，導致競爭能力削弱；②過度擴大經營範圍，導致管理不善，效率低下；③由於競爭激烈而對新產品過度反應，使成本和管理費用上升，在價格競爭中處於不利地位。

邁克爾·波特教授推薦的在分散型產業中制定競爭戰略的步驟是，依次回答下列問題：①產業的結構和競爭者的地位是怎樣的？②產業為什麼分散？③分散是否可以被克服？如何克服？④克服分散是否有收益？企業應怎樣定位去實現這一點？⑤分散是否不可避免？對這種情況的最佳選擇是什麼？[1] 這些步驟實際上是企業先考慮如何克服分散，如不可能，則再考慮如何對付分散，選擇適宜的戰略。

二、早期產業中的競爭戰略選擇

早期產業是指處於開發（引入）階段和成長階段的產業，也就是新興或朝陽產業。

處於開發（引入）階段的各個產業在結構上存在許多差別，但也有一些共同的特徵：

（1）市場的不確定性。產業剛興起，其市場將如何發揮其功能，發展有多快，成長到多大，產品須多久才能為廣大用戶接受，等等，都還是未知數。

（2）技術的不確定性。各企業採用的技術可能不同，技術秘訣高度保密，有些還在申請專利，究竟哪種技術最有發展前景，還不能確定。

（3）戰略的不確定性。由於市場和技術的不確定，各企業採用廣泛的戰略方案，在探索中前進，還沒有被公認為「正確」的戰略。

（4）進入壁壘較低，企業規模都較小。有一些財力雄厚的旁觀者要等到市場快速成長時才大步跨入。

（5）企業之間競爭壓力不大，因為各企業都忙於發展自己的技術能力和產品開發，不能全力以赴地參與競爭。

（6）有時，企業在採購所需原材料、零配件等方面會遇到困難，因供應商還未做好準備。

（7）許多企業都感到資金緊張，財力支絀。

此時的進入者可稱為產業的先驅（Pioneer），他們較之隨后的進入者有一些優勢：①名聲效應（Reputation Effect），可帶來差別化的優勢。先驅者可以靠品牌贏得顧客的忠誠，有些產品甚至習慣以先驅者來命名，如吸塵器至今仍被稱為「胡佛」（Hoover），一次成像的照相機被稱為「寶麗來」（Polaroid）等。②經驗

---

[1] ＭＥ波特. 競爭戰略［Ｍ］. 夏忠華，等，譯. 北京：中國財政經濟出版社，1989.

曲線效應（Experience Curve Effect），可以帶來低成本的優勢。③搶先佔有和控制稀缺資源，從而提高進入壁壘。④由於在顧客中形成轉換成本，先驅者就擁有一些穩定的顧客。

為了保持和擴大上述這些優勢，先驅者須要選擇好適合於自己的競爭戰略。其內容有：

（1）由於企業規模和實力有限，加上前述多種不確定性，最適宜的戰略很可能是集中化，尤其是差別集中化，形成自身特色。

（2）努力完善自身技術和產品，並密切注視產業應用技術的變化，一旦技術的不確定性消除，就快速採用那些最好的技術。

（3）充分發揮先驅者的優勢，占領並擴大市場，要讓最初的顧客盡快熟悉企業的產品，通過他們為企業做廣告宣傳。

（4）同關鍵的供應商建立戰略聯盟，以獲得專門化的技能、技術訣竅和關鍵的原材料、零部件，且穩定供應來源。

（5）努力克服資金短缺的困難，並注視著那些財力雄厚的旁觀者何時進入本產業，以便採取相應對策。

當產業進入成長階段後，市場快速增長，技術的不確定性已消除，潛在進入者特別是財力雄厚的旁觀者紛紛湧入，競爭開始激烈起來。原來的先驅者此時可能出現一些劣勢：①由於過去的技術不確定性，先驅者可能自我封閉於已被淘汰的某種技術，而新來者卻因技術不確定性已經消除而受益；②由於過去的戰略不確定性，先驅者可能已將其資源過多地投放於開發不恰當的項目，導致競爭優勢的喪失；③先驅者已承擔了向顧客宣傳、創造新市場的費用，新來者卻可「搭便車」，享受先驅者在研究開發、廣告宣傳和創建產業基礎設施等方面的成果；④追加投資的能力可能不及新來的，極易受到實力強大的新來者的衝擊。

在此情況下，先驅者須要選擇自己的競爭戰略。一般說來，有三種戰略可供選擇：①繼續單獨發展；②同其他企業聯合發展；③讓給別的企業去發展而自己退出。這種選擇取決於兩種因素，即先驅者有無雄厚的追加投資和可能的仿效障礙的高低，選擇情況如表8-6所示。企業無論是單獨發展或聯合發展，都要同前述基本競爭戰略結合起來，繼續尋求競爭優勢。

表8-6　　　　　　　　成長期產業競爭戰略選擇表

可供選擇的戰略	先驅者有無雄厚的投資	可能的仿效障礙的高低
單獨發展	有	高
聯合發展	無	高
讓別人去發展	無	低

三、成熟產業中的競爭戰略選擇

當產業進入成熟期后，經常具有下列特徵：

（1）產業的市場增長減緩，甚至停滯不前。企業間爭奪市場份額的競爭空前激烈，產業的利潤水平下降。

（2）企業在開發新產品和擴大生產能力上遇到困難。

（3）激烈的競爭導致兼併收購大增，弱小者被淘汰，產業由少數大企業控制。這時的中小型企業作用已不大，且常淪為大企業的附庸。

（4）產業中出現了戰略群體或集團，即由奉行相同或相似戰略的若干企業組成的群體（見第三章第二節）。在每個群體內部以及各群體之間都存在激烈競爭。

（5）這時的大企業相互間出現「又競爭、又聯合」的現象，因為它們數量不多，彼此比較瞭解，都懂得「競爭的相互依存性」的含義（The meaning of competitive interdependence），總是集體地幫助穩定產業內部的競爭，共同防止新的入侵者、生產能力過剩和價格競爭過度。

在上述產業環境中，企業可採取的競爭戰略具有下列內容：

（1）適當調整產品線，不搞太多的款式或型號，以簡化生產、降低成本。

（2）側重於技術創新和過程創新，達到既提高產品質量又降低成本的雙重目的。

（3）建立新的更為柔性的能力，努力使核心競爭力更加靈活，更能適應不斷變化的需求。

（4）進一步加強行銷的靈活性，如靈活定價、加強服務，讓現有顧客增大購買量等。

（5）按合理價格收購競爭對手，即實施橫向兼併戰略。

（6）向國外去擴張，如出口貿易、轉讓已成熟的技術、跨國建廠生產等。

在成熟產業中，大企業之間如何能做到既保持自己的競爭優勢，又維護產業和戰略群體的相對穩定呢？回答是，他們採用了可以降低競爭威脅、控制競爭力度的多種手段。這些手段主要有：

（1）市場信號（Market Signaling）。這已在第三章第四節中介紹過。它就是競爭者採用的能直接或間接地反應其意圖、目標或內部情況的行動，包括提前宣告、事後宣告、公開評論等。企業利用市場信號傳遞信息，就有助於相互瞭解，獲得共識，防止過度競爭。

（2）價格領先（Price Leadership）。這是指產業中的價格領先者（通常是居

於主導地位的最強大企業）按照處於成本劣勢的企業的成本來定價，作為標準，讓大家共同遵守，以保護那些企業，防止價格戰，穩定產業關係。但這種手段的風險是，為那些因採用新技術而成本降低的入侵者開了方便之門。美國的汽車製造業和電子工業之所以受到日本同行的入侵，一個重要的原因就是價格領先。

（3）競爭性的產品差別化（Competitive Product Differentiation）。這是指保護性的產品差別化，如企業使產品具有不同特性，採用不同的行銷技術，防止競爭對手搶走自己的顧客，又減少價格競爭帶來的風險。

（4）生產能力控制（Capacity Control）。生產能力過剩是影響競爭水平、導致價格競爭的一個主要因素，所以產業內部或戰略群體內部要共同約定對生產能力進行控制；或某個企業要擴大生產能力時通過市場信號加以宣布，求得協調。有時能力過剩是由需求下降所引起，如面臨經濟衰退，這就難以控制。

（5）競爭性定價（Competitive Pricing）。這是指產業內部取得共識，價格競爭會損害每個公司的利益，只能在短時間內採用。所謂「有限制的定價戰略」，就是要求公司把價格定在對自己有利可圖而對侵入者來說卻承受不了的水平，以防止它們的入侵。只有對新產品，企業可採用「撇脂的定價戰略」（Skimming Pricing Strategy），即在產品剛上市時定價很高，奪取短期的高額利潤，然後盡快大幅度降價，既擴大市場份額，又阻止可能的入侵者。

（6）控制供應和分銷（Supply and Distribution Control）。這也是穩定生產規模、削弱競爭力度的手段。

當然，有了上述手段，並不會使產業中的競爭消失。成熟產業就是在這種「又競爭、又聯合」的形勢下發展的，生產能力的控制經常失敗，價格戰也經常爆發，兼併潮連續不斷。成熟階段依然是產業壽命週期中競爭最為殘酷的一個階段。實力強大的企業力圖維持其在企業中的統治地位，而對一般企業來說，抽資戰略可能比再投資要更好。

進入成熟階段，企業最需要的是嚴格的成本控制、積極的行銷手段和各職能系統之間的密切協作，而不是繼續過去謀求高速發展的那些戰略。企業特別應當警惕的是以下幾種情況：①陷入「徘徊其間」的狀態，即失去了低成本和差別化的競爭優勢；②在成熟市場上投入資金去建立市場份額，或為了短期利潤而太輕率地放棄市場份額；③對價格競爭抱怨而做出不理智的反應；④過分強調「創造性」的新產品，而不去改進和積極推銷現有的產品；⑤忽視即將來臨的生產能力過剩而使企業陷入兩難境地。

四、衰退產業中的競爭戰略選擇

衰退產業是指在持續的一段時間內產品銷售量絕對下降的產業。隨著科技的快速發展和某些國家經濟的低速增長，這種產業已不少見。過去，人們對衰退產業的戰略研究甚少，僅提出放棄、抽資、清算等，現在有了新的進展。

衰退產業的戰略被稱為終局戰略（Endgame Strategies），可分為以下幾種：

（1）統治市場戰略。這是指企業利用正在衰退的市場、競爭者紛紛撤走的機會，追加投資，奪取市場領導地位，成為市場上的統治者。這應屬於擴張型戰略，為強大的優勢企業所採用。

（2）保有市場戰略。這就是企業維持現有的投資水平，保持與競爭對手相應的市場地位，再等待機會。這類似於穩定型戰略，為較強大的企業所採用。

（3）選擇性收縮戰略。這是指企業分析形勢，率先占領某個有利可圖或尚有發展潛力的細分市場，而緊縮乃至放棄其餘的細分市場，集中力量奪取企業所希望的局部市場地位。

（4）抽資戰略。

（5）放棄或迅速撤退戰略。

企業對這幾種戰略的選擇，須要考慮三個方面的因素：①產業結構特徵是否有利。如不確定性較少，退出壁壘較低，競爭對手較少，則為有利；反之，如不確定性多，退出壁壘高，競爭者也多，則為不利。②企業有無競爭優勢，指在剩餘需求上有無相對於競爭對手的優勢。③企業留在本產業中的戰略需要，從技術一體化、經營一體化等方面來考察。三個因素中，前兩者是主要的，企業應優先考慮。例如企業根據前兩個因素已選擇出統治市場戰略，但由於須要抽走資金以發展其他業務，轉而採取抽資或放棄戰略。表8-7說明三個因素同戰略選擇之間的關係。

表 8-7　　　　　　　　　衰退產業的戰略選擇

項　　目	有相對的競爭優勢	沒有相對的競爭優勢
產業結構有利	統治市場戰略 或保有市場戰略	選擇性收縮戰略 或抽資戰略
產業結構不利	選擇性收縮戰略 或抽資戰略	放棄戰略

其他學者介紹的衰退產業中可供選擇的戰略僅分為兩種：

（1）巧妙處理產品和市場行銷的戰略。這是指企業繼續從低成本或差別化方面尋求競爭優勢，而不能徘徊其間。這種戰略適用於需求下降緩慢、競爭壓力不太大的產業，意在維持自身的市場地位。

（2）市場集中化和減少資產的戰略。當市場需求快速下降，競爭壓力增大時，就須採用這種戰略。前者是指企業在特定的細分市場上追加投資，以求在該局部市場上贏得優勢，而放棄其他的細分市場，實際上就是選擇性收縮戰略。後者就是企業抽走資金，包括抽資、放棄和清算戰略。

一個企業如能在成熟階段就預見到衰退的到來，可以早做準備，從而提高它在衰退階段的競爭地位。企業在成熟階段可進行的準備工作包括以下幾項，其花費是很少的：①盡量減少將提高退出壁壘的那些投資或行動；②將戰略重點轉移到衰退階段仍然有利可圖的細分市場上；③在這些細分市場上創造轉換成本，以留住老顧客。

在衰退產業中，企業應當特別警惕的是下列幾種情況：①對衰退來臨的信號感覺遲鈍，依然保持樂觀情緒，而遲遲不願採取應變策略；②過高估計自己的實力，與強大的競爭對手正面對抗，打消耗戰；③採取選擇性收縮戰略或抽資戰略時，業務經營選擇不當或缺乏明顯優勢而導致失敗。

第三節　不同競爭地位的競爭戰略選擇

企業的競爭地位即其實力的強弱，是戰略選擇時應當依據的最重要因素之一。在同樣的市場發展前景之下，因競爭地位不同，企業採用的戰略也有所不同。本節所要研究的是，明確企業在產業中的競爭地位（是領先者還是追隨者，按地位強弱的排名順序），選擇對付競爭對手的戰略，即位次競爭戰略。

一、位次競爭戰略的形成

人們對日本、美國和英國幾個主要產業的市場份額構成進行了比較研究，結果發現英國和美國的那些產業由少數幾家大企業壟斷，而日本的產業則包含較多的企業，它們的市場份額形成梯級，如圖8-1所示。

日本

汽車

豐田	日產	三菱	東洋	本田	五十鈴	大發	其他
32%	26%	11%	10%	8%	5%	4%	

計算機

日本IBM	富士通	日立	NEC	尤巴尼克	巴羅斯	其他
27%	20%	16%	15%	11%	4%	

半導體

NEC	日立	東芝	松下	三菱	三洋	富士通	其他
23.2%	17.6%	16.5%	8.8%	7.7%	5.4%	5.4%	

複印機

理光	施樂	佳能	小西六	夏普	其他
42%	25%	17%	6.5%	6%	

美國、英國

汽車（美國）

通用	福特	克萊斯勒	AM	其他
53%	29%	13%	3%	

汽車（英國）

BL	英國福特	英國克萊斯勒	其他
46%	27%	13%	

計算機（美國）

IBM	HIS	其他
70%	10%	20%

計算機（英國）

IBM	ICL	HIS	其他
39.4%	31%	10%	19.6%

圖 8-1　主要產業的市場份額構成

以汽車業為例，在美國，通用汽車公司的市場份額高達53%，在英國，雷蘭德公司的市場份額為46%；可是在日本，卻有豐田、日產、三菱、東洋、本田、易斯茲、大發等公司，各佔有高低不等的市場份額。在計算機產業中，美英兩國的市場基本上為IBM、HIS等兩三家公司所壟斷；而在日本，卻有日本IBM、富士通、日立、NEC、尤巴尼克、巴羅斯等公司，也都佔有一定的市場份額。這樣，就可看出日本產業的競爭密度高於英國和美國，日本的幾個主要產業形成了梯級式的市場份額結構。

在其他國家、其他產業中也有類似情況，如歐洲零售業的大連鎖公司，見新視角 8-2。

新視角8-2：

歐洲零售業的領先者

在過去20年中，歐洲的許多國家都出現了較大的零售連鎖店（見下圖）。顧客可以在一個店中以較低的價格購買許多種商品，而連鎖店可以獲得規模經濟效益，並贏得了對供應商的較強的議價能力。這樣，雖並未形成壟斷，但出現了寡頭。

	Metro	Rewe	Edeka	Tengelmann	Aledi	Lidl
德國	34.5	26.6	25.0	22.4	19.6	10.4

	Intermarche	Carrefour	Promodes	Auchan	Leclerc	Casino
法國	28.0	28.0	25.0	21.7	17.5	12.7

	Tesco	Sainsbury	Safeway			
英國	22.8	20.0	9.7			

註：圖中數字為1998年交易額。單位：10億美元。

零售商之間的競爭強度在各國有所不同。在價格打折扣盛行的國家如德國，競爭非常激烈；而打折扣較少的國家如英國，只偶爾出現價格戰，競爭也不太激烈。據報導，英國零售業的邊際利潤要比歐洲其他國家高些。在20世紀90年代中期，英國已開始出現價格折扣現象，零售商的利潤受到了損害。

在20世紀90年代末期，美國的Wal-Mart登陸歐洲，在德國和英國收購了一些超市連鎖店。由於建立了低成本的大超市並採用了有效的存貨管理系統，Wal-Mart的低價格極富挑戰性，帶來了新的更加激烈的競爭。

資料來源：R LYNCH. 公司戰略 [M]. [譯者不詳]. 昆明：雲南大學出版社，2001：157.

按照梯級式的市場份額結構，可以排出企業競爭地位強弱的順序即位次。例如，在日本汽車業中，豐田是領先者，排在第一位；日產排在第二位；三菱、東洋排在第三位；本田排在第四位；五十鈴和大發則排在第五位。各公司都要弄清自己在產業中的位次，採取應對其他位次的競爭對手的對策，也就是位次競爭戰略。如果企業忽視了自己的位次或採取與自己位次不相稱的戰略，就會出現徒勞的競爭，不僅達不到預期目標，而且會給產業界造成混亂。

二、基本的位次競爭戰略

表8-8概括了不同位次企業所應用的基本的位次競爭戰略。

表8-8　　　　　　　　　　基本的位次競爭戰略

企業的地位	對第一位企業的對策	對第二位企業的對策	對第三位企業的對策	對第四位企業的對策	對第五位企業的對策	基本戰略
第一位	×	包圍戰術；穩定競爭；掌握差別；用銷售力量和財務力量保持優勢	包圍戰術；穩定競爭；有效地利用第三位企業對付第二位企業；同盟化	包圍戰術；阻礙它同第二位企業同盟	創造互補關係；集成團體；作為適應市場變化的尖兵來使用	穩定市場，穩定競爭，包圍戰術；同第二位企業保持差距
第二位	在力量用盡時休戰；等待環境變化注意掌握機會；在新領域領先；以產品和技術力量為中心；打進現有領域	×	保持20%以上的差距；阻礙第三位企業和第一位企業結成同盟；協調對第一位的戰略	和第四位企業協調，使市場穩定；作為對第三位企業的戰略，同第四位結盟	創造互補關係；支持它的產品、市場差別戰略	到力量用盡時和第一位休戰；注意市場變化，爭取在新領域領先；看準時機挑戰
第三位	採取協調路線共存戰略；作為對第二位的對策，和第一位同盟；不能和第一位同盟時，聯合第二位向第一位挑戰	同第一位結盟向第二位挑戰；把第二位打敗；把當前的目標集中到第二位	×	對第四位保持差距；在競爭上不搞過分的刺激	成為第五位以下集團的領導者；防止向第一、二位集中；作為使市場不穩定的尖兵來使用	和第一位同盟；把第二位打敗；和第五位以下組成集團，使市場不穩定；越過第二位，目標是第一位
第四位	把第四位以下的集結起來，形成和第一位對等的集團；和第一位共同努力穩定市場；用差別的產品和第一位共存	用第四位以下的集團力量向第二位挑戰；要避免市場不穩定	扯第三位的後腿，聚集第三位以下的集團；要避免競爭激化	×	成為第五位以下集團的領導者；創造弱者的集結條件	與第五位以下組成集團；和第一位協調，努力穩定市場
第五位	建立共存條件；和第一位共存；做到不被敵視；穩定市場	在思想上不準備競爭；穩定市場；基本上用對第一位的戰略	在思想上不準備競爭；穩定市場；基本上用對第一位的戰略	用有差別的產品向第四位挑戰	×	在思想上不準備競爭；和第一位共存；穩定市場；在其他領域傾注力量

在競爭地位上處於第一位的企業，基本戰略是以自己為中心穩定市場，穩定競爭，採用包圍戰術，同第二位企業保持差距。例如，汽車業的豐田對其他汽車公司在產品品種、銷售區域、銷售渠道等方面，都實行緩和的寬容政策，以謀求

整個市場的穩定和擴大。它對位次不同的企業，採用不同的戰略：對第二位的日產，注意保持差距；而對第三位的三菱、東洋，則在產品系列上採取相容路線，以牽制日產；對第四位的本田，明確採用差別化和突出特色的戰略，這是不必要更新產品就可以對付本田產量較少的辦法，並努力防止它同日產結盟；對第五位的大發，豐田採取促進聯合的戰略，讓它承擔對豐田輕便車、女性專用車、電動汽車等裝飾進行特殊加工的任務，利用它來補充豐田的產品系列，同時還把它作為一個能迅速、靈活地適應市場變化的尖兵來使用。

在競爭地位上處於第二位的企業，基本戰略是在力量用盡時和第一位企業休戰，注意市場變化，爭取在新領域領先，看準時機再向第一位挑戰。例如，日產公司就不首先採取低價競爭等策略去同豐田正面對抗，而是更注意加強技術力量，爭取在技術創新、海外生產等方面搶在豐田之前適應變化，以便在新市場中處於第一位，再緩慢地向原有市場滲透和競爭。它對第三位的三菱、東洋，一面注意擴大其在市場份額上的差距，一面避免它們同第一位企業結成同盟；對第四位的本田，則是通過協調組織同盟，努力創造新的市場環境；對第五位的易斯茲和大發，不能輕視它們在輕便車、女性專用車等特殊領域中的擴大，為擴展整個產業的地盤，要採取觀望態度。

處在第三位的企業，其基本戰略是同第一位企業結盟，向第二位企業挑戰，聯合第五位以下的企業，使市場不穩定，尋找機會超過第二位企業，再以第一位企業為目標。例如，處於第三位的三菱、東洋，基本上都是採取同豐田不發生矛盾的戰略，集中力量把大眾市場作為目標，細緻地瞄準顧客需要，及時更新產品；對市場的目標，重點不是豐田，而是第二位的日產。

第四位企業的基本戰略是把第四位以下的企業聯合起來，以弱者之間的集結來形成能和第一位企業相對等、向第二位企業挑戰的力量。但要注意同第一位企業協調，共同努力穩定市場，防止競爭激化。例如，本田公司的戰略就是爭取成為第五位以下企業的領導者，通過擴大聯合，來牽制高位次的企業和致力於產業的穩定。

第五位企業的基本戰略是不同高位次的企業正面競爭，而是和第一位企業協調共存，努力穩定市場，並在別的領域傾注力量。例如，大發等公司就利用豐田促進聯合的戰略，擔負豐田委託的加工業務，保持市場穩定，並充分發揮自身的有利因素，在特定領域保持地位。

上述基本的位次競爭戰略都帶有舉例的性質，而企業在實際生活中則必須從實際出發，靈活機動地加以運用。

三、低位次企業的進攻戰略

企業的競爭地位及其在產業中的位次是可以改變的。① 前面已提到,第二位企業可能向第一位企業挑戰,第三位企業可能向第二位企業挑戰,這些挑戰肯定會遇到有力的報復,往往導致失敗,但在一定條件下也可能獲得成功。關鍵是挑戰者要具備一些基本條件和選用恰當的進攻戰略。

低位次的企業要向較高位次的企業發起進攻或挑戰,必須滿足三個基本條件:

(1) 擁有一種持久的競爭優勢。挑戰者必須在低成本或差別化方面擁有超過挑戰對象的明顯的競爭優勢,而且優勢來源必須是持久的。持久性確保挑戰者在其對象能進行模仿之前有足夠長的時間來填補市場份額空隙,從而站穩腳跟。

(2) 在其他方面程度接近。挑戰者必須有辦法來抵消挑戰對象的其他固有優勢。如挑戰者的進攻放在成本優勢基礎上,它還必須在產品質量、服務等方面與挑戰對象大體相當;反之,如挑戰者採用的是差別化戰略,就必須保持自己的成本與挑戰對象接近。

(3) 具備某些抵擋挑戰對象報復的辦法。挑戰者還必須有辦法來削弱或阻擋挑戰對象的報復,使挑戰對象不願或不能對挑戰者實施曠日持久的報復。要做到這一點,或者是挑戰對象自身有易受攻擊的弱點,或者是挑戰者選擇了正確的進攻戰略。

挑戰者滿足了上述基本條件而獲得成功,可舉卡吉爾和 ADM 公司為例。這是美國兩家麵粉企業,向該產業領先者 CPC、斯特利和標準牌三家公司發起挑戰。它們通過建立採取先進技術的連續加工工廠、將產品線限制在狹窄範圍,贏得了顯著的成本優勢,而在產品質量上並不比領先者遜色,因為麵粉只是一種普通商品,顧客不重視廣泛的服務。此外,該產業的競爭因素有所謂紳士俱樂部的特點,領先者害怕破壞產業均衡,不願對挑戰者進行報復;同時 CPC(第一位企業)和標準牌公司已開始實行多種經營計劃,注意力和資源不斷從麵粉業向外轉移。

挑戰者未能滿足上述基本條件而效果不佳的,可舉寶潔公司向通用食品公司的麥氏咖啡挑戰為例。寶潔是一家成功企業,但它的福爾杰咖啡卻沒有超過麥氏咖啡的優越性,麥氏利用自己龐大的市場份額和成本優勢進行了報復。其結果,福爾杰獲得了某些份額,但未得到可接受的利潤率;相反,麥氏維持了它的利潤率並不斷挫敗福爾杰擴大份額的企圖。

挑戰者選擇進攻戰略的基本規則是,無論擁有多大的實力,避免向高位次企

---

① 例如本田公司現已超過三菱公司和東洋公司而上升到第三位。

業正面進攻。可供選擇的進攻戰略分為下列三類，它們可結合起來運用[1]：

（1）重新組合。這是指企業在生產經營過程中創新，以獲得或擴大成本優勢或差別化優勢。如企業提高產品質量、降低產品成本、開拓銷售渠道、加強售後服務等。

（2）重新確定。這是指企業重新確定競爭範圍，或拓寬範圍或縮小範圍，以贏得競爭優勢，如實行集中化戰略、一體化戰略、退出一體化、開拓新市場或退出某個市場等。

（3）純投資。這是指企業單純採用追加投資的辦法來獲得市場份額、擴大銷售額和商標知名度等。這種戰略風險最大，挑戰者最少使用，但在領先者規模小且資本不足的產業中仍然有效，而且可以結合上述兩種戰略來運用。

第四節　不同規模企業的競爭戰略選擇

企業經營規模有大、中、小之分，實力各異，因而面臨不同的競爭戰略選擇。這個問題在上面已多次涉及，現再集中加以討論。

一、大中型企業的競爭戰略選擇

中國習慣上將大、中型企業結合起來，與小型企業相對應。大中型企業一般具有下列經營特點：

（1）籌集資金能力較強。它們可以從多種渠道籌資，國有企業還有國家投入的資金。

（2）從事大中型規模經營。它們的數量雖然少於小型企業，但在國民經濟中的地位和作用卻更大。國有大型企業掌握著國家的經濟命脈。

（3）能用巨大銷售額來提高市場份額，開拓國際國內兩個市場，甚至成為產業領先者。

（4）在人才、技術、經營管理等方面享有優勢，素質較高，創新能力較強。

（5）有可能實行多元化經營，提供多樣化的產品和服務，既提高盈利能力，又分散經營風險，增強適應市場變化的能力。

（6）有可能將小型企業吸引在自己周圍，發揮專業化協作的優勢。

（7）由於規模大、投資多、組織結構較複雜、決策較緩慢等原因，生產經營的轉向較難。

上述經營特點決定了大中型企業有多種競爭戰略可供選擇，一個企業內部的

---

[1] M E PORTER. Competitive advantage [M]. The Free Press, 1985.

戰略經營單位可以分別選擇各自的競爭戰略。各戰略經營單位選擇自己的競爭戰略，都要從各自的競爭優勢出發，著重如何充分發揮自身的優勢；而公司則還應當考慮如何從眾多經營單位的相互關係中去發現、利用和充分發揮公司的競爭優勢。這是大中型企業競爭戰略選擇中一個特殊問題，對此需做適當的補充說明。①

企業內部各經營單位之間的相互關係主要有三種：

（1）有形的相互關係。這表現為各單位在市場行銷、生產、技術、採購、財務、人事等方面的相互關係，如有共同的市場（買主）、銷售渠道，使用共同的機器設備、原材料、零部件和基本設施等。這在執行同心多元化戰略的企業中最為明顯，對企業競爭優勢有極大的增強作用。

（2）無形的相互關係。這表現為各單位之間轉讓專門知識、技術訣竅、管理經驗等。這在執行複合多元化戰略的企業中可能比有形的相互關係更為明顯，對改進被轉讓單位的競爭地位、增強企業競爭優勢，也有極大作用。

（3）與競爭者的相互關係。這是指本企業的幾個經營單位所生產的產品或服務與競爭對手的幾個經營單位的相同或相似，在同樣的市場上競爭，因而必須考慮聯合對抗的問題，以提高企業的整體競爭地位。具體如圖8-2所示。

	本企業			
	經營單位1	經營單位2	經營單位3	經營單位4
競爭者A	×	×	×	
競爭者B		×	×	×
競爭者C		×	×	
競爭者D			×	×
競爭者E		×	×	
競爭者F	×			
競爭者G		×		

圖8-2　與競爭者的相互關係示意圖

說明：1. 競爭者A、B、C、D、E是多點競爭者，F、G是單點競爭者（也是潛在的多點競爭者）。
　　　2. 經營單位2、經營單位3處在兩個密切相關的產業中，有4個競爭者都在這兩個產業中競爭，說明它們的相互關係相當密切。
　　　3. 競爭者G最有可能成為潛在的多點競爭者。

---

① 這正是M.E.波特教授所做出的貢獻。波特教授在其《競爭優勢》一書中專列一篇，講「公司戰略與競爭優勢」，要求企業注意利用存在於眾多經營單位相互關係中的競爭優勢。本書所講內容主要來自該書第九章。

為了充分利用三種相互關係中的競爭優勢，最根本的是要讓各經營單位清醒地認識一切有形的相互關係，確定可能的無形關係和與競爭者的關係，評估在這些關係中如何協調一致，以增強企業整體的競爭優勢。如組織聯合銷售隊伍、共同做廣告、聯合採購、合理利用機器設備、改進生產線等，還要有正式的計劃開發無形的相互關係，如交流專門技術知識、管理經驗等。

要協調各經營單位的目標。例如，某些經營單位的銷售量有助於增強或鞏固其他經營單位的地位，就可能要求它們制定更加雄心勃勃的銷售量指標但卻較低的利潤指標。

為對抗多點競爭者，要協調各經營單位的進攻型和防禦型戰略。企業必須有一個總體競爭計劃，用以對付每個有影響的多點競爭者以及每個可能造成威脅的競爭者。

不過，企業在採取上述措施利用各經營單位的相互關係，以提高整體競爭力的同時，應當保持每個單位仍然具有依據競爭環境變化做出快速反應的能力。[①]

對於那些不能與其他經營單位產生有意義的相互聯繫的單位，或使實現重要的相互聯繫出現更多困難的單位，可以考慮撤消或放棄，即使它們有一定的創新能力。這些單位不會提高企業整體競爭優勢，但或許對別的企業有用，及時賣掉對企業有利。

二、小型企業的競爭戰略選擇

小型企業的經營特點同大中型企業正相反，它們資本少，籌資能力弱，經營規模小，在人才、技術、管理上缺乏優勢，較難抗御風險，但因組織簡單，決策較快，生產經營比較機動靈活，小型企業的成敗幾乎完全取決於經營者的個人能力。

根據上述特點，小型企業採用的競爭戰略大致有以下幾類：

（一）集中化即「小而專、小而精」戰略

小型企業實力較弱，很難實行多元化戰略以分散風險，但可以集中力量於特定的產品和細分市場，從事專業化經營。這樣，小型企業既可在狹窄的產品線和市場上擴大批量，提高質量，贏得競爭優勢，站穩腳跟，還可受到大中型企業的歡迎，為其提供配套產品，從而走上以小補大、以專補缺、以精取勝、以精發展的良性發展之路。企業採用這種戰略的關鍵是，選準產品和目標市場，下大力氣提高產品質量，降低產品成本，借以提高進入壁壘，並搞好市場行銷。

---

① 德威特，梅耶爾. 戰略管理［M］. 江濤，譯. 北京：中國人民大學出版社，2008.

（二）「尋找空隙」戰略

小型企業不能去同大中型企業正面對抗，而應尋找市場上的各種空隙，憑藉自己快速靈活的特點，一舉進入，努力取得成功。企業進入空隙后，再視具體情況，或向集中化、專業化發展，或在別人跟進後迅速撤離，另尋空隙。企業採用這種戰略的關鍵同樣是選準產品和目標市場，產品應當是加工工藝簡單、生產週期短、所需投資少、企業有能力向市場提供的，市場應當是其他企業所忽視或大中型企業不願涉足的。為此，企業須要建立一套高效、靈敏、準確的信息網路，做到信息靈通，反應快捷。

（三）經營特色戰略

這就是在分散型產業中常用的、利用小企業較易接近顧客的特點而制定的戰略。小型企業經營範圍窄，可針對當地或特定顧客群的特殊需要，使自己的產品或服務具有與眾不同的特色以便吸引顧客。特色一旦建立起來，企業就能博得顧客的信任，贏得競爭優勢，在當地同其他企業包括大中型企業相競爭。企業採用這種戰略的關鍵是，通過深入細緻的研究，既要創造出經營特色，還要處理好經營特色與成本之間的關係，防止因成本提高而抵消特色優勢。

（四）高新科技戰略

在一些高新科技領域中，企業規模小型化已成為一種趨勢。由為數不多的掌握了高新科技知識的人才組成的小企業，知識密集，機制靈活，在產品開發、技術訣竅、軟件技術等方面形成獨特優勢，這就是高新科技戰略。企業採用這種戰略，因技術創新難度大，不確定因素多，風險是較大的，所以要求創業者齊心協力，頑強拼搏，信息靈通，不僅有必要的資金保證，同時注意充分利用外部的技術力量，充分利用專利等知識產權制度來保護企業的科技成果。

（五）聯合競爭戰略

小型企業實力弱，但可在平等互利基礎上聯合起來，取長補短，共同開發市場，求得生存和發展。聯合可以是松散型的，即僅限於生產協作或專業化分工的聯繫，在人員、資金、技術等方面基本不合作，這種聯合的競爭力不強；也可以是緊密型的，即除生產協作外，還進行資金和銷售方面的聯合，如相互持股、相互調劑資金餘缺、組織統一的銷售隊伍等，以提高競爭力。企業究竟選擇何種聯合形式，應視具體情況而定。

（六）承包經營戰略

這就是前已提到的依附戰略，即小型企業依附於大中型企業，接受它們的長期穩定的訂貨任務，成為它們的加工承包單位。這種戰略，對保障小企業的持續穩定發展有好處，但企業利潤水平較低，對大中型企業的依賴性強，對長遠發展又不利。因此，小企業必須確定好與大企業的承包條件，包括質量、價格、交貨期、貨款支付辦法等；還要考慮長遠發展問題。小企業在具備一定條件時就實行

戰略轉移。

三、特許權經營戰略——大小企業的結合

特許權（Franchise），是指一家大企業（製造業、商業或服務業的公司）選定若干家小企業，授予大企業產品、服務和品牌的經營權，收取一定的特許費，但不損害小企業的獨立自主性。在20世紀20年代，美國汽車業和石油產業就開始採用特許權經營方式，特許汽車銷售店和加油站銷售大公司的產品，共同開發市場。第二次世界大戰後，特許權經營獲得了驚人的發展，推廣到商業、服務業特別是快餐服務業。特許權經營成為大型企業使用的一種戰略，它把大小企業比較成功地結合起來。

現有的特許權經營體系有四種類型：①製造業企業與零售店相結合，如汽車、石油公司對銷售店和加油站的特許；②製造業企業與批發商相結合，如可口可樂公司將商標或品牌的特許權授予批發商；③服務企業和零售店相結合，如麥當勞、肯德基等的大量特許權經營；④批發商和零售店相結合，如商業公司特許零售店經營其商品。

特許權經營的本質是控制、思想溝通、自主性、連續關係。大企業授予小企業以特許權，當然有程度不等的控制力（包括指導和監督），但不損害小企業的獨立自主性。大、小企業要加強思想溝通，使關係融洽，通力協作，各得好處，長期保持這種連續關係。如果大企業發現小企業違反協議要求，或者雙方感到好處不明顯，則大企業可以收回特許權，終止這種關係。

大企業要執行特許權經營戰略，必須慎重選擇授權對象，要求那些小企業具有獨立經營者的資格，經營者的個人素質（如教育程度、知識面、管理經驗等）在一般水平之上並掌握與大企業的商品或服務有關的知識和技能，具備必需的資金，熟悉大企業所擴展的地區的市場情況，對大企業有很強的協作願望和能力，而且在一定時期內保持經營的穩定性，不任意改變經營項目。大企業將對授權對象的經營者進行培訓，以提高其經營能力。

作為小企業，也要慎重選擇授權者。它們對大企業的要求是：充分尊重小企業的獨立自主性，避免單方面的控制和支配；能提供有特點的商品和服務，可望擴大銷售額；進行周到的經營指導；給予必要的資金援助；積極謀求思想溝通；在同一地區，合理競爭。

復習思考題

1. 企業的競爭戰略主要考慮解決什麼問題？
2. 簡要解釋下列戰略的概念：
   總成本領先戰略　　　　成本集中化戰略
   差別化戰略　　　　　　差別集中化戰略
   集中化戰略　　　　　　快速回應戰略
   既成本領先又差別化戰略
3. 奉行總成本領先、差別化、集中化等競爭戰略有無風險？如何防範？
4. 在分散型產業中，競爭戰略選擇的基點和步驟是什麼？
5. 早期產業結構有哪些特點？先驅者可供選擇的競爭戰略有哪些內容？
6. 成熟產業的結構和競爭形勢有何特點？大企業為保持產業的穩定，常採用哪些手段？
7. 在衰退產業中，有哪些競爭戰略可選擇？如何選擇？
8. 什麼是位次競爭戰略？可否舉例說明？
9. 舉例說明小型企業可選用的競爭戰略。
10. 舉出選用競爭戰略取得成功的實例。

案例：

阿迪達斯公司與耐克公司

這是兩家全球馳名的運動鞋及其他運動用品的製造商。德國的阿迪達斯（Adidas）公司的歷史比美國的耐克（Nike）公司約早40年，但在20世紀70年代末卻在美國市場上被耐克擊敗。

阿迪達斯公司創立於1949年，其制鞋業務可追溯到第二次世界大戰以前。1936年在柏林奧運會上，杰西·歐文思穿著阿迪達斯公司製作的運動鞋奪得了數枚田徑金牌，從而使公司聲名遠揚。公司創立后，立即成為這個行業的領先者和統治者，它製作的鞋品種多、質量優，可適應室內、室外跑道以及天然地面或人工地面的多種需要。在蒙特利爾奧運會上，穿這家公司製作的鞋的運動員占全部個人獎牌獲得者的92.8%，使公司銷售額上升到10億美元。公司在經營上創造了許多經驗：在公司生產的種類繁多的產品上統一使用特別醒目的標示；利用著名運動員和重大體育比賽大做廣告；在南斯拉夫和遠東等地區尋找能大量地低

成本製造運動鞋的加工廠等。

到20世紀70年代初，美國的運動鞋市場呈現一派繁榮景象，參加體育鍛煉的人急遽增多，不參加鍛煉的人也喜歡穿著運動鞋，因為這種鞋不僅穿著舒適，而且是健康和年輕的象徵。在市場推動下，美國一些運動鞋製造商應運而生，耐克公司正是其中之一。

耐克的創始人菲爾·奈特於1960年獲斯坦福大學工商管理碩士（MBA）學位，1964年與著名教練鮑爾曼合夥，代銷日本一運動鞋公司的跑鞋。1972年，他們制成一種鞋，命名耐克，委託勞動力低廉的亞洲工廠生產，並投放市場，當年銷售額達200萬美元。1975年，他們在烘烤華夫餅乾的鐵罐中試製出一種新型鞋底，富有彈性，大受運動員歡迎，以後幾年，該鞋的銷售額猛升（見案例表1）。到1979年，耐克的市場份額超過阿迪達斯（見案例表2）。兩年後，它更遙遙領先，其市場份額已近50%；而阿迪達斯公司的市場份額則進一步減少了。

案例表1　　　　　　　耐克公司的年度銷售額

年　度	銷售額（百萬美元）	銷售增長率（%）
1975	8.3	—
1976	14.0	69
1977	29.0	107
1978	71.0	145
1979	200.0	182
1980	370.0	85
1981	458.0	24
1982	694.0	52

案例表2　　　　　幾大公司在美國市場上的份額（1979年）

公司	市場份額（%）
耐克	33
阿迪達斯	20
布魯克	11
新巴蘭斯	10
康弗斯	5
彪馬	5

耐克公司何以能后來居上，在短短幾年時間就在美國市場上打敗行業的領先者呢？首先，它受益於20世紀70年代美國運動鞋市場的旺盛需求。不過，所有的運動鞋製造商都因此獲得了可觀的收入，並非耐克一家獨享此機遇。其次，它受益於模仿領先者，阿迪達斯在經營上的一切經驗它都學習和繼承下來，如統一採用鮮明標誌、利用著名運動員和重大體育比賽做廣告、把大部分生產任務外包給成本低的國外工廠等。再次，它在模仿的基礎上又有新的創造，超過了領先者。這些創造主要有：

　　（1）高度重視新產品的研究開發。它有近100名研究人員，包括生物力學、實驗生理學、工程技術學、工業設計學、化學等方面的專家；還聘請了教練員、運動員、足病醫生、整形大夫等作顧問，審核各種設計和改進設計的方案。他們對運動中的人體進行高速攝影分析，讓300名運動員進行耐用試驗。1980年公司的研發費用約為250萬美元，1981年近400萬美元。

　　（2）開發和生產比阿迪達斯種類更多的產品，開創了鞋型千姿百態的先河。顧客普遍認為，它品種最全，選擇餘地最大，從而最有吸引力。①

　　（3）由於品種齊全，它能更好地適應各類經銷商的需要。它的經銷商既有普通零售商，如百貨公司和鞋店，又有專業運動鞋或運動用品店，不同類型的經銷商都能因得到不同樣式的鞋而感到滿意。

　　最后，耐克的成功還得益於阿迪達斯的失誤。對於一家已有40年的歷史、經歷了穩定低速增長的公司來說，很容易對20世紀70年代美國市場的增長估計不足，對耐克及其他美國製造商的崛起估計不足。阿迪達斯並沒有因運動鞋行業的進入壁壘低、極易引起競爭而在新產品開發、價格策略、不斷擴大經銷範圍等方面給新進入者設置任何障礙，而耐克恰好就瞄準機會，抓住不放，發起攻擊，一戰而勝。因此，耐克的勝利也來自阿迪達斯的麻痺大意或驕傲自滿。

　　資料來源：隆瑞．哈佛商學院MBA案例全書：下卷［M］．北京：經濟日出版社，1998：1656-1663．

[分析問題]

　　1. 耐克公司在美國市場上是怎樣擊敗強勁對手——阿迪達斯公司的？
　　2. 在耐克與阿迪達斯的競爭過程中，應吸取什麼經驗教訓？
　　3. 假如你現在繼任阿迪達斯公司的總裁，你將怎樣重振公司雄風、擴大公司市場？

---

　　① 按常規，企業組織多品種、小批量的生產，對提高效率和降低成本不利。但耐克是由許多國外的工廠按合同組織生產的，批量小對耐克是一個無足輕重的障礙。

附錄：

競爭動力學

競爭動力學（Competitive Dynamics）來自在一個特定產業內部相互競爭的企業之間的一系列的競爭行動和競爭回應（Competitive Actions and Competitive Responses）。市場競爭情況複雜，有主動進攻，有被動防禦，有正面攻擊，有側面迂迴，有時勝負分明，優勝劣汰，有時難分伯仲，長期相持，但概括起來，可分為主動發起的競爭行動與對該競爭行動的回應兩大類。所謂競爭動力學，是近幾年才出現的對這兩大類活動進行研究的初步成果。它主要包括下列內容：

一、首動者、次動者與后動者的優缺點

首動者（First-mover）是指首先發起競爭行動的企業，例如首先推出一種新產品、首先進入某一新市場、帶頭降價或打折促銷等的企業。由於領先行動，它可能獲得競爭優勢和顧客的忠誠。這一優勢及其可延續的時間長度則視產業和競爭行動的類型，以及企業發起行動的具體情況而異。但是首動者也有不利之處，主要是由市場不確定性帶來的高風險以及研究開發方面的高額費用。

次動者（Second-mover）是指對首動者的競爭行動立即做出回應的企業，它經常是通過模仿或其他活動來應對那個行動。假如次動者回應快，它就可能獲得首動者的一些優點而避開其缺點（例如將首動者的新產品買回來，拆開再組裝，研究其結構和運行原理，然后仿造，這樣就省去高額的研究開發費用）。

后動者（Late-mover）是指那些在首動者發起競爭行動、次動者做出回應之后很久才對競爭行動做出回應的企業。儘管做出回應比不做出回應要好些，但因為時已晚，后動者的業績總是很差，競爭力不強。

二、影響競爭回應的決定因素

競爭者對競爭行動做出回應的可能性決定於下列因素：

1. 競爭行動的類型

競爭行動可分為戰略的和戰術的兩類。戰略行動須要企業投入大量的、特殊的組織資源，難以實施和模仿（如開發一種新產品，投放市場）；戰術行動則是服從於戰略的，只須要較少、較一般的組織資源，易於實施和模仿（如漲價或降價）。企業對戰略行動做出回應較對戰術行動做出回應要困難些，因為它要耗費更多的組織資源和時間。從總體看，企業對戰術行動的回應比對戰略行動的回應要多些。

2. 行動者的聲譽

假如是市場領先者或成功企業採取競爭行動，則其他企業很可能要對該行動做出回應和進行模仿。但如果是一家有著戰略玩弄者（Strategie Player）歷史的企業採取行動，那就不太可能引起回應和模仿；對價格掠奪者（Price Predator），即那些經常以降價來傷害競爭者、掠奪了市場份額之後又重新漲價的企業採取的競爭行動，也是如此。

3. 對市場的依賴

假如企業對產業的市場依賴性強，則當市場上出現競爭行動時，很可能要回應；相反，如依賴性不太強（例如不相關多元化，在多產業經營），則可能較少回應。

4. 競爭資源的可獲得性

擁有較多資源的企業較之擁有資源較少的企業，更可能對戰略行動做出回應。此外，回應的可能性不僅取決於資源的數量，而且決定於企業利用資源去採取行動的能力。

三、採取競爭行動和競爭回應的能力

所需的能力包括：

1. 企業規模

大企業通常有強大的市場力量，因而有著採取競爭活動的能力。然而隨著企業規模的擴大，其結構、程序和規章制度往往官僚化，從而削弱了採取競爭活動的能力和速度。

2. 競爭行動和回應的速度

在許多產業中，為贏得和保持競爭優勢，速度已變得越來越重要。實際上，許多大企業都必須像小企業那樣靈活而敏捷才有競爭力，為此，它們實行分權制，組織跨職能的工作組等。

3. 創新

產品創新和過程創新對於許多產業的競爭來說都日益重要。在產業的形成和成長階段，產品創新更重要些；而在成熟階段，則應強調過程創新。

4. 產品質量

在很多產業中，產品質量已成為保持競爭優勢的關鍵。企業必須推行全面質量管理，並採用基準法（Benchmarking）將企業質量與先進企業做比較和評判。

四、各產業階段所側重的競爭行動

產業的演進對於決定競爭和競爭行動的類型是重要的。例如，在產業的形成階段，企業力圖在技術或產品質量上建立聲譽，開發一個狹窄市場，其主要任務

是在通常的不確定環境中採取創業家的行動。在產業的成長階段，企業可能特別強調創新以獲得規模經濟。採取競爭行動的速度也很重要，關鍵任務是採用增長導向的行動，充分利用生產要素去增強市場地位。進入成熟階段，競爭者減少，企業將側重加強市場力量的行動，旨在保衛其最盈利的產品線和業務流程，以便以最高效率（最低成本）來生產和銷售那些產品。不過，創業家行動、增長導向的行動和加強市場力量的行動，是在所有各個階段都要採用的，只是各階段所側重的點不相同。

資料來源：M A HITT, et al. Strategic Management [M]. 2nd Edition. West Publishing Company, 1996. 東北財經大學出版社於 1998 年 4 月重印。

第九章
企業國際化經營戰略

本章學習目的

○ 瞭解企業從事國際化經營的理由及調查研究注意事項
○ 理解如何選擇參與競爭範圍與進入方式
○ 識別多國戰略與全球戰略的區別與聯繫
○ 掌握在國際化經營中發揮競爭優勢的策略

　　當今世界，全球經濟一體化已成為客觀現實，從事國際化經營的企業日益增多。這種情況在發達國家最為明顯。如美國，其總部設在美國而其年利潤額的50%以上來自國外的企業就有IBM、花旗銀行集團、可口可樂、埃克森石油、奧迪斯電梯、得州儀表、吉列刀片等公司。據統計，美國100家最大的跨國公司平均起來，其經營利潤的37%來自國外。同樣，外國公司也紛紛進入美國，它們在美國的直接投資已超過900億美元，以日本、德國和法國的企業領頭。[①]

　　改革開放以來，中國經濟與世界經濟逐步接軌，不少企業開始從事國際化經營，前面介紹過的海爾、海信、聯想、遠大、萬向等集團就是其中傑出的代表。現在中國已加入WTO，在經濟全球化的大趨勢下，國際化經營將成為眾多企業擴張的必由之路。本章將集中研究企業的國際化經營戰略有關問題，包括從事國際化經營的理由、調查研究注意事項、選擇競爭範圍和進入方式的戰略、多國戰略與全球戰略、國際化戰略中如何發揮競爭優勢等。

---

① J A PEARCE, et al. Strategic Management [M]. 6th Edition. Mc Graw-Hill, 1997: 104-105. 東北財經大學出版社1998年重印本。

第一節　企業國際化經營概述

一、企業從事國際化經營的理由

企業為什麼向國外市場擴張，從事國際化經營？原因很多，可概括為以下幾點：

（1）為自己的產品或服務尋求新市場。當企業的生產和銷售受到國內市場容量的局限，或所在產業已進入成熟階段、市場容量增長緩慢甚至萎縮時，為了企業的生存和發展，就須要走向國外市場。美國的可口可樂、吉列刀片等公司就是成功的範例，中國的家電企業也是因此而競相向海外擴展的。

（2）為進一步發揮自身核心競爭力和競爭優勢的作用。競爭優勢包括商品、服務在成本、差別化方面的優勢，還包括在掌握先進技術和管理經驗方面的優勢。有了這些優勢，企業既能在國內市場，也能在國際市場發揮作用。許多著名的跨國公司正是憑藉它們的這些優勢在全球市場上縱橫馳騁。

（3）為在外國獲得有價值的天然資源或競爭優勢。在資源型產業（如礦產、石油、天然氣、木材、橡膠等產業）中，如企業受到國內資源限制，就須要取得國外的天然資源。有了國外資源，企業將在該產業中贏得競爭優勢，歐佩克（OPEC）成員國的許多油田都是美、英等國的大石油公司在經營。此外，發達國家的許多企業都跑到一些發展中國家和地區建廠，主要是利用那些地方的人工及其他費用較低的特點，贏得競爭優勢。

（4）為擴大市場以分散企業經營風險。企業在較多的國家中經營比只在本國經營，將使風險更加得以分散。

改革開放以來，中國經濟實力大大增強，許多企業已經從事國際化經營，並取得巨大成就，海爾、萬向、華為、聯想、長虹等公司（集團）就是其中傑出的代表。

二、國際化經營的戰略調研

企業要從事國際化經營，必須事前充分做好調查研究工作。其調研範圍很廣，除了本國的宏觀環境和產業環境之外，還包括擬進入或已進入的那些國家（稱為東道國）的宏觀環境和產業環境，這在前面第二、第三章已提及。現再將從事國際環境調研時須注意考察的一些重要因素匯集於表9-1。

在調研中，企業須要考慮：①本國政府對從事國際化經營的企業的政策及其對競爭行為的影響（如是否幫助談判、提供融資便利、有無法令限制等）；②與東道國政府的關係（是否協調友好、對進入的限制等）；③設法消除對外國競爭者調研的困難，包括文化差異和數據來源等；④在世界範圍內的經濟發展趨勢和

發展不平衡狀況，發達國家與發展中國家、欠發達國家的關係等。

表 9-1　　　　　國際環境調研中東道國的一些重要因素

經濟的因素	技術的因素	政治法律的因素	社會文化的因素
經濟發展速度	技術轉讓的法規	政府的形式	風俗習慣和價值觀念
人均收入	能源的可獲得性及費用	政治觀念	語言
投資環境	自然資源的可獲得性	稅法	人口統計因素
國民生產總值的趨勢	運輸網路	政府的穩定性	人均壽命預測
貨幣政策和財政政策	勞動力的技能水平	政府對外國公司的態度	社會團體
失業水平	專利和商標的保護	對外商資產的立法	地位象徵
通貨的可兌換性	信息流的基礎設施	反對政黨和團體的力量	生活方式
匯率的變動性		貿易法規和政策	宗教信仰
競爭的性質		環境保護主義者的活動	對外國人的態度
製造成本與費用水平		恐怖分子的活動	受教育的程度
		對外政策	
		法律體系	

在此，我們還須對表 9-1 中的幾個因素略加分析。

（一）國與國間製造成本、費用的差異

各國的工人生產率、工資水平、通貨膨脹率、稅率、土地和能源費用等的差異導致各國之間製造成本、費用不大相同。如政府法規寬鬆，投入費用低或擁有獨特的天然資源，則企業在這些國家建廠會享有巨大的製造費用優勢，這些國家就可能成為國際大公司的主要的生產基地，大量生產和出口產品到世界各地。

（二）貨幣匯率的變動性

匯率的變動性使地域成本優勢問題極大地複雜化。假如貨幣匯率一年變化 20%～40%，可能會使低成本國家的優勢完全喪失，使原來的高成本國變成低成本國。例如美元堅挺，就使得美國公司到國外去生產更有利；如美元貶值，就會抵消外國公司對美國公司的成本優勢，甚至推動外國公司到美國去建廠。

（三）東道國政府的貿易政策

東道國政府要規定進口稅或配額，外國公司在其國境內製造產品的規範，還有關於技術標準、產品證明、投資的事前報批、資金撤走、佔有股權限額等方面的規定。有些國家的政府向其本國企業提供補貼和低利貸款，幫助它們同外國公司相競爭。另一些國家為吸引外資，又對外國公司提供優惠政策和多種支持。

（四）競爭的性質

企業從事國際化經營，面臨兩種不同性質的競爭：多國競爭（Multidomestic or Multinational Competition）和全球競爭（Global Competition）。如食品生產、服飾、銀行、人壽保險、零售商業等產業面對各個國家的不同市場，顧客有不同的期望，喜愛不同的品質和樣式，一國的競爭與他國的競爭不相干，這就叫多國競爭，這類產業就叫多國產業。這裡不存在真正意義上的「國際市場」，只有多個國家市場的集合體。又如汽車、電視、計算機、通信設備、鐘表、複印機、飛機等的製造業，則面臨全球競爭。這裡，各國市場上的價格和競爭是緊密相聯的，公司在一國的競爭優勢和競爭地位同它在別的國家的優勢和地位息息相關，出現了真正的「國際市場」或「全球市場」，大公司們在這個市場上競爭。這類產業就叫全球產業。

還有少數產業，其某些部分面臨多國競爭，另一些部分則面臨全球競爭。例如旅店業中的中低價部分主要為各國國內旅客服務，面臨多國競爭；其高價部分則在全球布點，為商務和富有旅客服務，採用全球訂房系統及共通的質量和服務標準以贏得競爭優勢，這就面臨全球競爭。

中國企業在開始國際化經營時，對戰略調研的重視不夠，曾經遭遇一些挫折。中國企業在總結經驗教訓之後，對戰略調研都十分強調，見新視角 9-1 和新視角 9-2。

新視角 9-1：

中企海外投資的「難題」

據商務部的統計，2013 年，中國境外累計投資總額已達 901.7 億美元。有人測算，今后 5 年，海外投資可能達 5,000 億美元。但是對多數中國人來說，海外投資還是一個新課題，難題不少。

在投資之前詳細調研，熟悉當事國的政治、法律、經濟、社會、文化環境，解決文化衝突以及可能出現的訴訟糾紛，解決資金和擔保等問題，都是中企走出去面臨的難題。中信泰富在 2006 年買進澳洲鐵礦，歷時 7 年才產出鐵礦石，該項目與合作夥伴關於特許權使用費的官司又讓中信泰富不堪其憂。

談到擔保，國內真正能做大額進出口擔保的公司只有財政部的中國出口信用保險公司。由於該公司的擔保額度有限制，須要擔保的投資項目又多，排除等候的時間很長，有些項目被迫放棄。至於融資，國有銀行的貸款要經過層層審批，耗費時日，有些貸款還喜歡戴政策性帽子來規避壞帳風險。

　　資料來源：2014年3月31日《環球時報》。

新視角9-2：

中國房企講述「出海」難題

　　中國國內樓市正面臨「去庫存」的階段，眾多房企紛紛出國投資。但這一過程並非一帆風順。

　　一位企業家說，在多個項目之中能挑選出幾個項目就不錯了。去海外投資之前，企業須要進行非常詳盡的調研，而中國房企往往舍不得花前期的錢，沒有預先排除隱患，等到項目進入運作階段才發現問題，輕則延緩工程進度，重則使項目陷入困境。

　　另一企業家說，中國房企出海必須克服固有的思維模式。國內房企通常缺少合作意願，喜歡單干，但在西方，這種「單干」做法並不常見，因為沒有當地開發商的支持，項目運作將非常困難。

　　至於去哪個國家投資買房更好，一位企業家說，美國是上選，舊金山、洛杉磯和加拿大的溫哥華是中國富人海外置業城市的前三名，中國香港和倫敦則是房市泡沫風險最高的城市。數據顯示，2014年至2015上半年，美國交易量佔海外交易量的25%以上。

　　資料來源：2015年11月16日《環球時報》。

三、澄清對國際化經營的一些模糊認識[①]

　　企業從事國際化經營，絕不是「趕時髦」，而要做好充分的準備，做一系列踏實而艱苦的工作。有關這方面的一些模糊認識首先須要澄清：

　　(1)「任何公司，只要有錢，就能向全球擴展。」其實，企業要想在國外取得成功，必須通過周密調研，弄清有關情況，在某國某地有社會需求；更重要的是，自己擁有一些競爭實力和優勢，包括先進技術、著名品牌、低成本、獨特的服務質

---

① 原載於英國1999年11月29日《金融時報》，同年12月21日《參考消息》轉載。

量等。如企業沒有競爭力，只是有錢，在國內也難維持，更無法向國外擴展了。

（2）「距離與國界已不再重要了。」事實上，距離仍會帶來運輸和通信費用的差別，國家間的文化差異（乃至語言）也很重要，應受到重視。哈佛商學院一教授曾寫專文探討「距離」因素，並將地理上的距離擴大到文化、行政或政治、經濟等方面，頗有說服力，見新視角9-3。

（3）「只有發展中國家才是用武之地。」實際上，全球化在很大程度上仍然集中在發達國家，任何想進入國際市場的公司都應重視發達國家的市場。中國的成功企業如海爾、遠大、萬向等都把公司「先辦到美國去，到最激烈的市場中去佔有一席之地」。當然，我們也不可忽視發展中國家，也可以先進入發展中國家再向發達國家進軍。

（4）「在人工成本最低的國家去製造產品。」這話不全面，應考慮製造的總成本而不僅是人工成本。如人工成本低而總成本高（例如原材料的遠距離運輸），仍然不適合作生產基地。

（5）「政府已不再重要。」這話不對，各國政府仍然在干預經濟，為發展各自的經濟出力，還在參與制定全球的經濟運行規則（例如在WTO及世界銀行中），怎麼會不重要了呢？恰恰相反，任何企業在從事國際化經營過程中，都應當努力搞好與本國和東道國政府的關係，爭取獲得它們的支持。

新視角9-3：

誰說「距離」不是問題（摘要）

哈佛商學院教授潘克‧基默威特

一些公司常高估了國外市場的吸引力，而忽視了距離帶來的困難和不利影響。有下列四種距離：

（1）文化距離。不同的宗教信仰、種族、社會規範和語言，都可以在兩個國家間形成距離。文化特性會影響消費選擇。

（2）行政或政治距離。共有的歷史或政治聯繫，常會影響國與國之間的貿易，所以像英國、法國、西班牙等國至今仍然同它們原來的殖民地保持著密切的聯繫。優惠關稅措施等也可使貿易增長。

（3）地理位置。包括兩國間的距離，還有交通和通信設施建設狀況。

（4）經濟距離。消費者的財富和收入水平的差距，也會對貿易產生重大影響。富裕國家之間的貿易遠大於它們與貧窮國家之間的貿易，而且貧窮國家本身和富裕國家之間的貿易也大於和其他貧窮國家之間的貿易。

下表是產業對「距離」的敏感度：

敏感度	文化距離 （語言連接）	行政距離 （優惠貿易協定）	地理距離 （實際間隔）	經濟距離 （財富差異）
較為敏感	肉類及其製品，穀物及其製品，各類食品，菸草及香菸，辦公室機器及自動化設備	黃金、非貨幣物質，電力，咖啡、茶、可可、香料，紡織纖維，糖、糖製品、蜂蜜	電力，天然氣、人造氣體，紙張、硬紙板，活體動物，糖、糖製品、蜂蜜	不含鐵金屬，人工肥料，肉類及其製品，鐵和鋼，紙漿及廢紙
較不敏感	攝影儀器、光學產品，手錶，道路運輸工具，軟木及木材，金屬加工機械，電力	天然氣、人造氣體，旅行用品、手提袋，鞋類，衛生用品、水電、暖氣，照明設施，家具及其組件	紙漿及廢紙，攝影儀器、光學產品，手錶，電信及錄音設備，咖啡、茶、可可、香料，黃金、非貨幣物質	咖啡、茶、可可、香料，動物油的脂肪，辦公室機器及自動化設備，發電機和設備、手錶，攝影儀器、光學產品

資料來源：原文載於《哈佛工商評論》，臺灣《工商時報》2001年11月21日譯載，《參考消息》2001年12月3日轉載。

第二節 選擇競爭範圍和進入方式的戰略

一、選擇參與競爭範圍的戰略

企業從事國際化經營，有許多戰略須要選擇，首先是選擇參與競爭的範圍。這有下列四種戰略[①]：

（1）全面參與世界競爭。即企業的全部產品面向全世界，全面出擊。這需要雄厚的實力及對其戰略的長期貫徹，在與各國政府的關係上應著重減少競爭的障礙。

（2）世界性集中化。即面向全世界，但集中於某些細分市場，在細分市場上發揮低成本或差別化的優勢。所選的細分市場應當是競爭障礙低且企業地位不受上一類競爭者侵犯的。

（3）國家性集中化。即集中在某些國家經營，針對那些國家市場的特徵，集

---
① ＭＥ波特. 競爭戰略［Ｍ］. 夏忠華，等，譯. 北京：中國財政經濟出版社，1989.

中力量贏得優勢，同進入那些國家的其他企業相競爭。

（4）選擇受到保護的局部市場。有些國家的政府通過要求高比例國產化、高關稅等手段排斥外國企業，企業即可依靠這些限制設法進入，受到保護，在局部市場上經營。為了保證受到保護，企業對東道國政府極為重視。

上述四種戰略的競爭範圍有廣有狹。企業一般可從較狹的範圍起步，例如選擇少數國家或一二細分市場開始經營，以後隨著企業實力增強和經驗累積再逐步擴大，直至面向全世界。

汽車、機電產品、電子產品等全球產業，為了減少全球競爭的障礙，越來越廣泛地採用跨國的聯盟戰略，即由各國的企業經過協商簽訂聯盟協議，團結起來，克服在技術、市場准入和其他領域中實施全球戰略的障礙。

二、選擇進入外國市場的戰略

在確定參與競爭範圍之後，企業如何進入外國市場或在外國市場布點呢？這又有多種戰略可供選擇，主要是：

（1）出口（Exporting）。即商品輸出，國內生產，國外銷售。這是低級的進入方式。

（2）許可證（Licensing）與特許權（Franchising）。企業將其商標、品牌或產品的生產經營權授予東道國的某些企業，雙方簽訂協議，受權者為此向企業支付報酬。

（3）合同製造（Contract Manufacturing）。企業為外國公司加工製造某種產品，按照外國公司的要求，產品用外國公司商標，企業只收加工費。

（4）交鑰匙工程（Turn Key Operations）。企業在國外承包建設工程，待工程竣工後即移交東道國管理。這些企業通常是工程所需設備的製造商，既為工程供應設備，又提供培訓、維修服務。與此相類似的還有BOT（Building-Operating-Transferring）工程，其特點是承包工程竣工後，仍然由企業管理和經營，直到合同規定期滿才移交東道國。

（5）管理合同（Management Contracts）。企業派出人員為東道國的企業提供技術和管理服務，收取一定報酬。它可以同交鑰匙工程結合起來。

（6）合資經營（Joint Venture）。企業同東道國的企業組建一合資企業，從事本企業產品的生產和銷售，以充分利用東道國企業的資源、分銷渠道和管理經驗等。

（7）收購（Acquisition）。企業利用收購東道國企業的方式迅速進入東道國市場，並充分利用被收購企業的資源和分銷渠道等。

（8）新建設施（Greenfield Venture）。企業直接在東道國投資新建生產設施，從事生產經營。這是最高級的進入方式。

（9）生產分享（Production Sharing）。企業在多個國家新建設施，以充分利用低成本國家的優勢，然后把產品組裝起來，向全世界銷售。

上述諸戰略各有利弊。例如企業出口產品比較簡便易行，通常是國際化經營的開始一步，待熟悉東道國市場后才能考慮進一步的動作；但運輸費和進口關稅的影響導致產品價高，影響競爭力，它還存在庫存高、資金占用多、用戶服務難等問題。企業直接投資在外國新建設施自然頗為費時費錢，且風險甚大，但卻能更自由地進行工廠設計、招收勞動力和選擇供應商，而且進入東道國內部享受與東道國企業同等的國民待遇，避開了關稅和貿易壁壘，如經營得當，可獲得高於平均水平的回報。新視角9-4說明併購外國對手的好處。

新視角9-4：

中企為何要併購西方對手

中國企業有兩種途徑實現海外擴張，一是擴大現有營運規模，另一是併購外國對手。華為公司走的是第一條路，先是努力壯大自身實力，再集中精力打入東南亞和非洲市場，並累積營運經驗，然后進入英美等發達國家市場。

海爾、萬向、聯想、三一重工等越來越多的企業走的是第二條路。併購外國企業的理由是：獲得新的分銷渠道、更為先進的外國技術，從創立多年的國際品牌中獲益。

2012年1月，三一重工出資3.24億歐元收購德國普茨邁斯特公司90%的股份。此前，公司的海外銷售僅占其收入的4%，通過這筆收購，其海外銷售額增長3倍，並獲得海外分銷渠道和服務網路，一舉成為行業領袖的有力競爭者。

資料來源：2012年3月1日《環球時報》。

關於這些戰略的選擇，有學者建議考察兩個指標：①市場複雜性（Market Complexity）。這是指在特定的東道國競爭市場上關鍵的成功因素的數目，如企業須考慮的因素多，則成功的複雜性增大。②產品多樣化（Product Diversity）。這是指企業自身產品線的寬度，如企業提供的產品品種很多，則多樣性就高。我們將此兩指標劃分出高、中、低三檔，即可得出一個9象限的矩陣，如圖9-1所示。

圖9-1中列出每個象限適於採用的進入戰略。須補充說明的是，此圖將在國外設立的機構（除合資外）分為兩種：一為「分公司」（Branch），指銷售服務性質的分支機構，負責銷售、用戶服務和分銷渠道；另一為「子公司」（Subsidiary），指投資額大、有完整的生產經營過程、自主控制的機構，類似於前述的新建設施。此圖說明，在市場不複雜、產品單一時，適於採用「出口」戰略；只有在東道國市場高度複雜、企業產品又高度多樣化時，才適於採用「子公司」即新建設施戰略。

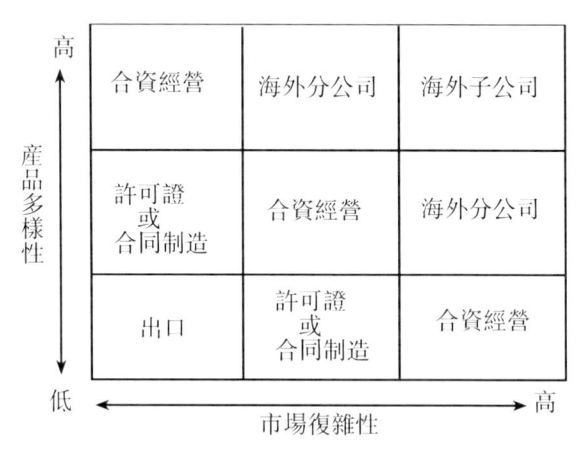

合資經營	海外分公司	海外子公司
許可證或合同制造	合資經營	海外分公司
出口	許可證或合同制造	合資經營

產品多樣性（低→高）　市場復雜性（低→高）

圖 9-1　進入外國市場戰略選擇圖

資料來源：J A PEARCE II, et al. Strategic Management [M]. 6th Edition. McGraw-Hill, 1997：123. 東北財經大學出版社 1998 年重印本。

必須指出，上述多種進入戰略並不是相互排斥的，而是可以同時結合採用的。例如，某企業在繼續實施出口戰略時，又組建若干合資企業或設立自己的銷售分公司。長虹集團進軍美國市場就同時採用了三種進入戰略，見新視角 9-5。杭州的萬向集團在外國市場上也採用了不同的進入戰略，見新視角 9-6。

新視角 9-5：

長虹用「組合拳」徵戰國際市場

中國加入 WTO 后，許多家電企業都準備大步邁向國際，這就有一個進入方式的選擇問題。目前，國內的家電企業進入美國市場的方式有幾種。一是為美國品牌進行代工生產（OEM），難度最小；二是根據經銷商的要求，定做一些個性化的產品；三是在技術上填補市場空白，形成富有技術含量的產品，進入難度最大，形成的利潤也最大。三種方式可以並用，長虹就是如此。

在背投彩電上，長虹利用它是世界第四位彩電生產商的知名度和變頻加逐行掃描的技術領先優勢，直接出口美國，奪取高端市場。據透露，2002 年 1 季

度，美國已向長虹簽下7.2萬臺背投的訂單，全年可達20萬臺，這說明，長虹背投彩電已打開了美國市場。

在空調上，長虹採用按經銷商要求定做的方式，在家用小型中央空調、商務空調上展開「企業對企業」（B2B）交易。

在如DVD播放機之類的激光視聽產品上，由於用自身品牌要交高昂的DB、Dts等技術標準的專利使用費，長虹就與美國品牌合作，開展貼牌加工，賺取一些加工費。

這樣，高、中、低檔相組合，用「組合拳」打進美國市場。長虹認為，從長遠看，擁有自己的核心技術是最有競爭力的，「中國造」應成為高質量、高技術、高價格的代表。2005年，長虹跨入世界品牌500強。2008年，長虹品牌價值達655.89億元，其產品銷往全球100多個國家和地區。

資料來源：2001年12月27日《成都日報》。

新視角9-6：

魯冠球解讀萬向海外戰略

中國企業走向國際化最難的就是你的產品怎樣進入當地的市場，你的品牌怎樣被人家認可。直到現在，擴大銷售網路、爭搶進入國際市場的渠道，仍然是萬向的首要目標。我們在海外前後進行的18次收購，主要就是擴大我們在當地的銷售網路。

最近我們收購美國的聯合美國工業公司（UAI），也是收購它們的網路，收購它們長期建立起來的品牌和信譽。UAI的市場網路已非常完善，尤其是它們的制動器產品在美國的維修市場上的份額最大。萬向是1999年才開始生產制動器的，在美國的銷售很有限。我們把UAI收購後，利用其市場網路來賣萬向的產品，我們的美國市場就打開了。

UAI每年的銷售額有7,500萬美元，自己設廠生產5,000萬美元的產品，其餘2,500萬美元的產品採用OEM方式由其他廠商生產。我們收購UAI後，那些技術含量高、附加值高的產品仍然在美國生產，以充分利用當地的資源（萬向的技術實力暫時還達不到要求）；但是那2,500萬美元的產品，我們就拿回國來生產，成本可降低30%~40%，質量不降而價格可降，萬向的品牌就上去了。UAI原來的上市股價是5美元，萬向收購時是1.39美元，現在市場對收購看好，股價已回升至近4美元。

還有一家美國企業，是萬向於1998年收購的，只花去42萬美元就買了它

的品牌、技術專利、專用設備和市場網路。我們把它的產品全部拿回國內生產，每年在美國市場上增加了 500 萬美元的銷售額。

2002 年我們計劃在海外市場上做 10 件大事，主要就是收購，可能要花至少 5,000 萬美元去收購一企業，已談了一年多了。2001 年萬向的出口達 1.75 億美元，2002 年估計能超過 2 億美元。

2007 年，萬向在美國進行了三次收購，其中最大的是收購總部位於底特律的 AI 公司，成為它的第一大股東。AI 每年要向汽車三巨頭提供約 80 億美元的組裝模塊化供貨業務。

資料來源：2002 年 2 月 11 日《成都日報》第 1 版。

三、出口和技術轉讓的戰略選擇

在已選定出口作為進入外國市場的戰略之後，企業還須進一步確定如何使產品能順利地進入和占領外國市場。

企業產品能否出口，順利地進入和占領外國的市場，既取決於產品本身的特點和適應性，又取決於圍繞產品出口所進行的促銷活動。因此，根據產品和促銷兩個因素的關係，可概括出出口行銷的五種基本戰略：①產品和促銷都不改變的直接擴展；②產品不變，促銷適應；③促銷不變，產品適應；④產品與促銷都改變的雙重適應；⑤產品創新。具體如圖 9-2 所示。[①] 這五種戰略各有其運用條件，企業應當靈活選用。

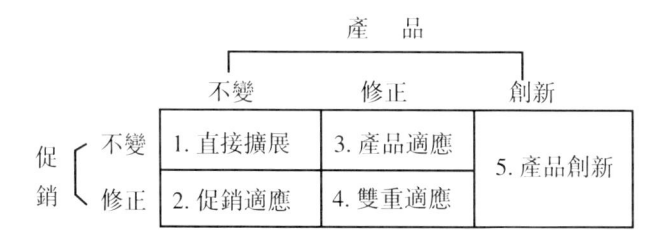

		產　品	
	不變	修正	創新
促銷 不變	1. 直接擴展	3. 產品適應	5. 產品創新
促銷 修正	2. 促銷適應	4. 雙重適應	

圖 9-2　產品出口行銷的五種基本戰略

國際技術轉讓是由處在不同國家的技術持有者和技術需求者在特定的利益動機驅使下共同進行的交易活動。國際技術轉讓的戰略大致可歸納為下列主要類型：

（1）延長技術壽命週期戰略。這是指企業將在本國已進入成熟期或標準化的

---

① 蔣明新. 企業經營戰略 [M]. 成都：西南財經大學出版社，1995：328.

技術向那些還需要這種技術的其他國家或地區轉讓，使在本國成熟的技術在另外的國家重新開始其壽命週期。這種戰略在發達國家企業的技術轉讓活動中採用得最為廣泛。

（2）擴大技術效用戰略。這是指企業在新技術投入國內使用不久即對外國轉讓，目的是索取高額的轉讓費，盡快回收開發研製費用，並迅速占領市場，鞏固競爭地位。這種戰略的採用對轉讓方和接受轉讓方都有一定的限制，往往在技術發展水平相近的國家之間進行。

（3）尋找出路戰略。這是指企業新開發的技術因某種原因在本國暫時難以轉化為現實的生產力，就到國外去尋找出路，以便迅速收回開發費用，為新的技術開發或其他經營活動提供投入。由於技術創新活動的迅速發展及各國社會需求和生產條件的多樣性，這種戰略也常被採用。

第三節　多國戰略與全球戰略

一、多國戰略與全球戰略的概念

這是國際化經營企業所奉行的兩類基本戰略，來自前述兩類競爭和兩類產業（見本章第一節）。

多國戰略（Multidomestic or Multinational Strategy）是那些面臨多國競爭的多國產業企業所採用的戰略，其特點是企業分佈在各國的下屬單位都按照所在國家的市場情況相對自主地制定和實施各自的戰略，企業總部基本上不進行整合和協調，這樣才能適應多國競爭的需要。這時企業總部的總體戰略不過是若干個單個國家戰略的集合體，所以稱為多國戰略。

全球戰略（Global Strategy）則是那些面臨全球競爭的全球產業企業所採用的戰略，其特點是為了適應全球競爭的需要，企業分佈在各國的下屬單位制定和實施的戰略必須報經企業總部統一協調，或者由總部制定，交下屬單位實施。這時企業總部的總體戰略才是真正意義上的全球統一戰略。

多國戰略與全球戰略的差別，見表9-2。

表 9-2　　　　　　　　多國戰略與全球戰略的對比

項　　目	多國戰略	全球戰略
戰略實施地域	經過精選的一些國家、地區	購買本企業產品的許多國家，直至面向全球
經營戰略	使戰略適合於各個東道國的具體情況，不進行或極少進行戰略的跨國協調	在全球範圍內執行統一協調的戰略，必要時國與國之間有微小差別

表9-2(續)

項　　目	多國戰略	全球戰略
產品線戰略	適應當地需要	大多是品質相同，只是款式、型號有點差別
生產戰略	在許多東道國設廠	根據競爭優勢最大化的原則來設廠（如在低成本國家，或接近市場，或地域分散以節約運費，或建立少數大廠以盡量享受規模經濟效益）
供應品來源	盡量使用東道國供應商（本地設施滿足本地需要，或東道國政府有此要求）	在全球範圍內尋找有吸引力的供應商
市場行銷和分銷	適應每個東道國的文化和慣例	側重在全球範圍內協調，必要時有微小差別
公司組織	在每個東道國設立子公司，程度不同地主動、自主經營，適應所在國情況	一切主要的戰略決策均由全球總部來協調，全球性的組織結構用於統一在各國的活動

資料來源：A A THOMPSON Jr., A J STRICKLAND Ⅲ. Strategic Management [M]. 10th Edition. McGraw-Hill, 1998：191.

二、多國戰略與全球戰略的優缺點

多國戰略的優點在於公司的經營和競爭方式能適應東道國的情況。它在下列條件下最為適用：①國與國之間顧客的需求和購買習慣有顯著差異時；②各國的顧客喜愛特別定貨或定做的產品時；③政府法令要求公司出售的商品遵守嚴格的生產說明書或特定性能標準時；④貿易的限制非常分散而複雜，以致無法在世界範圍內採用協調一致的市場手法時。

但多國戰略有兩個缺點：①它很難將公司的競爭力和資源在國與國之間轉移和開發；②它不能促使公司建立統一的競爭優勢。

全球戰略的優缺點正好相反。其優點在於能集中力量建立公司統一的競爭優勢。具體而言：①能將其生產經營設施安排在最有利的國家，或集中或分散，並對他們的戰略行動統一協調。例如零部件製造和產品裝配存在巨大的規模經濟效益，就適合於集中安排在成本較低的國家，組織大規模生產，並將零部件廠成群地布置在裝配廠周圍。在產品運輸不便、運費高昂、集中生產不利時，或貿易壁壘高使集中於一地生產的代價過大時，則適於分散布點。有時，公司分散設廠是為了縮短向顧客交貨的時間，或分散匯率變動的風險，或預防供應上的干擾及不利的政局變化等。至於同顧客接近的活動，如銷售、廣告、售后服務等，則都應

分散安排，靠近顧客。②能將位於不同國家的活動連接起來，及時轉移在技術開發、管理創新上的成果，更充分地利用公司的核心競爭力，還可選擇在何處挑戰競爭對手最為有利，這些都便於公司建立持久的競爭優勢。

全球戰略的缺點則是難以適應各東道國的特點，適應各國不同的情況。

我們明確了兩種戰略的優缺點，就知道在何種情況下應採用何種戰略，並且在採用該戰略時盡可能充分地發揮其優點而克服其缺點。不過，兩種戰略也有可能結合起來使用。

三、多國戰略與全球戰略的結合

兩種戰略的結合可分三種情況：

（1）從全球戰略轉到多國戰略。以家用電器產業為例。直至 20 世紀 70 年代末 80 年代初，此產業在研製、生產和銷售上的經濟規模高達每年約 250 萬臺。這就使得企業規模極度擴大，如日本的松下公司就大量生產標準化的產品向全世界銷售，這便是全球戰略。有趣的是，松下戰略的成功把它的競爭對手推向多國戰略，加以各國政府開始抵制大量進口（減少外貿逆差）、採取反傾銷措施和貿易限制等，其他公司就在各地建立中小企業適應當地需要組織生產，這便是多國戰略。后來，松下公司也不得不這樣，即在各國建廠，按不同國家的要求生產，現在它的產品型號很多，每種型號產量不大，但總產量是上升的。這裡是說，全球戰略有可能改變為多國戰略，並不是說家用電器業已非全球產業而是多國產業了。

（2）從多國戰略轉到全球戰略。以洗衣粉產業為例。歐洲的這個產業一直奉行多國戰略，因為在 20 世紀 80 年代，各國的洗衣機不同，洗滌習慣不同，加以水的硬度、混紡纖維、愛好的香味、立法規定的含磷量、市場行銷慣例等也不相同，這就要求企業適應各國特點去設廠生產，這就是多國戰略。后來情況變了，洗衣機型號減少，洗滌方法大大標準化，化纖廣泛使用，加以 20 世紀 70 年代的石油危機使原料價格上漲，經濟衰退又不允許產品漲價，這就迫使公司追求規模經濟以降低成本，轉而採用全球戰略，連過去委託化工公司去干的研究與開發，也收回來自己干了。

（3）混合戰略，又稱跨國戰略（Transnational Strategy），即真正意義上的兩種戰略的結合。以全球馳名的麥當勞為例。這家快餐公司的成功首先在於它能適應國外的飲食需要，允許各國夥伴對菜和飲料做些改動，連店址也由各國夥伴按各地情況考慮，這是多國戰略。但公司在食品品質和經營方式上卻一直堅持高度的標準化不變：如「炸薯條」，為保證全球統一的質量標準，它在選定的 18 個國家引種美國愛達荷州土豆；在經營標準上有詳細規定的「商店守則」，還要求各國的夥伴必須去設在幾個國家的「漢堡包大學」接受培訓，並嚴格按統一標準辦

事。這便是全球戰略。所謂「麥當勞經驗」（McDonald's Experience），正是兩種戰略的結合。

國際電力電器巨商 ABB 提出的「全球化思考，本地化行動」，也有將兩種戰略相結合之意。中國一些從事國際化經營的企業，如海爾、海信等，也讚賞這種做法並付諸實踐。

第四節　國際化經營與競爭優勢

人們常講的競爭優勢有三：低成本、差別化、快速回應。在國際化經營中，還須增加一種，稱為「與政府的關係」（Government Relations）。企業無論實行多國戰略還是全球戰略，都可以而且應該努力去尋求這些競爭優勢，如表 9-3 所示。以下再分別說明。

表 9-3　　　　　　　　兩種戰略與競爭優勢

競爭優勢	多國戰略	全球戰略
差別化	使生產銷售活動適應各國的特點	用標準化的、有自身特色的產品向全世界銷售
低成本	在海外各國設廠，以減少運費和交易稅（如關稅）	採用集中化的、高度的生產設施，充分享受規模經濟效益
快速回應	與東道國的夥伴合資經營，盡快進入新市場	將來自世界各地的先進技術結合起來，加快創新
政府關係	同當地政府建立良好關係，幫助解決政府面臨的問題	將業務集中於某個國家，戰勝在其他國家遇到的貿易障礙

資料來源：ALEEX MILLER. Strategic Management [M]. 3rd Edition. Mc Graw-Hill, 1998.

一、差別化

一般說來，企業奉行多國戰略較易於適應東道國的經濟、社會文化特點，有利於贏得差別化優勢。但奉行全球戰略的企業也可能利用其規模經濟和統一調動各國力量的優點，盡可能多地研製和生產富有特色的、不同於全球競爭對手的產品，向全球推銷，這也是差別化優勢。

在兩種戰略下，差別化優勢的來源如表 9-4 所示，應充分加以利用。

表 9-4　　　　　　　　　差別化競爭優勢的來源

多國戰略	全球戰略
1. 增加各下屬經營單位的自由度，使其能調整促銷和廣告，去適應各國口味。	1. 在面向全球的廣告和形象促銷上的規模經濟。
2. 靈活應用當地的研究與開發（R&D），開發適合該國需要的新產品。	2. 能為開發有特色的產品而調動各國的 R&D 設施和資源。
3. 加強售後服務，使之適應特定市場的特定文化標準。	3. 創建全球性網路，提供有特色的全球一致的服務水平。

資料來源：ALEX MILLER. Strategic Management [M]. 3rd Edition. Mc Graw-Hill, 1998.

二、低成本

一般說來，企業奉行全球戰略可獲得規模經濟效益，從而易於贏得低成本的優勢。但奉行多國戰略的企業也可能獲得此優勢，問題是看企業產品成本結構中哪些方面的費用居多。例如化工、計算機、民用飛機、重型機械製造等產業，其增加值大部分來自 R&D、產品設計和製造過程（屬於價值鏈的上游），這就適於採用全球戰略去降低成本。反之，如食品、飲食服務、保險、證券服務等產業，其增加值主要來自於市場行銷、銷售和服務（屬於價值鏈的下游），就宜採用多國戰略去降低成本。

在兩種戰略下，低成本優勢的來源如表 9-5 所示，應充分利用。

表 9-5　　　　　　　　　低成本優勢的來源

多國戰略	全球戰略
1. 由於就地生產，可減少運費。	1. 由於集中大量生產標準化產品，可獲得規模經濟效益。
2. 由於在東道國生產，可不上關稅等交易稅。	2. 可減少因在幾個工廠生產相似產品而經常發生的重複性存貨。

資料來源：ALEX MILLER. Strategic Management [M]. 3rd Edition. Mc Graw-Hill, 1998.

三、快速回應

企業採用多國戰略，可與東道國的夥伴合資經營，從而快速進入東道國市場，還可借助夥伴獲得許多有價值的信息和當地銀行貸款。奉行全球戰略的企業則可快速研製出新產品投放市場，例如奧迪斯電梯公司（Otis）新近推出的「SMART」電梯系列，就是它分設在美國、法國、德國、日本、西班牙五國的六個研究中心協作開發成功的，公司估計協作開發將開發週期從 4 年縮短至 2 年，

節約設計費 1,000 萬美元以上。

在兩種戰略下，快速回應優勢的來源如表 9-6 所示，應充分利用。

表 9-6　　　　　　　　　　快速回應優勢的來源

多國戰略	全球戰略
1. 通過合資經營，快速進入東道國，且夥伴熟悉當地情況。	1. 通過總部協調，可調集更多資源去解決開拓新市場的問題。
2. 各地的單位有獨立性，能較快地回應當地的發展情況。	2. 各地的 R&D 機構協作開發，從而快速開發出新產品。

資料來源：ALEX MILLER. Strategic Management [M]. 3rd Edition. Mc Graw-Hill, 1998.

四、與政府的關係

政府關係在國內經營中已相當重要，而對國際化經營來說，則可能是無價的優勢。政府在此可扮演立法者、合夥談判者、物資供應者、顧客、競爭者等角色，可能給國際化經營者帶來利益，也可能帶來困難。因此，政府關係成為一競爭優勢。企業奉行多國戰略，可以靈活地適應東道國的社會文化和風俗習慣，幫助東道國政府解決一些社會問題，以贏得這一優勢。奉行全球戰略的企業，同樣可通過協助解決東道國的問題來搞好與政府的關係。例如 IBM 就在拉美一些國家設立「兒童營養計劃項目」，為墨西哥政府的「農業優先計劃」充當顧問。有些跨國公司出資贊助中國的希望工程和體育比賽，美國微軟公司還幫助中國培訓計算機人員，推進再就業工程，都有搞好與政府的關係的用意。奉行全球戰略的企業還可利用自身的全球網路來對付來自政府方面的壓力。如德國的巴斯夫 (BASF) 醫藥公司擬在國內建生物技術研究中心，遭到環保主義者「綠黨」反對，政府也不同意，后來就只好跑到美國波士頓去將這個中心建立起來。

在兩種戰略下，政府關係優勢的來源如表 9-7 所示，應充分加以利用。

表 9-7　　　　　　　　　　政府關係優勢的來源

多國戰略	全球戰略
1. 在當地設廠，幫助當地人就業，而不是單純從國外輸入產品。	1. 公司總體比分散在各國的下屬單位具有更強大的談判能力。
2. 靈活地去適應當地的社會文化，幫助解決一些社會問題。	2. 如當地情況有變，可靈活地將業務轉移他處。

資料來源：ALEX MILLER. Strategic Management [M]. 3rd Edition. Mc Graw-Hill, 1998.

最后須說明，在國際競爭中，中國企業應總結經驗教訓，以國家、企業和職工的利益為重，發揮團隊精神，不要去干低價競銷、自相殘殺、令親者痛仇者快

的蠢事（見新視角9-7）。我們如能從上述四方面去尋求競爭優勢，將有助於消除這種蠢事。

> **新視角9-7：**
>
> ### 別再幹自相殘殺的蠢事
>
> 針對一些國內企業在海外市場低價競銷、自相殘殺的情況，原外經貿部部長石廣生大聲疾呼：國內企業要以國家、企業和職工的利益為重，在開拓海外市場時發揮團隊精神，千萬不要再搞那些令人痛心的惡性競爭。
>
> 石廣生在全國機電產品進出口工作會上指出，我們一些國內企業在參加海外項目的招投標時，對準的目標不是外國競爭者，而是國內的同行，寧肯大家不中標，也不能讓你中標。有的企業剛開拓了國際市場，另一同行企業也拚命擠進去，專門挖國內同行的牆腳，價格降到雙方均無利可圖，兩敗俱傷，結果不是退出這個市場，就是被人家反傾銷。這種競爭在某些海外市場、某些產品上已經到了令人無法容忍的地步。
>
> 石廣生說，打價格戰，打到哪天為止？沒有利潤，國家的利益還要不要？工廠還活不活？職工的收入怎麼保障？企業開拓國際市場，價格不是唯一的標準，關鍵在於質量和售後服務。中國的機電產品出口雖然發展很快，但根基還不牢，在國際上知名的品牌不多，僅占世界機電產品出口總額的3.8%，還有很大的發展空間。我們在開拓海外市場時，一定要發揮團隊精神，互相協調，努力擴大中國產品在國外市場上的份額。據瞭解，中國的彩色電視機和自行車等出口產品，正是由於國內企業在一些海外市場自相殘殺、惡性競爭導致反傾銷，最終丟掉了這些市場。
>
> 資料來源：2002年1月21日《成都日報》A3版。

復習思考題

1. 企業為什麼要從事國際化經營？
2. 從事國際化經營，在戰略調研方面應注意哪些問題？
3. 在國際化經營中，如何選擇參與競爭範圍的戰略？
4. 如何選擇進入外國市場的戰略？
5. 舉例說明出口行銷和技術轉讓的基本戰略。
6. 多國戰略和全球戰略有什麼不同？各有何優缺點？

7. 多國戰略和全球戰略可否結合起來？
8. 「全球化思考，本地化行動」是什麼意思？能否舉例說明？
9. 從事國際化經營，應當從哪些方面去尋求競爭優勢？
10. 請說明國內企業在國際市場上低價競銷、自相殘殺的嚴重危害，應當採取哪些措施加以制止？

案例：

海爾與海信國際化經營戰略的比較

　　青島海爾與海信都是從家電業起家，發展成集科、工、商、貿於一體的實現國際化經營的大型企業集團。然而這兩家集團在國際化經營的初期，卻採取了截然相反的市場進入戰略。

　　海爾採取的是「先難后易」戰略，即先進入歐美等在國際經濟舞臺上分量極重的發達國家，取得名牌地位后，再通過強勢輻射進入發展中國家。而海信則奉行「先易后難」戰略，即先進入南非、南美、東南亞等市場阻力較小的發展中國家和地區，在獲得一定的市場份額后，再向歐美發達國家滲透。

　　值得注意的是，海爾和海信分別在國際市場上站穩后，其國際化經營戰略卻正在趨同，即站在全球高度組織生產經營，進行全球化的技術、資本、生產及市場的全方位合作，實現資源的全球配置，這也是當今世界許多跨國公司採用的全球戰略模式。

　　這兩家集團為何在國際化經營之初採取了不同的戰略，后來又殊途同歸呢？

　　企業成長的先發展型和后發展型的類型劃分理論認為，后發展型企業的主要特點有：①企業成長時，該行業裡已有許多大公司或跨國公司；②該類企業的核心技術主要是引進的。① 據此來衡量，兩家集團在創業初期都屬於典型的后發展型企業。他們依靠高質量優勢，在國內市場取得良好基礎后，才開始國際化經營。作為后發展型企業，在剛進入國外市場時不可能像跨國公司那樣創造全球網路，他們都選擇了價值鏈上的一二環節，集中資源，建立相對的競爭優勢。

　　海爾選擇的關鍵環節是價值鏈上基本活動的最后兩個環節，即市場銷售和服務。它一方面通過大規模銷售服務，逐步建立起全球組織網路和維修服務網路；另一方面通過嚴格管理，樹立「高質量服務」的信譽，將品牌逐步打入國際市場，形成相對競爭優勢。這種優勢對於后發展型企業是可以在較短時間內形成

---

　　① 康榮平、柯銀斌. 中國企業核心能力剖析：海爾與長虹［J］. 中國工業經濟，2000（3）：68.

的，同時由於品牌和服務的優勢是「逆序擴散」的，該套行銷及服務經驗若在阻力大的市場被驗證可行，則在全球範圍內也應該行之有效，所以海爾選擇了「先難后易」戰略。

而海信則選擇基本活動的生產運作和輔助活動的技術開發為關鍵環節，通過加大技術開發的力度和投入，逐步形成強大的研究開發能力，並以數字化管理嚴格控制生產，生產出性能價格比較優的產品打入國際市場。后發展型企業憑藉技術能力形成的優勢是「順序擴散」的，進入擁有先進技術的發達國家比較困難，縱使擁有同等技術，短期內也難以獲得市場認同。因此，海信採用了「先易后難」戰略，先進入技術實力較弱的發展中國家，待創出知名度后再逐漸向發達國家滲透。

為使企業的管理體系更能適應迅速多變的國際市場，海爾實施了業務流程再造的內部市場鏈管理，將市場機制引入企業內部，各部門之間都形成市場交換關係。在此基礎上，海爾對內部的物流、商流和資金流進行了整合，為向電子商務過渡奠定堅實基礎。通過全球商流、物流的整合，企業與顧客和供應商建立了更緊密的聯繫，使資源在全球範圍內得到更有效的配置。在資金上，海爾與同一水平上的各金融組織高效合作；在技術上，海爾與世界知名公司結成聯盟。海爾正在由「海爾的國際化」向「國際化的海爾」目標邁進。

海信則以「全球化思考，本地化行動」的國際化經營思路，努力開拓國際行銷渠道，目標是建設包括北美、南美、西歐、東歐、非洲、大洋洲在內的全球市場網路和服務網路，與海外代理商、供應商、顧客及合作夥伴等建立緊密關係。為體現海信的國際化、科技感和親和力，創立一個世界性的品牌，海信以海信綠色為主色調，以銀灰色、橙色為輔色調，重新設計了企業標示，既體現環保與綠色是當今世界科技的一個趨勢，又宣傳了選擇海信就是選擇了時尚和個性化的生活。

海爾和海信不約而同地實施了戰略重心的轉移，正著力解決企業如何在全球定位，如何整合各方面的關係，如何對各個市場的活動進行統一協調，如何建立適應全球市場變化的柔性組織系統等問題。它們將通過在全球範圍內構造企業的價值網，將國際化經營推向一個更高的階段。

資料來源：林漫，孫健. 從價值鏈角度看企業國際化戰略的運用——海爾與海信國際化戰略的比較［J］. 經濟理論與經濟管理，2001（7）.

［分析問題］

1. 在國際化經營初期，兩個集團選用的市場進入戰略有何不同？為何不同？
2. 現在海爾和海信為什麼都奉行全球戰略？

第十章
企業戰略的選擇、檢驗和評價

本章學習目的

○ 掌握戰略選擇的方法
○ 瞭解影響企業戰略選擇的實踐因素
○ 學會運用戰略檢驗的標準和評價的方法
○ 掌握自發性理解的戰略制定法

我們在前面第六章討論了戰略制定階段各項活動的組織,接著用三章介紹了企業的各類戰略,現在就須要比較詳細地來研究企業戰略選擇的方法,以及對選出的戰略進行檢驗和評價的方法,以便制定出合乎要求的戰略,從而付諸實施。

此外,我們在第一章第二節就提出,對戰略管理過程有兩種理解:常規性理解和自發性理解。第六章第四節介紹的戰略選擇基本程序和本章開始介紹的戰略選擇方法均屬於常規性理解,側重理性分析,因此,我們有必要對按自發性理解的戰略選擇和制定方法作一些補充說明。

第一節 企業戰略的選擇

一、企業整體戰略和事業部戰略的選擇

在前面第六章,我們介紹了企業戰略選擇的主體,說明在規模較小、未設事業部的企業中,最高管理層要制定企業發展戰略和競爭戰略;在規模較大、設有事業部的企業中,最高管理層僅制定企業發展戰略,但要為所有的事業部選擇其

發展戰略，而競爭戰略則留待各事業部自行選擇。我們在本目中準備只討論企業整體的發展戰略和兩個層次共有的競爭戰略，而最高管理層為事業部選擇發展戰略則放在下一目。

首先簡要說明競爭戰略的選擇，其實，此問題在第八章已經解決。我們介紹了基本競爭戰略，以及各種戰略適用的範圍和條件，如企業和事業部要選擇，只須對應戰略調研獲得的內外部環境信息，便不難做出決策。此外，我們還直接介紹了不同產業環境、不同競爭地位和不同規模的企業競爭戰略的選擇，更易於參照實行。

這裡著重介紹企業整體的發展戰略如何選擇。企業發展戰略同企業發展的階段密切相關，其間似乎有一定規律性。當企業建立初期，規模小，實力弱，一般都只有一二種產品，只能執行集中發展戰略，著重抓產品質量和消耗，力求以質優價廉的優勢打開市場並迅速站穩腳跟。① 待業務增長、規模擴大以後，企業或者繼續執行集中發展戰略，或者就開始執行多元化或一體化戰略。若多元化，常是先同心多元化，后複合多元化；若一體化，常是先向前一體化，然後是向後一體化。企業擴張的途徑可以是自身發展，也可以是兼併收購或合資合作。企業在地域的擴展上，發展過程中如遇到市場飽和、不確定性增大等情況，則立即實行謹慎前行、抽資等穩定型戰略。如遇到外部環境極為不利、企業很難應對時，則可能被迫採用轉向、放棄等緊縮型戰略。

我們從新視角 10-1 揭示的新希望集團的發展歷程可以清晰地看出其執行戰略的變化情況，這個例子具有較大的代表性。

新視角 10-1：

新希望集團的發展歷程

聞名全國的民營企業新希望集團經歷了艱苦創業、逐步發展壯大的漫長過程。集團董事長劉永好於 1982 年同三個哥哥一道辭去公職，回到四川新津家鄉，從孵化良種雞和飼養鵪鶉開始創業，后來辦成全國最大的鵪鶉養殖基地。

1987 年，他們準備轉而進軍飼料業，首先延聘專家，興建「希望飼料研究所」，開發出「希望 1 號乳豬飼料」。次年他們才建廠生產飼料，同泰國正大集團正面競爭，並獲得勝利。

---

① 企業初建就執行多元化戰略的情況極為罕見，只有通過兼併或兼併新組建的大企業才有可能。

1992年，他們在重慶渝北區建廠，並成立重慶希望飼料公司。1993年，他們用7天時間在湖南、江西、湖北三省收購了4家國營飼料廠，此后5年共兼併、收購了40多家國有企業。同在1993年，重慶希望飼料公司與上海浦東國有飼料廠合資經營，創辦了上海希望飼料公司。

　　1994年，劉永好提出「光彩工程」后，在國內一些「老、少、邊、窮」地區辦起了若干飼料廠，惠及當地人民。在希望飼料公司經過1992年和1995年兩次改組后，劉永好於1996年在成都成立了新希望集團。集團於1998年在深交所掛牌上市。

　　1999年，新希望集團在越南興建了兩個飼料廠，從此開展國際化經營，在東南亞各國興建了許多廠。后來，集團以飼料為基礎，向養殖業和食品加工業發展，辦起了乳製品廠和肉食品廠。

　　當前，集團規模已相當龐大，但仍以飼料為主產業，涉及食品加工、房地產、金融投資、精細化工、商貿物流、國際貿易等領域。集團總部設在四川省成都市，在國內外擁有獨資和控股企業100余家，員工達3萬余人，集團已成為全國最大的飼料生產企業之一，號稱「中華飼料王」。

　　資料來源：吳小波. 大贏家［M］. 北京：中國企業家出版社，2001.

二、企業為其事業部選擇發展戰略的方法

　　在奉行多元化或一體化戰略的大型企業中，常設置按產品分的事業部，事業部的發展戰略是由企業最高管理層來選擇的，因為這樣才利於協調諸事業部的發展，更合理地分配企業的人力物力資源，提高企業整體的效益。

　　企業為事業部選擇戰略的方法有多種，下面介紹主要的幾種方法。這些方法也適用於未設置事業部、奉行多元化戰略的企業。

　　（一）波士頓諮詢集團的經營組合概念

　　經營組合概念（Business Portfolio Concept）是波士頓諮詢集團（Boston Consulting Group）首創的戰略選擇方法，又稱為「波士頓增長—份額矩陣」（BCG Growth-share Matrix）。由於它簡單易行，被採用得最為普遍。

　　波士頓諮詢集團假定，除最小、最簡單的企業外，一般的企業都由兩個以上的經營單位所組成。這些單位各有不同的產品和市場，所以必須就每個經營單位分別選擇所應採用的發展戰略。兩個以上的經營單位，合稱為經營組合，而經營組合概念就是指為經營組合的每一單位分別制定發展戰略。

　　為每個經營單位選擇戰略，主要依據下列兩個因素或變量：

　　（1）該單位的相對市場份額。按以下公式計算：

$$\text{產品的絕對市場份額} = \frac{\text{本企業某種產品在某市場上的年度銷售量}}{\text{該產品的年度市場銷售總量}} \times 100\%$$

$$\frac{\text{產品的相對}}{\text{市場份額}} = \frac{\text{本企業某種產品的絕對市場份額}}{\text{最大競爭對手的該種產品的絕對市場份額}}$$

相對市場份額這個因素能夠比較準確地反應企業在市場上的競爭地位和實力（優勢或劣勢），也在一定程度上反應其盈利能力，因為較高的市場份額一般會帶來較多的利潤和現金流量。

（2）該單位的業務（市場）增長率。按以下公式計算：

$$\frac{\text{產品的業務}}{\text{（市場）增長率}} = \frac{\text{某產品本年度市場銷售總量} - \text{該產品上年度市場銷售總量}}{\text{該產品上年度市場銷售總量}} \times 100\%$$

業務（市場）增長率這個因素反應產品處於其壽命週期的某個階段，即其市場潛在的機會或威脅。它有雙重作用：①反應市場機會和擴大市場份額的可能性大小，如增長緩慢，則難以擴大市場；②決定投資機會的大小，如增長快，則為迅速收回投資、支付投資收益提供了機會。

如果將上述兩個因素分為高低兩個檔次，就可繪出一個4象限的矩陣。再分別考察每個經營單位的兩個因素，就可把它們列入矩陣中的某個象限。具體如圖10-1所示。

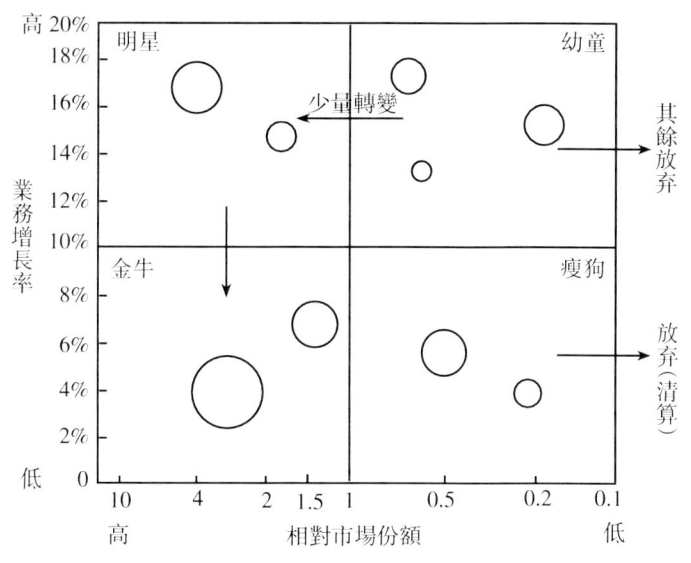

圖10-1　經營組合示意圖（波士頓增長—份額矩陣）

說明：1. 業務增長率（縱軸）用線性坐標，相對市場份額（橫軸）用對數坐標。
2. 劃分高低檔次的界限可根據具體情況來確定。此圖中，業務增長率的界限選用10%；相對市場份額的界限選用1。
3. 圖中的每個圓圈代表一個經營單位（或產品），圓圈大小代表該單位的規模（一般以占用企業資產的比重來衡量）。對每個單位的兩個因素進行分析，即可把它繪入圖中的某個象限。

圖 10-1 中的 4 個象限代表 4 種類型的經營單位，我們通過分析，可以為它們選擇適當的發展戰略：

(1) 明星（Stars）單位。這些單位的相對市場份額高，反應企業競爭實力強，有優勢；而業務增長率也高，反應市場前景美好，有進一步發展的機會。因此，企業應當發揮優勢去抓住機會，對這些單位選擇擴張型戰略，使之成長壯大（這就是第五章第五節提出的 SO 戰略）。企業可能還須要向它們追加投資，應盡力予以滿足。當這些單位日后的業務增長率下降時，它們就將變成金牛單位。

(2) 金牛（Cash Cows）單位。這些單位的相對市場份額高，反應企業競爭地位強，有優勢；但其業務增長率已不高，表明市場前景不妙，不宜再增加投資去擴張。企業對它們比較適合於採用穩定型戰略，即維持現狀，盡量保持其現有的市場份額，而將其創造的利潤抽出來，拿去滿足明星單位和一部分幼童單位發展擴張的需要（這也就是第五章第五節提出的 ST 戰略）。

(3) 幼童（Children）單位。這些單位的業務增長率高，表明企業市場前景美好，有發展的機會；但其市場份額低，表明企業實力不強，獲利甚微，要加以發展，必須大量追加投資。然而企業可用於投資的資金總是有限的，往往不能使所有的幼童單位都得到發展。因此，企業對幼童單位要一分為二，對它們中確有發展前途的採用擴張型戰略，追加投資，增強其競爭地位，使之轉變成明星單位；其餘的就只好割愛，採取放棄戰略（這也就是第五章第五節提出的 WO 戰略）。

(4) 瘦狗（Dogs）單位。這些單位的市場份額和業務增長率都較低，表明企業既無多大實力，又無發展前景，再去追加投資已不合算。企業比較適宜的戰略是維持現狀的抽資戰略，也可以放棄（清算），這也就是第五章第五節提到的 WT 戰略。

對多數大型企業而言，它們下屬的經營單位可能分佈於矩陣的各個象限（如圖 10-1 所示）。其經營戰略組合可概括為：擴張明星單位，有選擇地發展幼童單位，維持金牛單位，放棄瘦狗單位和部分幼童單位。金牛單位提供的利潤，則用於發展明星單位和一部分幼童單位。

波士頓諮詢集團提出，運用它們首創的這個方法，可為企業繪製出不同時期的矩陣圖（現在的、過去 3~5 年前的、預測 3~5 年后的），相互對照，可使管理者對已經出現的和可能出現的戰略選擇后果得到清晰的認識。

后來，有兩位學者，湯普森（Arthur A. Thompson）和斯特里克蘭（A. J. Strickland），發展了波士頓增長—份額矩陣。他們繪製了戰略方案圖，將 4 個象限的經營單位可以採用的戰略列入象限中，使人們易於掌握。[①] 戰略方案圖如圖

---

① A A THOMPSON, A J STRICKLAND. Strategy and Policy [M]. Business Publications, Inc., 1978: 86-88.

10-2 所示。

```
           高
            ┌─────────────────────┬─────────────────────┐
            │ 明星                │ 幼童                │
            │  1. 單一經營。      │  1. 單一經營。      │
            │  2. 縱向一體化。    │  2. 橫向一體化或合并。│
       業   │  3. 同心多樣化。    │  3. 放棄。          │
       務   │                    │  4. 清算。          │
       增   ├─────────────────────┼─────────────────────┤
       長   │ 金牛                │ 瘦狗                │
       率   │  1. 抽資。          │  1. 緊縮。          │
            │  2. 同心多樣化。    │  2. 多樣化。        │
            │  3. 復合多樣化。    │  3. 放弃。          │
            │  4. 合資經營。      │  4. 清算。          │
           低└─────────────────────┴─────────────────────┘
            高        相對市場份額          低
```

圖 10-2　戰略方案圖

說明：各象限所列戰略是按原作者認定的優先順序排列的，本圖在引用時在畫法上有微小改動。

　　波士頓諮詢集團創造的這種方法以其簡便易行而被廣泛採用，但也因此而受到許多批評。主要的批評意見如下：

（1）市場份額不過是企業總體競爭地位的一個方面，業務增長率也不過是表明市場前景的一個方面，而且僅僅按高低兩檔來劃分4個象限，這些都太簡單化了。

（2）計算相對市場份額時只同最大的競爭對手聯繫起來，而忽視了那些市場份額在迅速增長的較小的競爭者。

（3）市場份額同盈利率之間不一定有密切的聯繫，低市場份額也可能有高盈利；反之亦然。

（4）市場增長率最高並不一定就最好。

（5）瘦狗單位不一定就應當很快放棄。在衰退產業中，一些市場份額低的產品如果需求穩定和可以預測，則可能賺大錢；如果競爭者都退出，則該產品的市場份額還會增長，甚至可能成為市場領先者，變成金牛。

（二）通用電氣公司的戰略經營計劃方格

　　戰略經營計劃方格（Strategic Business Planning Grid），又稱為紅燈戰略（Stoplight Strategy），是由美國的通用電氣公司在麥金西諮詢公司（Mckinsey and Company Consulting Firm）的協助下，對波士頓矩陣加以改進而提出的。

　　這種方法讚成波士頓公司的假定，同樣要求為企業的每個經營單位分別選擇所須採用的戰略。但是它提出了新的兩個因素或變量，每個因素包括以下若干內容：

（1）該單位的實力即競爭地位。它包括市場份額、產品線寬度、行銷策略的

有效性、生產能力和生產率、相對的產品質量、研究開發的優勢、總體形象等項。

（2）該單位的產業吸引力。它包括產業的規模、市場增長率、競爭結構、盈利性、技術的作用、經濟週期的影響、能源的影響、宏觀因素的影響等項。

然後，我們將上述兩因素分為高、中、低3檔，繪製出一個9象限的矩陣，再分別考察每個經營單位的兩個因素，把它們列入矩陣中的某個象限。具體如圖10-3所示。

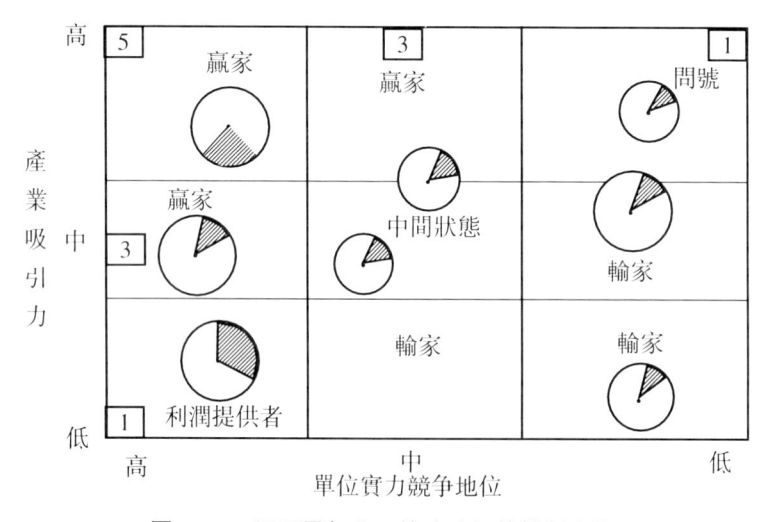

圖10-3　通用電氣公司的戰略經營計劃方格

說明：1. 由於兩個因素都要採用加權的五級計分制來評分，所以劃分高、中、低檔的界限就使用2.33和3.67。
　　　2. 圖中的每個圓圈代表一個經營單位，圓圈大小代表該單位的規模（以佔用企業資產的比重來衡量）。
　　　3. 每個圓圈中的陰影扇形面表示該單位的市場份額。

圖10-3的每個象限有著不同的特點，我們通過分析，可以為它們選擇適當的戰略：

（1）方格中左上角的3個象限都稱為贏家（Winners）。列入它們中的單位都有很強或較強的實力和產業吸引力，類似於波士頓矩陣中的明星單位，一般可採用追加投資的擴張型戰略。

（2）方格中右下角的3個象限稱為輸家（Losers）。列入它們中的單位的實力和產業吸引力都很弱或較弱，類似於波士頓矩陣中的瘦狗單位，一般可採用緊縮型戰略或穩定型戰略。

（3）方格中左下角的象限稱為利潤提供者（Profit Producers）。列入其中的單位實力很強而產業吸引力很弱，類似於波士頓矩陣中的金牛單位，宜採用維持現狀、抽走利潤、支持其他單位的戰略。

（4）方格中右上角的象限稱為問號（Question Marks）。列入此象限的單位的產業吸引力很強，而實力很弱，類似於波士頓矩陣中的幼童單位，應一分為二，選擇其中確有發展前途的採用擴張型戰略，其余只好放棄。

（5）方格中處於中心地位的象限稱為中間狀態（Average Businesses）。列入此象限的單位無論是產業吸引力和實力都算中等，可採用維持現狀的穩定型戰略。

通用電氣公司提出的這種方法比波士頓矩陣要細緻些，而且它強調一點：根據各經營單位現有各種信息得出的實力（競爭地位）和產業吸引力，只反應它們目前狀況，所以必須進一步預測實力和產業吸引力未來的變化趨勢，才能為它們選擇適當的戰略。企業做出未來趨勢的預測后，又能繪製一張計劃方格圖，可用以同原圖相比較，然后慎重做出戰略選擇。這一點是波士頓諮詢集團的方法沒有明確提到的。

企業採用通用公司的方法須解決一個問題，即由於兩個因素都包括若干內容，這就帶來了評價的困難。專家建議的解決辦法是對兩個因素分別運用加權的五級計分制來評分。首先，要為每個因素確定所包含的內容（項目），再按五個等級定出每個項目的評分標準（第一級得 1 分，第二級得 2 分，依此類推）。其次，要按每個項目在該因素中的重要程度規定出不同的權數，權數的總和為 1。然后分別考察各個經營單位，按規定的評分標準打分，再以各項目的得分分別乘上各自的權數之后再加總。這個總分就代表各經營單位的實力或產業吸引力，其分值介於 1 和 5 之間。

通用公司的方法是對波士頓矩陣的一個改進，它考慮了更多的內容，而且這些內容可以在不同時期、不同產業中靈活應用，使之更適合具體情況。然而，它對兩個因素的評價方法確實比較複雜繁瑣，所規定的評分標準、權數以及打分等都帶有強烈的主觀判斷性。

荷蘭皇家殼牌石油集團（Royal Dutch/Shell Oil）創立的政策指導矩陣（Directional Policy Matrix），同通用電氣公司的計劃方格幾乎完全一樣，在歐洲的公司中得到廣泛應用。這個矩陣就是將 9 個象限中可供採用的戰略列出來，使人易於掌握。圖 10-4 是這個矩陣的示意圖。

圖 10-4 中的競爭能力包括市場地位、生產能力、研究開發能力等內容，產業市場前景包括市場增長率、盈利能力、市場質量、法律形勢等內容，也用評分法加以量化。戰略的名稱雖有不同，但同擴張型、穩定型、緊縮型等戰略的含義是相近的。

（三）霍福爾的產品/市場發展矩陣[1]

產品/市場發展矩陣（Product/Market Evolution Matrix），是美國的查爾斯·霍福爾教授（Charles W. Hofer）提出的。他擴展了上述兩種戰略選擇方法，將業務

---

[1] L.L.拜亞斯. 戰略管理［M］. 王德中，等，譯. 北京：機械工業出版社，1988.

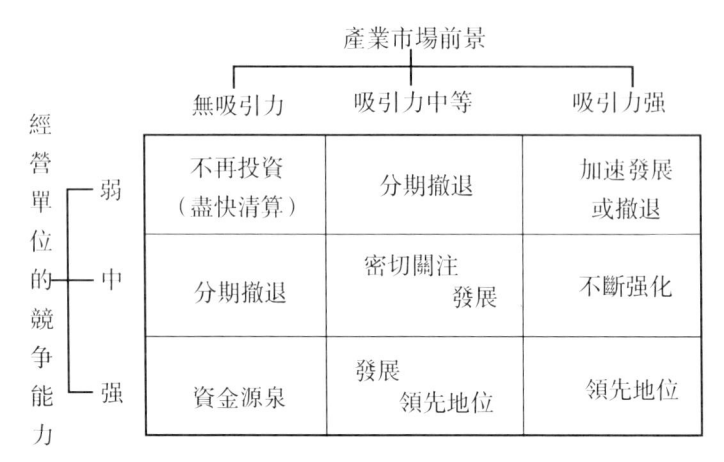

	產業市場前景		
經營單位的競爭能力	無吸引力	吸引力中等	吸引力強
弱	不再投資（盡快清算）	分期撤退	加速發展或撤退
中	分期撤退	密切關注發展	不斷強化
強	資金源泉	發展領先地位	領先地位

圖 10-4　荷蘭皇家殼牌石油集團政策指導矩陣

增長率和產業吸引力因素改換成產品/市場發展階段，從而得出 15 個區域的矩陣，如圖 10-5 所示。

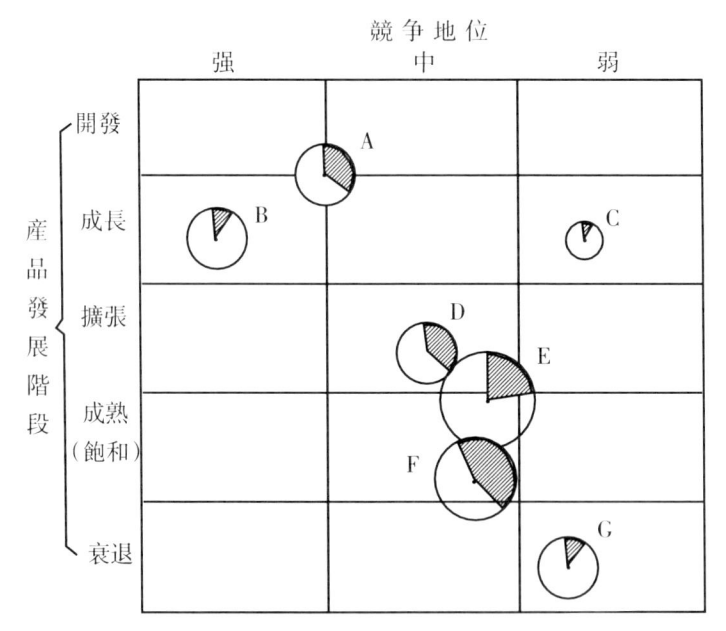

圖 10-5　霍福爾的產品/市場發展矩陣

說明：1. 圖中的競爭地位分為強、中、弱三檔，產品/市場發展階段實際就是產品壽命週期，這裡劃分為 5 階段，從而得出 15 個區域。
　　　2. 圖中的每個圓圈代表一個經營單位，圓圈大小代表該單位的規模（以占用企業資產的比重來衡量）。
　　　3. 每個圓圈中的陰影扇形面表示該單位的市場份額。

我們通過對圖10-5的分析，可對各經營單位選擇其適宜戰略：

（1）經營單位A看來是潛在的明星。它的市場份額大，競爭地位強，且正處於由開發向成長過渡的階段，市場前景美好。對它應追加投資，大力擴張。

（2）經營單位B也應當是明星，應當追加投資，使其壯大。此時應考慮的問題是市場份額並不大，何以其競爭地位卻很強。因此，在分析原因之後，應設法努力擴大其市場份額。

（3）經營單位C像是一個幼童，市場份額小，競爭地位弱，但市場前景好。對它應慎重研究，如其競爭地位有可能迅速增強，則應追加投資，使之轉變成明星；否則可能要放棄，而將其資源用於經營單位A和經營單位B。

（4）經營單位D正處於擴張階段，市場份額大，競爭地位較強。對它的投資應當用於維持其現有地位，從發展看，D應當是一只金牛。

（5）經營單位E和經單位F都是企業的金牛，應成為企業投資所需資金的源泉。

（6）經營單位G猶如企業的一條瘦狗。它在短期內應多收回資金，而從發展看，則可能要放棄。

不同的企業可以有不同的產品/市場發展矩陣。霍福爾和辛德爾（Dan Schendel）兩位學者共同提出，大多數企業的矩陣都是三種典型矩陣中的某一種。這三種典型的矩陣是：①成長型；②盈利型；③平衡型。具體如圖10-6所示。

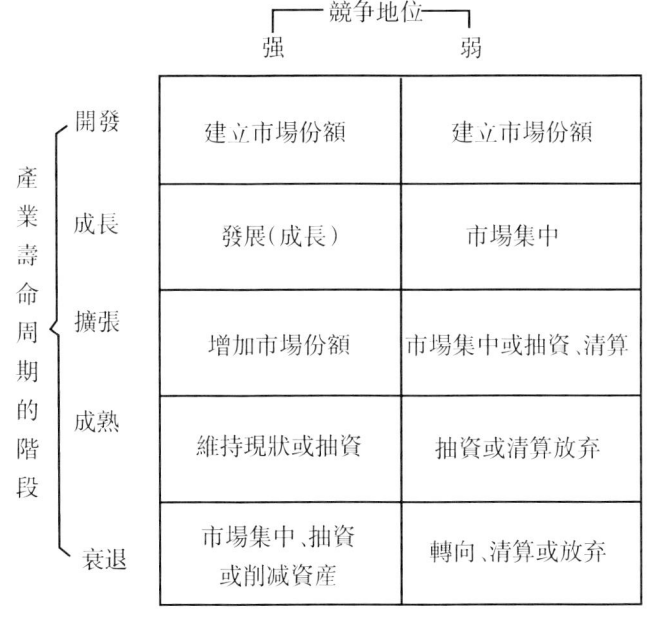

	競爭地位 強	競爭地位 弱
開發	建立市場份額	建立市場份額
成長	發展(成長)	市場集中
擴張	增加市場份額	市場集中或抽資、清算
成熟	維持現狀或抽資	抽資或清算放棄
衰退	市場集中、抽資或削減資產	轉向、清算或放棄

（產業壽命周期的階段）

圖10-6　三種典型的產品/市場發展矩陣

成長型矩陣是指其經營單位都集中在產品/市場發展的前幾個階段，市場前景較

好，但可能遇到投資短缺的困難。盈利型矩陣則相反，其經營單位更多地集中於產品/市場發展的后幾個階段，市場前景都不太妙，但資金富裕要找出路。平衡型矩陣則是其經營單位比較均衡地分佈於產品/市場發展的各個階段，經營形勢比較平穩。

第二節　影響戰略選擇的實踐因素

在戰略選擇的實踐中，有許多因素對這一系列決策會產生重大的影響，這就使得決策不可能是「純理性」的過程。下面介紹一些主要影響因素，企業最后選擇的戰略是這些因素綜合作用的產物。

（一）企業過去執行的戰略

企業過去的戰略是戰略選擇過程的起點。其結果是，新考慮的戰略方案多數要受到過去戰略的限制。一項研究發現過去的戰略對后續的戰略選擇有巨大的影響，並得出下列結論：①現在的戰略是從過去有權威的領導者制定的戰略演變而來的，這種獨特的、緊密一體化的戰略對后來的戰略選擇是一個主要的影響因素；②戰略既定，就要執行，決策者推動著戰略，下級管理者則拉著戰略前進；③一旦發現這個戰略由於環境條件變動而開始失效，企業就對它進行修修補補，只是到后來才探索新的戰略；④待環境變動劇烈之后，企業才開始認真考慮是否須要改變過去執行的戰略。[①]

另一項研究成果表明，決策者既已把大量資源投入過去的戰略，他就對戰略的后果承擔了個人責任，如果發現后果不妙，他總是增加而不是減少新的投入。這種現象往往使得決策者在原執行的戰略上越陷越深。所以企業要改變戰略經常須要更換高層管理者，新的管理者較少地受到過去戰略的約束。

在產品壽命週期的不同階段，過去戰略對戰略選擇的影響程度略有不同。一般說來，在成熟或衰退階段，所受影響最大，而在早期階段（則因戰略不確定性）所受影響較小。[②]

（二）管理者的因素

這裡包括高層管理者對待風險的態度，中層管理者和職能人員的影響，以及企業文化和權力關係等三個因素。

風險通常是指對戰略后果可能帶來不利影響的那些因素，它們會使企業遭受傷害或損失。任何戰略都不能完全排除風險，寄希望於未來的投資本身就是一種冒險事業。

---

① W F GLUECK. Strategic Management and Business Policy [M]. McGraw-Hill, 1980: 282-283.
② 參閱本書第八章第二節。

企業的高層管理者對待風險的態度各不相同。有人認為風險是成功所難免的，因而願冒風險，願接受高風險的計劃項目。另一些人則認為應將風險降到最低限，因而怕冒風險，拒絕高風險的計劃項目。表 10-1 說明這兩種人在戰略選擇上的明顯差別。

表 10-1　高層管理者對風險的態度在戰略選擇上的差別

願冒風險者的特點	怕冒風險者的特點
1. 在迅速變化的產業環境中經營。	1. 在穩定的產業環境中經營。
2. 尋求風險大、潛力大的投資環境。	2. 迴避風險大、潛力大的投資環境。
3. 可能採取進攻型的戰略。	3. 可能採取防禦型的穩健的戰略。
4. 考慮廣泛的戰略方案。	4. 考慮很少的戰略方案。
5. 頻繁地推出新產品、進入新市場。	5. 緩慢地推出新產品、進入新市場，總是跟在同行業願冒風險的企業之后。

對待風險的態度在不同的產業中要求有所不同。有些產業波動性大，高層管理者必須敢冒風險，否則將無所作為。許多大公司則常採用平衡風險的辦法，即對其下屬的經營單位一分為二，有些風險大些，有些風險小些，力求將公司風險控制在所能承受的程度。

中層管理者和職能人員（如公司計劃人員）參與戰略方案的草擬和評價，因而對戰略選擇也有一些影響。有人研究了一家很大的公司所做的戰略決策，他發現提交給公司主管選擇的戰略方案已經過其下屬多級主管的篩選和過濾，下屬主管送上來的都是風險較小的、逐步推進的方案，極少有高風險的、突破性的方案。[1]

另一項研究考察一家小型計算機服務公司做出的六項關於收購的決策，發現了以下情況：

①中層管理者和職能人員傾向於上報那些可能被上司接納的方案，而扣下估計不易通過的方案。②各部門都從自身利益出發來評價戰略方案，因而評價各不相同。③環境變化給企業帶來的后果越是不確定，則用以指導戰略決策的標準就越多。④職能人員為戰略選擇決策提供的數據取決於：收集數據的難易程度；他們將對日后數據執行情況負責的程度；為獲得有利決策所必需的數據量；他們認為上司做決策時所希望有的數據。[2]

鑒於以上情況，高層管理者在收到下屬報送的戰略方案時，一定要高瞻遠矚，勇於創新，而且要堅持全局觀念，謀求整體效益，既要吸收中層管理者和職能人員參與，又不被他們所左右。

---

[1]　W F GLUECK. Strategic Management and Business Policy [M]. McGraw-Hill, 1980: 284-285.
[2]　L L 拜亞斯. 戰略管理 [M]. 王德中，等，譯. 北京: 機械工業出版社，1988: 129-130.

企業文化既影響目標的建立（見第六章第三節），又影響戰略的選擇。在中國，解放思想、實事求是、團結協作、創新進取、遵紀守法、服務社會，這些優秀的文化應成為全體員工的共識，並用以指導戰略選擇。在企業的戰略得到文化的支持時，管理者將易於實施戰略變革，因此，需要較少文化變革的戰略將更為可取。當兩家企業進行兼併時，評價和考慮文化與戰略間的聯繫尤其重要。

　　企業內部的權力關係也同時影響目標的建立和戰略的選擇。領導人的權力、下屬單位和人員（特別是關鍵職位的管理者）之間的合作，都是影響戰略選擇的因素。例如高層領導人表示傾向於某個戰略方案，則該方案可能很快被採納。有些學者將權力關係擴大為政治學（Politics），即指企業內部的人際利害關係。政治上的權術活動（Political Maneuvering）將分散人們的精力，消耗寶貴的時間，使企業目標落空。有時政治上的偏見和個人偏好會不適當地影響戰略選擇。①

　　（三）環境方面的因素

　　這裡包括企業對環境的依賴程度、競爭行為、時間上的考慮等因素。

　　企業不能脫離外部環境而孤立存在。它依賴於外界的組織和個人，包括投資者、用戶（顧客）、競爭者、政府機關、工會、所在地點等。它對環境的依賴程度越深，則其戰略選擇的靈活性就越小。例如，美國的克萊斯勒汽車公司在20世紀70年代末和80年代初陷入財政危機，瀕於破產，幸虧有政府緊急貸款和聯合汽車工會在財政上的讓步，才得以生存下來。但正由於此，公司就嚴重依賴於政府和工會，它們積極介入了公司的戰略選擇過程，工會的主席進入公司董事會。就公司而言，其戰略方案的制訂和選擇就受到了這一依附的限制。又如實行依附戰略的小型企業，其產品的絕大部分供應給大型企業，它的戰略選擇必然受到大企業的影響。

　　競爭行為是指產業環境中競爭對手的行動，特別是產業領先者的行動，它肯定是影響企業戰略的一個重要因素。例如，國際商用機器公司（IBM）的行動強烈影響著美國所有計算機公司的戰略選擇。該公司的產品線、定價或組織結構的改變，會使同行業的所有公司重新審查各自的戰略地位。又如在美國汽車工業中，通用公司（GM）的定價決策幾乎總是導致其他汽車製造商的價格變動。

　　競爭行為還包括競爭者的反應（Competitor's Reaction）。例如，企業選擇一個直接針對其競爭對手的進攻型戰略，則可以預料將遭到該競爭對手的強烈報復。因此，高層管理者在選用戰略時，就必須事前考慮競爭者的反應及其對戰略成敗的影響。如果企業能不直接針對競爭對手或盡量減少競爭者的強烈反應，則戰略成功的可能性將增大。

---

① F R 戴維. 戰略管理 [M]. 李克寧，譯. 8 版. 北京：經濟科學出版社，2001：240. 戰略管理的非主流學派中還有文化學派和權力學派，見本書第一章附錄。

時間上的考慮有多重意義，一是指給決策者留下的決策的時間，另一是指確定實施戰略的時間。決策者做決策的時間往往由他人來決定，如時間緊迫，則決策者感到有壓力。這樣既限制了他能考慮的戰略方案的數量，又減少了他所能收集的信息量；而且在此情況下，他往往更看重消極因素而不看重積極因素，在做決策時考慮的因素較少。反之，如時間充裕，他就可以充分收集信息，提出方案，權衡利弊，優化決策。在一個企業面臨突發性危機而被迫改變其戰略時，就易出現考慮不周甚至出現失誤的情況。

　　確定實施戰略的準確時間，也很重要。等待時間過長可能同倉促行事一樣，導致災難性的後果。例如，美國汽車製造商都在研究和試製微型汽車、電動汽車、太陽能汽車等，但市場前景如何、戰略何時可實施，都難以預測。這就影響了有關戰略的制定，它們擔心日本人可能又先打入並占領這個市場。

　　此外，一個好戰略如在錯誤的時間去實施，可能產生災難性後果。例如 1991 年春爆發的海灣戰爭使美國許多小零售商蒙受巨大損失，因為它們為新春準備了豐富的存貨。

　　從上述三方面看，戰略選擇的影響因素很多，同過去的戰略、管理者的態度和環境因素都有密切關係，確實不是一個例行公事或輕而易舉的過程，須要運用戰略性思維做理性分析，也須要經驗的累積。

第三節　戰略檢驗和評價方法

　　企業初步選出的戰略方案，尚須按照預定的一套標準對它們進行檢驗和評價。只有通過檢驗和評價的戰略，才能確定付諸實施。

一、戰略檢驗的標準

　　波特教授在介紹其著名的競爭戰略之前，回顧了戰略制定的經典方法，並提出檢驗戰略是否恰當的一套標準。這些標準包括下列四個方面的若干問題：[1]

1. 內部一致性
這些目標可以共同達到嗎？
主要經營方針體現出要達到的目標嗎？
主要經營方針之間是相互促進的嗎？
2. 環境適應性
目標與方針是否抓住了產業機遇？

---

[1]　M E 波特. 競爭戰略 [M]. 夏忠華，等，譯. 北京：中國財政經濟出版社，1989. M. E. 波特教授將戰略定義為「公司的目標與方針的結合」，故所提問題均針對著目標和方針而未明確提戰略。

在處理產業威脅（包括遭到競爭性反擊的風險）方面，目標與方針是否在資源允許的範圍內？

目標與方針在時間安排上是否反應了環境對其行動的吸收能力？

這些目標與方針是否與社會的廣泛關注相適應？

3. 資源適應性

相對於競爭對手而言，目標與方針是否與公司可獲取的資源相匹配？

目標與方針的時間安排是否反應了組織的應變能力？

4. 溝通與實施

目標是否為主要執行人員充分理解？

目標與方針同主要執行人員的價值標準是否協調一致以保證任務的執行？

是否具備足夠的管理能力來保證方針的貫徹執行？

拜亞斯教授介紹了一項評價方法的研究成果，認為判斷某一戰略是否可以接受，須要通過以下四項檢驗[1]：

（1）目標一致性檢驗。如果擬議中的戰略包含著相互矛盾的目標、目的和方針，它應該被否決。

（2）行業結構檢驗。如果擬議中的戰略發揮不出特定的組織在特定行業或相關行業結構中的優勢，它應該被否決。

（3）能力檢驗。如果擬議中的戰略提出的問題並不屬於依靠組織的技巧和能力就能解決的問題，它應該被否決。

（4）運用性能檢驗。如果擬議中的戰略從利用資源的觀點看並不可行，或者如果現有知識已說明期望的目標將不能達到，它應該被否決。

上述兩套標準大體上是共通的，主要考慮了四個方面：①戰略同目標、方針之間的協調一致；②戰略同外部環境之間的協調一致；③戰略同企業內部資源、能力之間的協調一致；④戰略制定同戰略實施之間的協調一致。波特教授將對戰略的檢驗總稱為「一致性檢驗」，這是有道理的。經過檢驗，能夠發揮優勢、抓住機會、化解劣勢、避開威脅的戰略方案才是優先的戰略。

運用上述標準來檢驗擬議中的戰略，就稱為對戰略的評價。有定性的和定量的兩種評價方法。

二、戰略的定性評價法

由於社會經濟情況很複雜，影響戰略選擇的因素很多，有些難以定量化，所以戰略評價主要採用定性的方法。定性評價法就是根據檢驗標準，擬定若干具體問題，要求回答這些問題，借以考察戰略符合標準的程度，評價優劣和決定

---

[1] L.L.拜亞斯. 戰略管理［M］. 王德中，等，譯. 北京：機械工業出版社，1988：122-124.

取捨。

有兩位學者較早地提出用於戰略評價的 20 個問題，頗有參考價值。當然，這些問題並非毫無遺漏，也不是對每個戰略都須要回答所有這些問題。兩位學者提出的問題如下：[1]

（1）戰略是否同公司的使命和宗旨保持一致性？否則，公司將進入一個管理者並不熟悉的新的競爭領域。

（2）戰略是否適應公司的外部環境？

（3）戰略是否適應公司的內部優勢、目標、方針、資源以及管理者和雇員的個人價值觀？要做到對這一切都適應不太可能，但應避免重大的不協調。

（4）戰略是否反應潛在風險最小，能與適應公司資源和期望的最大潛在利潤保持平衡？

（5）戰略是否適合公司市場上現在尚未被他人占領的某個細分市場？此細分市場是否可能足夠長期地為公司所利用，以便收回資本投資和要求的利潤水平？（細分市場通常是很快便會被占完的。）

（6）戰略是否同公司的其他戰略相衝突？

（7）戰略是否可劃分為若干相互聯繫合理的次戰略（Substrategies）？

（8）戰略是否曾按適當的標準（如同過去、現在和未來的趨勢協調一致）、採用適當的分析工具（如風險分析、貼現的現金流量等）進行過測驗？

（9）戰略是否曾通過制訂可行的實施計劃去加以測驗？

（10）戰略是否真正適合公司產品的壽命週期？

（11）戰略的時間安排是否正確？

（12）戰略是否讓產品同強大的競爭對手針鋒相對？果真如此，再仔細評價。

（13）戰略是否讓公司在一家大用戶面前處於脆弱地位？果真如此，再仔細考慮。

（14）戰略是否要為新的市場生產一種新的產品？果真如此，再仔細考慮。

（15）公司正在將一個革命性的產品傾註於市場嗎？果真如此，再仔細考慮。

（16）戰略是否摹仿競爭對手的戰略？果真如此，再仔細考慮。

（17）公司是否可能將其產品或服務率先投入市場？果真如此，這是一巨大優勢。（第二個進入市場者獲得高投資回報率的機會要比第一個進入者少得多。）

（18）公司是否已經對競爭形勢做過真正老實而正確的評估？有無估計過高或過低的情況？

（19）公司是否正努力將其無法在國內銷售的產品銷往國外？（這種戰略通

---

[1] GEORGE A STEINER, JOHN B MINER. Management Policy and Strategy [M]. Macmillan Publishing Company, 1977: 219-221.

常不會成功。)

（20）市場份額是否可能充分保證所要求的投資回報率？（市場份額與投資回報率通常是緊密相關的，但不同產品、不同市場會有些差別。）市場和產品的這種關係是否曾加以計算？

三、戰略的定量評價法

在有些情況下，也可以採用適當的方法（如加權評分法），對擬議中的戰略進行定量化的評價，選擇出最有效的戰略。一位美國學者所推薦的「定量戰略計劃矩陣」(Quantitative Strategic Planning Matrix，QSPM)，就是戰略的定量評價法。[1] 這個矩陣所需的信息許多是來自戰略調研中他所推薦的 EFE 矩陣、IFE 矩陣和 SWOT 矩陣。[2] QSPM 的基本格式如表 10-2 所示。

表 10-2　　　　　　　　　QSPM 的基本格式

關鍵因素	備選戰略			
	權數	戰略一	戰略二	戰略三
關鍵的外部因素				
經濟				
政治/法律				
社會/文化/環境				
技術				
競爭				
關鍵的內部因素				
管理				
市場行銷				
生產作業				
研究與開發				
計算機信息系統				
財務會計				

資料來源：F R 戴維. 戰略管理 [M]. 李克寧，譯. 8 版. 北京：經濟科學出版社，2001：236.

表 10-2 的左邊一欄列出關鍵的外部和內部因素，包括從 EFE 矩陣和 IFE 矩陣直接得到的信息；頂部一行列出可行的戰略方案，包括從 SWOT 矩陣得出的以及后來選擇出來的方案，如方案太多，還可只列經過篩選、須要評價的部分戰略。現舉 QSPM 的實例如表 10-3 所示。

---

[1]　F R 戴維. 戰略管理 [M]. 李克寧，譯. 8 版. 北京：經濟科學出版社，2001：235-239.
[2]　見本書第五章第三、四、五節。

表 10-3　　　　　　　北京某汽車租賃公司的 QSPM 表

關鍵因素	權數	備選戰略				
		戰略一		戰略二		戰略三	
		AS	TAS	AS	TAS	AS	TAS
機會							
1. 國家汽車工業「十二五」規劃出抬。	0.06	2	0.12	3	0.18	1	0.06
2. 旅遊市場的火爆。	0.07	2	0.14	4	0.28	1	0.07
3. 各種新技術在汽車租賃管理中的應用。	0.08	4	0.32	3	0.24	2	0.16
4. 有駕照、無汽車的人數增加。	0.08	1	0.08	3	0.24	2	0.16
5. 國家對自購公務用車的限制。	0.08	4	0.32	2	0.16	1	0.08
6. 加入 WTO 後國外汽車商湧入。	0.05	3	0.15	2	0.10	1	0.05
7. 高科技企業、外資企業等公務用車數量增加。	0.08	4	0.32	2	0.16	1	0.08
威脅							
1. 國內汽車製造商和國外汽車租賃商的進入。	0.09	4	0.36	3	0.27	2	0.18
2. 汽車出租價格偏低。	0.05	3	0.15	2	0.10	1	0.05
3. 缺乏統一監督和相應法律法規。	0.07	3	0.21	2	0.14	4	0.28
4. 汽車保險制度不健全。	0.07	2	0.14	1	0.07	4	0.28
5. 個人信用體系未形成，騙車偷車現象尚難控制。	0.07	3	0.21	1	0.07	4	0.28
6. 國內汽車產業實力弱小。	0.07						
7. 汽車流通渠道不暢通。	0.08	4	0.32	2	0.16	1	0.08
優勢							
1. 長期經驗的累積。	0.08	4	0.32	2	0.16	1	0.08
2. 長期的客戶和供方關係。	0.10	4	0.40	1	0.10	2	0.20
3. 團結、熟悉業務的隊伍。	0.08	4	0.32	3	0.24	2	0.16
4. 背靠強大的集團公司。	0.09	3	0.27	2	0.18	4	0.36
5. 車輛較新，檔次較高。	0.06	4	0.24	1	0.06	2	0.12
6. 品牌知名度較高。	0.07	4	0.28	2	0.14	3	0.21
劣勢							
1. 缺乏高素質人才隊伍。	0.11	2	0.22	3	0.33	4	0.44
2. 缺乏信息管理的經驗。	0.10	2	0.20	3	0.30	4	0.40

表10-3(續)

關鍵因素	權數	備選戰略				
		戰略一		戰略二		戰略三	
		AS	TAS	AS	TAS	AS	TAS
3. 缺乏電噴車維修能力。	0.07						
4. 租賃網點少。	0.07	3	0.21	4	0.28	2	0.14
5. 車型結構不合理。	0.06	3	0.18	4	0.24	2	0.12
6. 管理模式陳舊。	0.11	3	0.33	2	0.22	4	0.44
總計	2.00	-	5.81	-	4.42	-	4.48

表10-3是北京某汽車租賃公司的QSPM實例。其編製步驟如下：

(1) 在表10-3的左邊一欄列出EFE矩陣和IFE矩陣提供的因素，包括各因素的權數。

(2) 在表10-3的頂部列出擬評價的戰略。這裡是從SWOT矩陣的SO戰略方向中抽出的三個戰略：戰略一是採用新技術，以國內高科技企業和外資企業為主要客戶群，高價高服務；戰略二是與旅遊公司聯盟，拓展新的用戶市場；戰略三是與銀行聯合，推出租車信用卡，只對會員服務。目的是對三個戰略進行定量評價，決策出優選順序。

(3) 評定各戰略的吸引力分數 (Attractiveness Scores，AS)。所謂吸引力分數是指表10-3所列的各關鍵因素對戰略選擇的影響程度：如影響大，則吸引力強；反之則弱。如無影響，則吸引力為零。一般可採用四級評分法：1分表示吸引力很小，2分表示有些吸引力，3分表示有相當吸引力，4分表示很有吸引力。如無吸引力，則不給分。應注意的是，如果對某一戰略給出AS，則對其他戰略也應給出AS；反之，如對某一戰略不給分，則對其他戰略也不給分。

(4) 計算吸引力總分 (Total Attractiveness Scores，TAS)。即將每個關鍵因素的權數乘戰略的吸引力分數，吸引力總分越高，表明該因素對戰略的影響越大，即戰略的吸引力越大。

(5) 計算吸引力總分和。即將各戰略的吸引力總分再加總。根據總分和的大小，即可看出各戰略的吸引力大小，據此可排出優選順序。如表10-3所示，現在的優選順序是：首選戰略一 (吸引力總分和5.81)，次選戰略三 (總分和4.48)，最后選戰略二 (總分和4.42)。

在採用QSPM這一定量評價法時，關鍵步驟是評定吸引力分數，要求每個分數都應當是經過理性分析的、合理的和經得起推敲的。要盡量避免給各種戰略以同樣的AS，例如在同行 (即同一因素) 中出現兩個相同的分數。

QSPM評價法的優點是適用於各類組織和各類企業，可以同時考察的戰略數

量可多可少，不受限制。它把影響戰略選擇的全部關鍵因素都結合起來考慮，不致忽視或側重一部分因素。但是，這種方法也有局限性，它總是要求做出直覺性判斷和經驗性假設，權數和吸引力分數的確定肯定有較多的主觀因素，而且它的科學性還取決於 EFE 矩陣、IFE 矩陣等提供的信息的質量。

第四節 自發性理解的戰略制定

一、自發性戰略制定法的提出

從第六章起，我們一直是按對戰略管理過程的常規性理解來論述戰略的制定的，要求在周密的戰略調研基礎上，從實際出發，精心選擇和制定比較科學的戰略，以便進一步組織實施。常規性理解有一系列的假設和前提，這些假設和前提在一些時候是有效的，因而前面論述的戰略制定過程和方法也是行之有效的。然而在另一些時候，這些假設和前提卻可能失效，對戰略管理過程的自發性理解由此產生，在戰略制定上也出現了一些新方法。①

表 10-4 列出常規性理解的假設和可能遇到的問題。產生這些問題的根源主要在於外部環境複雜多變，不確定因素很多，預測很困難，從而影響到目標的建立和戰略方案的選擇。我們遇到這些情況，就須要採取自發性理解的戰略制定法。

表 10-4　　　　　　　常規性理解的假設和問題②

過程步驟	假設和前提	可能遇到的問題
環境調研	對環境未來的發展可以預測	環境複雜多變，不確定因素太多，無法預測，甚至還出現意外事件
自身狀況調研	對自身資源、能力能清楚界定	無形資產的作用和價值難以界定，領導能力和組織資源也常變化
使命和目標	目標應明確規定	在快速變化的市場中，目標須要更大的彈性
提出戰略方案	充分發動群衆，盡量多提方案，有可能很清晰地描述方案	環境不明確，方案只能陸續提出，而且不易清晰描述（如競爭者的反應難以預測）
選擇戰略方案	在衆多方案中可做出明確選擇	環境不明確，很難選擇
實施	只有在制定戰略的后期才須考慮	不等待戰略選定，就須要開始實施

自發性理解的戰略制定法有幾種，下面介紹其中有代表性的兩種：①生存戰

---

①　關於戰略管理過程的常規性理解和自發性理解，參閱本書第一章第二節。
②　RICHARD LYNCH. 公司戰略 [M]. [譯者不詳]. 昆明：雲南大學出版社，2001：633. 引用時有改動。

略法；②學習戰略法。

二、生存戰略法

這種方法以 19 世紀達爾文的「自然選擇」「適者生存」的觀念為基礎，認為企業生存於環境之中，適應環境是最需要的戰略，那些不能很好地適應環境的企業將會被淘汰。現在人們都承認企業適應環境的重要性，當然企業也可能對環境施加影響，但這種影響非常有限。

但是如何去適應環境呢？持這種觀點的人認為，由於環境複雜多變，不確定因素太多，人們無法對環境的未來變化做出比較準確的預測，也就無法制定或選擇最能適應環境的戰略；唯一的方法是制訂多種戰略方案，不加選擇地加以實施，由環境來選擇，能夠使企業生存下來的戰略就是適應環境的戰略。

表 10-5 將生存戰略法的程序與常規性理解的程序做一比較。其主要特點是不對戰略方案做出選擇，同時實施，由市場進行選擇。有學者舉 20 世紀 80 年代索尼公司的「隨身聽」戰略為例，該公司在北美市場推出了 160 種不同的設計，任何一次都保留不超過 20 種的設計，最后市場選擇了最佳的樣式。[1]

表 10-5　　　　生存戰略法與常規性理解的程序比較

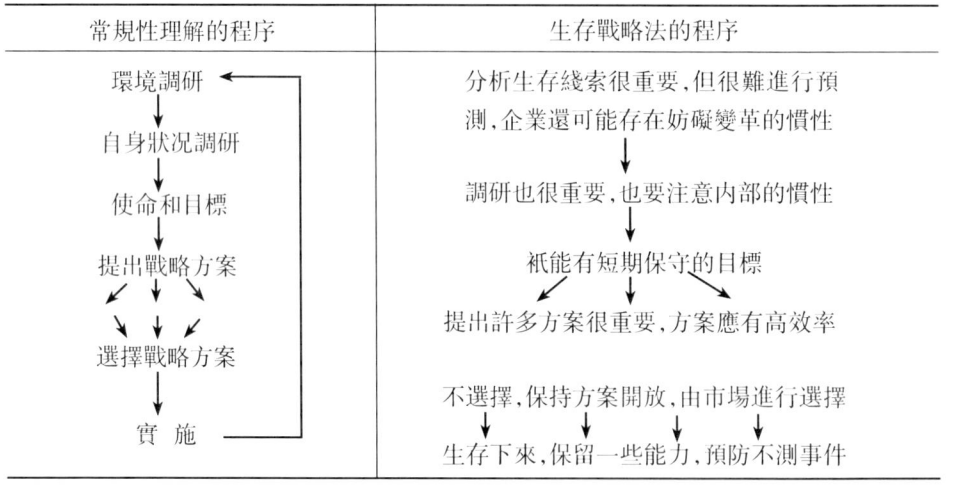

常規性理解的程序	生存戰略法的程序
環境調研↓ 自身狀況調研↓ 使命和目標↓ 提出戰略方案↓ 選擇戰略方案↓ 實　施	分析生存綫索很重要，但很難進行預測，企業還可能存在妨礙變革的慣性↓ 調研也很重要，也要注意內部的慣性↓ 祗能有短期保守的目標↓ 提出許多方案很重要，方案應有高效率↓ 不選擇，保持方案開放，由市場進行選擇↓ 生存下來，保留一些能力，預防不測事件

資料來源：RICHARD LYNCH. 公司戰略 [M]. [譯者不詳]. 昆明：雲南大學出版社，2001：640. 引用時有微小改動。

生存戰略法可能適用於快速變化和混亂的環境，但它對企業預測環境的能力和戰略的作用卻過於低估了。事實上，幾種戰略不加選擇地同時實施是很難想像

---

[1] R. Whittington,「Whar is strategy and does it matter?」p. 22 Routledge, Londonm. 1993.

的，這與多種顏色或款式的產品進行展銷、讓顧客選出喜愛的顏色或款式根本不相同；再者，由市場選擇無異將企業的生存交由命運去主宰，高層管理者可以完全不負責任。

三、學習戰略法

1987年，亨利·明茨伯格指出：對市場、公司資源這些方面的理性分析是不可能制定出有效的戰略的；最可能的過程是，起草戰略時將制定與實施兼併成一個流動的過程，通過此過程形成有創造性的戰略。[1]

后來，有學者舉皇家荷蘭/殼牌公司組織學習過程為例。[2] 1984年，每桶原油價格約為28美元，公司總部要求計劃部門在假設油價下降到16美元的條件下制訂一套方案，純粹是作為練習，以提醒高層管理者關注油價下跌會帶來的后果。一些高級經理認為這是不可能的，但仍全身心地投入練習，對其后果進行了充分的研究。到1987年，每桶油的價格跌到10美元時，公司已做好了充分的準備。公司的一位主要計劃人員說：「團隊學習是一個過程，它能使管理隊伍改變他們所共有的對公司、市場和競爭者的思維模式。因此，我們可以把計劃看作團隊學習。」

1990年，美國麻省理工學院（MIT）的教授森格（Peter Senge）提出了學習型組織（Learning Organization）的概念，並將學習運用到戰略的制定中。他指出：「學習型組織是人們不斷擴充自己的能力來創造他們夢想結果的地方，是新的擴充的思維模式出現的地方，是集體的願望得以釋疑和人們不斷學習怎樣在一起學習的地方。」[3] 森格認為這樣的知識如通過激發興趣、挑戰目標和鼓勵群體相互幫助而取得，那就最好。戰略制定不是簡單尋找常用的方法，它涉及知識的創造過程，且這一過程最好由群體來進行，目標是通過群體的活力來發展一種新的思維模式。

按照上述理論，企業在戰略制定和實施過程中就要組織多次的學習和討論，肯定會延誤一些時間，但獲得的戰略質量會更高，實施起來會更順利，因為人們都理解戰略，並願為他們所制定的戰略承擔更多的責任。在實施過程中的繼續學習，將在總結經驗的基礎上使戰略更趨完善，或在情況發生變化時迅速地轉移乃至變革戰略。

表10-6將學習戰略法的程序與常規性理解的程序做一比較。關於學習戰略法最成功的事例有日本的本田公司怎樣進入美國的摩托車市場，見新視角10-2。

---

[1] H MINTZBERG. Crafting Strategy [J]. Harvard Business Review，1987（7/8）.
[2] DEGEUS. Planning as Learning [J]. Harvard Business Review，1988（3/4）.
[3] P SENGE. The Fifth Discipline：The Art and Practice of the Learning Organization [M]. London，Chol，Contury Business，1990.

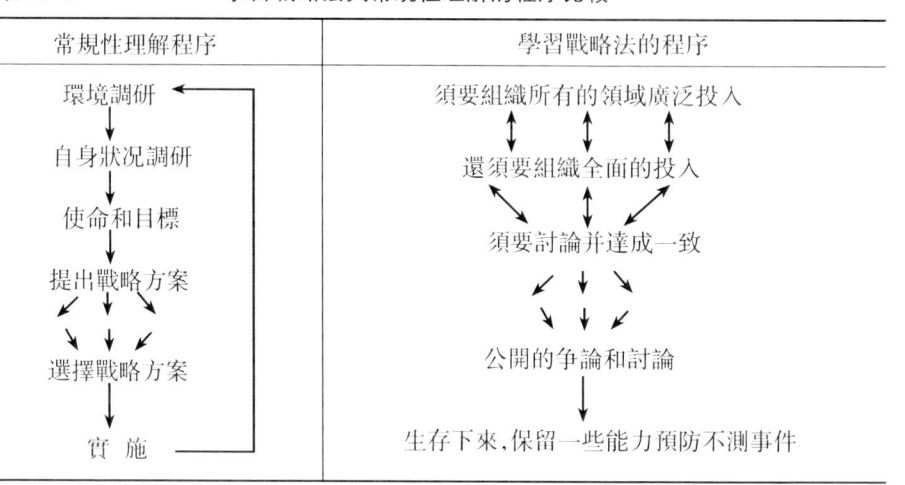

表 10-6　　　　學習戰略法與常規性理解的程序比較

常規性理解程序	學習戰略法的程序
環境調研 ↓ 自身狀況調研 ↓ 使命和目標 ↓ 提出戰略方案 ↓ 選擇戰略方案 ↓ 實　施	須要組織所有的領域廣泛投入 ↕↕↕ 還須要組織全面的投入 ↙↓↘ 須要討論并達成一致 ↙↓↘ 公開的爭論和討論 ↓ 生存下來，保留一些能力預防不測事件

資料來源：RICHARD LYNCH. 公司戰略［M］.［譯者不詳］. 昆明：雲南大學出版社，2001：658. 引用時有微小改動。

　　學習戰略法在戰略制定上確實有用，但有人批評說有時候它是模糊的、缺乏可操作性的。我們認為，可以把它同常規性理解結合起來，在環境變化迅速、進入新市場或遇到突發事件時運用。

新視角 10-2：

本田摩托車進入美國市場

　　在 20 世紀 50 年代末，本田（Honda）公司已經是日本同時也是全世界最大的摩托車製造商。它在 1959 年進軍美國，成立美國子公司，1960 年銷售 2,500 輛，總值僅 50 萬美元；1961 年徵集了 125 家經銷商，耗資 15 萬美元做西部地區性廣告，此后銷售增長很快，1965 年達 7,700 萬美元，在輕型摩托車市場上佔有 63% 的份額，取得了統治地位。

　　對於本田成功進入美國市場，波士頓諮詢集團（BCG）、哈佛商學院、加州大學洛杉磯分校等都說它是執行低成本戰略的結果：它採用先進技術和生產方法，實行大規模生產，贏得規模經濟效益，先統治國內市場，再向國外擴張，以優質、低價、多品種的戰略打敗競爭對手。例證之一是，它在 1959 年就建設了一個月生產能力達 3 萬輛車的工廠，而當時它的最暢銷品牌每月也只銷售 2,000~3,000 輛，該廠於 1960 年中期建成。

　　但是經約集當時進軍美國的 6 位負責人座談，瞭解的實際情況卻不相同。

據曾任美國子公司總裁介紹，他們幾人於1958年奉命在美國考察，發現美國人的汽車多，全國摩托車年銷量僅45萬輛，其中6萬輛還從歐洲進口，感到摩托車在美國不會有大作為，估計佔有進口摩托車的1/10份額是有可能的。老實說，他們這時並沒有戰略，只是想在一個新的國家賣出點產品。1959年美國子公司成立，我們帶去4種產品：50CC的「超級小伙」、125CC、250CC、305CC各占1/4。從價值看，當然大機型占的比重大些。

　　開始時，我們艱苦創業，但業務很不順利。美國的摩托車銷售季節是4月至8月，而我們開業時間恰好是1959年銷售季節的末期。到1960年春，我們做廣告徵集經銷商，徵集到40戶，大型機開始有人來看；可是到4月初投訴來了，車子漏油、離合器失靈等，我們只好把車空運回日本檢修。4月份是最慘的時刻，美國公司只有泛美航空公司一家對我們較為友好。經過國內有關單位的努力，投訴的車在一月內修好，而且設計上也作了改進。

　　這段時間，我們一直在考慮大型車的銷售，而未注意50CC的「超級小伙」，因為它似乎不適合美國人，美國人總是喜歡大一點、豪華一點，他們製造的摩托車和從歐洲進口的也都是大型車。當時，我們自己在洛杉磯市活動卻用的是50CC的小型車，不料它引起了許多人的注意。有一天，大型超市西爾斯（Sears）的一位顧客來電話想買這種車，我們遲疑不決，因為Sears並非我們的經銷商。但是在大型車賣不動時，也就只好推出小型車了。令人驚異的是，零售商中願意賣這種車的並不是摩托車經銷商，而是體育用品店。

　　本田的「超級小伙」創造了奇蹟，銷售很紅火，本田也出了名。美國子公司開始發展，情況已如前述。按該子公司負責人的觀點，這是一種不自覺的創新，肯定不是在1959年就有什麼戰略。1963年，公司採用新的廣告：「乘坐本田多神氣」，這個主題詞也是加州大學洛杉磯分校廣告專業一位本科生提出來的。但這一廣告對於改變人們過去對騎摩托車的人的看法起了很大作用，更加促進了本田的銷售。

　　從本田的上述事例中可以看出，一個組織要取得成功，不一定先要有明確制定的戰略，它可以試驗、適應和學習，從失誤的挫折中找到成功的關鍵。因此，我們可以把戰略定義為「為了使組織能成功地實現一個『適應性機制』（Adaptive Mechanism）的功能而必須做的一切事情」。

　　資料來源：RICHARD T PASCALE. The Honda Effect［M］//H MINTZBERG, J B QUINN. The Strategy Process. 2nd Edition. Prentice-Hall, 1991：114-123.

復習思考題

1. 戰略選擇的基本方法是什麼？
2. 企業的各級管理者對戰略選擇有些什麼影響？
3. 能否舉例說明企業對環境的依賴程度、競爭行為和時間因素對其戰略選擇的影響？
4. 戰略的檢驗應採用什麼標準？
5. 你認為對戰略的定性評價法是否比定量評價法更加重要？
6. 對戰略制定的自發性理解有些什麼方法？你認為什麼方法比較有用？

案例：

萬豪酒店集團的自發性戰略

美國的萬豪（Marriott）酒店集團是從餐飲業起家的，在20世紀30年代末，就擁有並營運著8家餐館。其中一家鄰近華盛頓特區的機場，該店經理發現常有乘機旅客購買該店食品帶到機上去吃。酒店集團創始人威拉德・馬里奧特（J. Willard Marriott）注意到此動向，便與美國東方航空公司協商，負責直接給東航派送午餐盒，這一服務后來擴展到各大航空公司，提供航空快餐便成了萬豪的主要業務。儘管公司的初始戰略是在餐飲業發展，現在卻進入航空食品服務業，為全球100多個機場提供食品服務。而最終，在這一行業成功經營的基礎上，公司將業務擴展到了酒店業，這就是今天的萬豪酒店集團。

資料來源：J B BARNEY. 戰略管理——獲得與保持競爭優勢 [M]. 朱立，張穎，張肖虎，譯. 上海：格致出版社，2011：13.

[分析問題]

1. 自發性理解的戰略制定是否完全不需要戰略調研和理性分析了？
2. 如何將戰略制定的常規性理解和自發性理解正確結合起來？

附錄一：

有關制定成功的企業戰略的十三條訓誡

我們從過去的經驗中，可提煉出 13 條訓誡（Commandments），如遵守這些訓誡，就能幫助戰略家們制訂出較好的戰略行動計劃：

（1）在制定和執行戰略行動時，要把增強公司的長期競爭地位放在最優先的地位。保障公司長期盈利性的最佳途徑就是增強它的長期競爭力（Competitiveness）。不斷增強的競爭地位每年都有回報，而僅能滿足年季度財務的目標的光彩很快就會消失。

（2）要理解：一個明確而連貫的競爭戰略如果制定和執行得好，就能建立聲譽和公認的產業地位；反之，一個旨在抓住隨時出現的市場機會的不斷變化的戰略，卻不會有多大收穫。短期的財務機會主義，缺乏長期連貫性的戰略，總是帶來最糟糕的一種利潤，即不會重來的「一錘子利潤」（One-shot rewards that are unrepeatable）。

（3）要避免「徘徊其間」的戰略，即在低成本和差別化、廣闊的市場和狹窄的市場之間去折衷，這就很難產生競爭優勢和獨特的競爭地位。唯有執行得好的「既低成本、又差別化的戰略」例外。

（4）要投資於創造持久的競爭優勢，這是獲得高於平均水平的盈利性的最可靠的單一手段。

（5）要盡力去進攻，以建立競爭優勢；要盡力去防守，以保護競爭優勢。

（6）要避免採用只有在最樂觀的情況下方能成功的戰略。隨時想到競爭對手會採取反擊措施以及市場出現不利狀況的時刻。

（7）要盡量避免採用僵化的、不靈活的戰略，它會使公司在長時期內失去適應市場變化所必需的機動性。儘管戰略的長期連貫性是一種優點，然而使戰略適應變化中的情況也是正常而必須的。再者，追求低成本或高質量的戰略應當解釋為「同競爭對手相比較而言」以及「符合顧客的需求和期望」，並非不顧一切地去爭取做到最低的成本或最高的質量。

（8）不要低估競爭者的反應和舉措。當競爭對手被逼到無路可走、其生存都受到威脅時，他們就是最危險的。

（9）在沒有穩定的競爭優勢和充裕的財力資源時，不要去攻擊那些有實力的、富有資源的競爭對手。

（10）要考慮：攻擊競爭劣勢通常都比攻擊競爭優勢更加有利，且風險更小。

（11）如無成本優勢，在削價上要謹慎。只有低成本生產者能長期在削價中取勝。

（12）要小心：去奪取競爭對手的顧客經常會招來報復，出現市場行銷的「拼死相爭」（Arms Race）和價格戰，損害所有人的利潤。

（13）在採用差別化戰略時，要努力去打開在質量、性能特徵或服務上的很有意義的缺口。如果同競爭者的產品差別太小，顧客可能看不見，對他們也無關緊要。

資料來源：A A THOMPSON Jr, A J STRICKLAND Ⅲ. Strategic Management ［M］. 10th Edition. McGraw-Hill, 1998. 機械工業出版社1998年重印本。

附錄二：

應當避免的戰略

我們總結歷史的經驗教訓，有些錯誤的戰略應當避免採用。它們是：

（1）盲目跟隨領先者。摹仿產業中領先者（最強的競爭對手）的戰略看來是個好主意，可是它忽視了企業自身的優勢和劣勢以及領先者犯錯誤的可能性，往往會帶來不良后果。如美國的俄亥俄標準石油公司跟隨埃克森公司和美孚石油公司執行複合多樣化戰略，效果很差，最終竟被英國石油公司兼併。

（2）簡單重複過去。過去的成功並不能保證將來走同樣的路也會成功。人們常想重複過去，例如一項新產品取得了成功，以後就總想找到新產品來保障公司的繁榮和發展，而不考慮其他方案，結果可能導致失敗。例如以開發和經營一次成像照相機而馳名全球的寶麗來公司，在開發一次成像的電影攝影機時卻失敗了。

（3）拼死相爭。不顧條件地與競爭對手打殊死戰，可能得不償失或自取滅亡。例如，企業為了提高市場份額而不擇手段與競爭對手正面對抗，有可能增加銷售額，但其廣告促銷、研究開發和製造費用等開支的增長卻可能超過了銷售額增加所帶來的利潤增長。過度的價格戰會損害產業中每個公司的利益，弱小的公司將首先被淘汰。

（4）什麼都想干。當企業面臨的機會較多時，就想什麼都干，導致力量分散，最終很可能什麼也干不好。企業的資源總是有限的，應當集中用於對自己最為有利的領域，特別是用於競爭對手的薄弱環節上，成功地拉開與對手的距離。企業打開一個突破口後，就會對尚未集中力量進攻的領域產生波及效應，日後的發展就較容易。有些企業實力不強，卻一下鋪個大攤子，結果都不會好。

（5）泥足深陷而不能自拔。當公司已為執行某戰略而投入巨資時，其高層管理者往往不願接受該戰略並不成功的現實，相反還會繼續追加投資去挽救不成功的經營，這樣做的結果很危險。如美國的泛美航空公司（Pan American）為保持其虧損的航線經營，賣掉了它盈利甚豐的兩個子公司；接著在經歷了1986—1989年連續4年的虧損之後，又放棄了兩條重要航線的經營權，仍想傾註資產去解決公司的虧損問題，結果導致破產。

資料來源：T L WHEELEN, J D HUNGER. Strategic Management and Business Policy [M]. Addison-Wesley Pollisling Company, 1983：160.

第三篇

戰略實施

第十一章
戰略實施活動的組織

本章學習目的

○ 瞭解戰略實施的重要性及其工作內容
○ 理解建立或調整組織結構的要求和方式
○ 理解人事安排和企業文化管理
○ 明確激勵和約束制度的要求
○ 理解職能性戰略的特點和協調方法
○ 瞭解職能性方針和規章制度的重要作用
○ 掌握通過計劃落實戰略的方法

　　本章和下一章將討論戰略管理過程第二階段即戰略實施階段的各項活動。企業有了精心制定的戰略，並不能自然地保證戰略的順利實施和預定目標的圓滿實現；如果是按自發性理解提出的戰略方向，則還須借助於戰略實施階段經過試驗、適應和學習，形成比較完善的戰略。這就要求企業組織好戰略實施階段的各項工作，勝利完成戰略管理肩負的任務。

第一節　戰略實施活動的內容

　　按照常規性理解，企業戰略既經選擇和制定，管理者的工作重心就該轉移到戰略實施上來。戰略實施（Strategic Implementation）是貫徹執行既定戰略所必需的各項活動的總稱，也是戰略管理過程的一個重要組成部分。

戰略實施的重要性是顯而易見的，可從下面幾方面來說明：

（1）制定戰略就是為了要實施戰略。企業如果精心選擇了戰略而不付諸實施，或不認真地組織實施，則以前的努力純屬白費，戰略成為空想。

（2）社會環境複雜多變，無論企業制定戰略時考慮得如何周詳，在其執行過程中也會遇到這樣那樣的新問題，須要在戰略實施中去認真解決。實施得好，不但可以保證好的戰略取得成效，而且可以克服既定戰略的某些不足，使之同樣取得成效。如環境變化確實太大，原定戰略已不適應，則須修改或調整戰略。

（3）戰略的實施者與其制定者是不同的。企業總體戰略和戰略經營單位的戰略由企業最高管理層和戰略經營單位領導人分別負責制定，雖然吸收一些中層管理者和職能人員參加，但人數有限。然而這些戰略的實施者卻包括企業各級管理者和全體員工，他們中的多數並未參與戰略的制定，對既定戰略知之甚少。這就得選好執行戰略的負責人，做好全員的思想教育工作，使他們理解和認同戰略，為實施戰略做出各自的貢獻。

按照對戰略管理過程的自發性理解，社會環境複雜多變，難以預測，所以企業不是等到制定出滿意的戰略後再加以實施，往往是有了一個大致肯定的方向后就先干起來，經過試驗和學習，在戰略實施中逐步形成比較明確而完善的戰略。因此，戰略的制定和實施是有部分相重合而不能截然分開的。按照這種自發性理解，企業就應當更加重視和做好戰略實施工作，爭取形成好的戰略並使之獲得成功。

企業實施戰略，所需活動的內容是很多的。在第一章概論中介紹戰略管理過程的階段步驟時曾簡略提到過，這裡再做如下概括：

（1）根據實施戰略的要求，建立或調整企業的組織結構。

（2）根據實施戰略要求和調整后的組織結構，重新安排人員，特別是執行戰略的主要負責者。

（3）要求各職能系統按照公司總體戰略和戰略經營單位戰略的要求，分別制定其職能性戰略，再由公司和戰略經營單位加以協調。

（4）將各項目標和戰略落實到計劃或預算中，組織計劃或預算的執行。

（5）做好對員工的思想教育工作，完善企業文化，用以指導和規範員工行為。

（6）健全激勵制度和紀律制度，形成良好的激勵機制和約束機制。

（7）建立健全戰略控制和作業控制系統，確保戰略的順利實施和預定目標的實現，必要時要修改原定的目標和戰略。

（8）在實施戰略的全過程，加強組織領導和指導工作。這是戰略實施成功的關鍵因素。

鑒於活動內容很多，企業有必要在開始實施前擬訂一個實施計劃或行動計劃（Implement Plan or Action Plan），將各項活動合理安排，分出輕重緩急，依次進行，保證工作的質量。在上述活動中，第七項戰略控制和作業控制系統將留在下

一章去討論，其余各項則在本章內作簡要說明。

第二節 組織結構的建立或調整

一、組織結構與戰略

組織結構（Organizational Structure）的概念在管理學課程中已作介紹。為了便於管理，實現其使命和目標，每個企業（極小的、極為簡單的企業除外）都要分設若干管理層次和管理機構，明確它們各自的職責和權限，以及相互間的分工協作關係和信息溝通方式，這樣組織起來的上下左右協調配合的框架結構，就稱為組織結構。

人們對組織結構與戰略之間的關係，已進行了許多研究。假如是一個新成立的企業，在制定其經營戰略之后，就有必要按照實施戰略的要求，建立其組織結構。假如是一個現有企業，在重新制定或改變其經營戰略之后，就須要按照實施戰略的要求，調整或改革其現存的組織結構。建立或調整組織結構是戰略實施的第一步驟。

研究成果表明，管理者的戰略選擇規範著組織結構的形式，即「組織結構跟隨著戰略」。只有當組織結構與所擬實施的戰略保持一致時，該項戰略才可能順利實施。戰略有所改變，則其組織結構就須做出相應的改變。

例如，某企業採用波士頓增長─份額矩陣來為其下屬經營單位選擇戰略，①決定對明星單位和一小部分幼童單位追加投資，使之成長壯大，這就得對這些單位迅速進行擴充和充實；如對金牛單位決定實行維持現狀的抽資戰略，則可對這些單位保持原狀或適當緊縮；對瘦狗單位和一部分幼童單位如決定放棄，則將考慮如何分期分批地撤消這些單位。又如，某企業採用兼併戰略，收購了另一家企業，就得盡快地將被收購的企業納入本企業的組織結構，縮短兩個企業的整合期。這些都說明，組織結構須要按實施戰略的要求做出相應的調整。

我們對組織結構的建立和調整應持慎重態度，為此，須要考察企業組織結構的類型、所處的產業環境以及組織發展的階段性，並吸取組織結構改革的實踐經驗。

二、企業組織結構的類型

企業的組織結構有多種類型。傳統類型包括簡單型、職能型、事業部型和複合型等，如圖 11-1 所示。

簡單型結構是由一個管理者（往往就是出資者）直接管理若干作業人員，沒有或只有很少職能人員充當他的助手，分擔一些管理工作。這種類型適合於處在

---

① 見本書第十章第一節。

創業階段的或極小的企業，產品品種很少，市場也很小。

1. 簡單型組織結構

```
管理者/所有者
    │
  作業人員
```

2. 職能型組織結構

```
        總經理
    ┌────┼────┬────┐
   營銷  生產  財務  人事
```

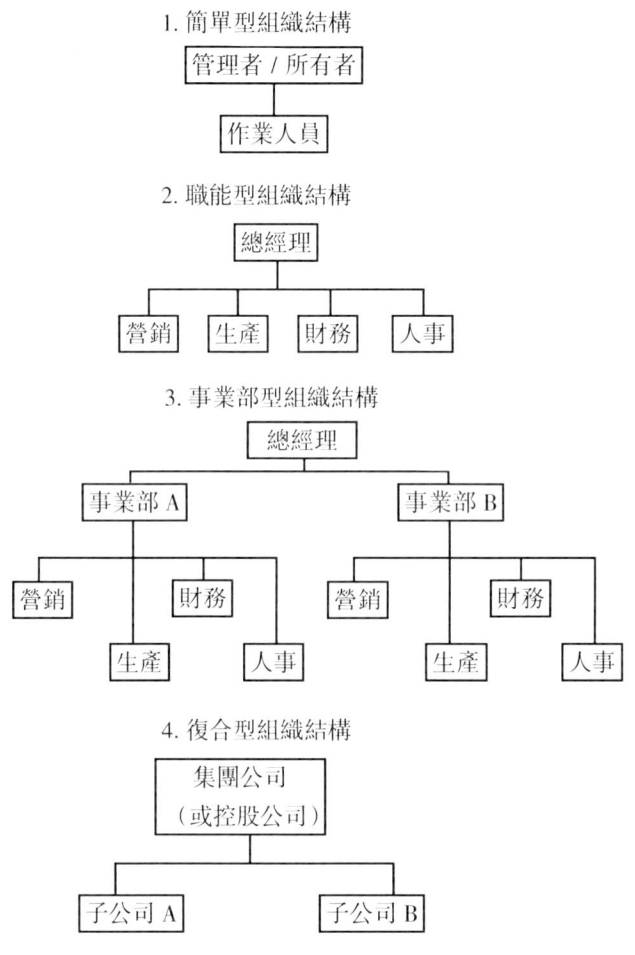

3. 事業部型組織結構

```
           總經理
        ┌─────┴─────┐
     事業部 A      事業部 B
     ┌──┼──┐      ┌──┼──┐
    營銷 財務      營銷 財務
    生產 人事      生產 人事
```

4. 複合型組織結構

```
    集團公司
   （或控股公司）
    ┌────┴────┐
  子公司 A   子公司 B
```

圖 11-1　傳統的組織結構類型

　　職能型結構適合於產品品種較多，市場也較廣大的中型企業。其特點是管理者聘用了若干各有特長的職能人員，充當他的參謀或助手，分管市場行銷、生產、財務、人事等工作。但他們無權直接指揮下屬單位。

　　事業部型結構適合於大型企業，產品品種很多，市場也很大。其特點是在公司之下分設若干按產品或市場來劃分的事業部，各自處理其日常生產經營活動。每個事業部類似於一個小企業，採用職能型結構。

　　複合型結構又稱集團型結構，與事業部型結構有些相似。其特點是公司之下有若干子公司（獨立法人實體），從事同一產業的或跨多種產業的業務經營，而母公司實際上具有控股公司的性質。

新型的組織結構有矩陣型、網路型等，如圖11-2所示。

1. 矩陣型組織結構

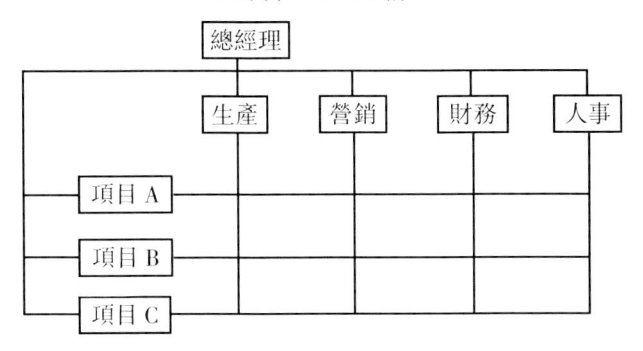

```
                    總經理
         ┌───────┬───────┬───────┬───────┐
         │ 生產  │ 營銷  │ 財務  │ 人事  │
   ┌─────┼───────┼───────┼───────┼───────┤
   │項目A│       │       │       │       │
   ├─────┼───────┼───────┼───────┼───────┤
   │項目B│       │       │       │       │
   ├─────┼───────┼───────┼───────┼───────┤
   │項目C│       │       │       │       │
   └─────┴───────┴───────┴───────┴───────┘
```

2. 網絡型組織結構

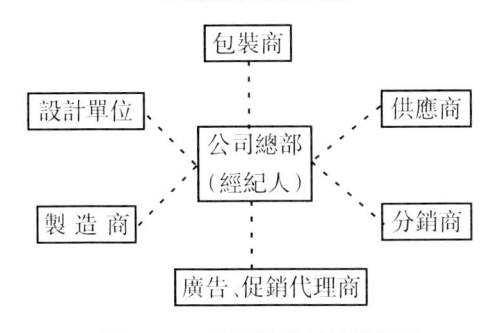

```
                 包裝商
                    │
   設計單位         │        供應商
        ╲           │           ╱
         ╲    公司總部         ╱
          ─── （經紀人）───
         ╱                   ╲
        ╱           │         ╲
   製造商           │         分銷商
                    │
             廣告、促銷代理商
```

圖 11-2　新型的組織結構類型

矩陣型結構是在職能型結構基礎上，再按產品或其他工作任務分設若干項目組，所需人員來自各職能機構（但並不脫離原職能機構），目的是加強職能人員之間的協作配合，更好地完成項目組的任務。項目組的設置，有的是臨時性的（稱為工作組），項目任務完成即撤消；有的是半永久性的（稱為項目或品牌管理），分管某個品牌項目；有的是永久性的，項目管理者與職能部門管理者享有同等權力並密切協作，這種類型稱為成熟的矩陣結構或複合權力結構，在航天企業中採用最廣。矩陣型結構的缺點是，職能人員同時接受職能機構和項目組的雙重領導，不符合統一指揮的組織原則，容易出現矛盾，須要經常協調。

網路型結構是最新的組織設計。公司總部將原有的一些基本職能，如市場行銷、生產、研究開發等，都分包出去，由自己的附屬企業和其他獨立企業去完成。公司形同經紀人，依靠長期分包合同和電子信息系統同有關各方建立緊密聯繫。如著名的運動鞋製造商耐克公司，從1964年創立之日起，就採用網路型結構，公司本身僅搞研究開發和行銷，而由遍布全球的製造商根據訂貨合同生產公司的產品。美國最成功的玩具商劉易斯‧加盧（Lewis Galoob）公司，僅有115

名僱員，其產品的研究開發、製造包裝、銷售乃至收款都由其他獨立的公司分別承擔，公司只起組織、聯絡作用。網路型結構給予企業以高度的靈活性和適應性，特別適合科技迅速發展和國際市場競爭形勢不斷變化的需要，公司可集中力量從事自己具有競爭優勢的那些專業化活動。

上述多種組織結構類型各有特點，企業可以根據採用的戰略以及其他因素做出選擇。例如採用同心多元化戰略，公司的產品品種日益增多，就可能須要從職能型結構轉變為事業部型結構；如企業採用複合多元化戰略或縱向一體化戰略，從事跨產業經營，就須要選用事業部型乃至複合型結構；當企業生產的產品或服務增多，而又不宜立即從職能型結構改為事業部型結構時，就可考慮採用矩陣型結構。

假如結合所處產業環境來考察，企業的組織結構又可分為兩種類型：機械型和有機型。

機械型結構（Mechanistic Structure）的特徵是：決策權力集中、組織等級制度嚴密，權責關係固定，職責界限分明，工作程序精確，規章制度嚴格。在外部環境比較穩定而成熟的產業中，成功的企業傾向於採用這種類型的結構。

有機型結構（Organic Structure）則相反，其特徵是：決策權力比較分散，等級制度不太嚴密，權責關係不太固定，工作程序不太正規，而強調發揮主動性和適應性，更多地實行參與制。在外部環境變化迅速的產業如電子信息工業、航空航天工業中，成功的企業則傾向於採用有機型結構。

由此可見，組織結構的調整還須考慮企業所處的產業環境：在環境比較穩定的產業中從事經營可採用機械型結構；在環境變化迅速的產業中經營則須採用有機型結構；如環境處於中間狀態，則需要一個介於兩個極端之間的結構。

三、組織發展的階段

組織的規模和發展階段是確定其組織結構的一個重要因素。人們試圖建立組織發展的模型，其基本思想是：組織是由小到大、由簡單到複雜連續發展的，處於某個發展階段的組織就應當採用某種結構。

最先對此問題進行研究的學者是錢德勒（Alfred Chandler）。他研究了許多大公司（如杜邦公司），發現它們在早期產品品種不多時，都採用集權式的職能型結構，後來因產品品種增多、市場擴大、業務複雜化，職能型結構已不適應，就轉而採用分權式的事業部型結構。其實在他之前，斯隆（Alfred P. Sloan）在20世紀20年代擔任通用汽車公司總裁時，就曾進行過這樣的結構變革。斯隆當時的提法是「方針制定的集權與業務管理的分權相結合」，即公司最高管理層要集中制定全公司的方針和戰略，而方針和戰略的實施則交給各個事業部，它們享有一定的決策權。後來，通用汽車公司同杜邦、通用電氣等公司都實行了分權制的多事業部型結構。

后繼的學者正式提出了組織發展階段的幾個模型，劃分的階段大同小異。如坎倫（J. Thomas Cannon）就將組織發展階段劃分為下列五個階段：①

（1）創業階段。在這個階段，企業的規模很小，常採用簡單型結構。決策由創業者即管理者本人做出，組織結構相當不正規，對協調只有最低限度的要求，信息溝通也是建立在非正式基礎上的。

（2）職能發展階段。這時，企業規模擴大了，管理者已不能擔負全部管理工作，而增添了越來越多的職能人員做他的助手，這些人員是按職能專業化分工的，因而形成比較正規的職能型結構。企業的總體決策仍由高層管理者做出，職能之間的協調和信息溝通問題更為重要，也更為困難。這些問題在企業規模進一步擴大時把它推進到下一階段。

（3）分權階段。當企業規模已很大、產品品種增多、市場日益廣闊時，就有必要按產品或市場分設若干事業部，採用事業部型結構。但這時又出現新的問題，在事業部之間轉移資金以創造新機會的靈活性下降，因機構人員的增多而費用增加，最高管理者可能感到失去了對事業部的控制。這些問題常導致組織進入以下兩個階段之一。

（4）參謀激增階段。這個階段就是增加公司一級的參謀人員，幫助最高管理者加強對事業部的控制，但就組織結構而言，仍屬於事業部型結構。增加參謀人員帶來的問題仍然是引起費用增加，由參謀人員來審核各種建議延誤了時間，以及直線人員和參謀人員之間的固有矛盾。

（5）再集權階段。有時，組織採用再集權的辦法來解決分權階段和參謀激增階段出現的問題，即將下放給事業部的一部分權限上收，但這又會重新出現與職能發展階段相同的問題。信息處理的計算機化和複雜的控制系統，已經使得許多組織的結構進入這個階段。

組織發展階段模型的提出，表明了組織結構與組織的規模和發展之間的關係，可供企業選擇或調整其結構時參考。很顯然，並不是所有的企業都要順序通過這些階段，因為企業的規模並不是都能由小變大的；而且這些階段的組織結構都有其各自的優缺點，無法抽象比較其優劣，企業不管採用哪種結構都要注意揚長避短，趨利除弊。

四、組織結構與戰略的匹配

這裡只選擇採用簡單型、職能型、事業部型三種常用的組織結構類型，以及結合產業環境來考察的兩種類型：機械型和有機型。戰略則考慮了多元化戰略、競爭戰略和國際化經營戰略。所講匹配方式僅是一些典型或例證，企業在實踐中

---

① L.L.拜亞斯. 戰略管理［M］. 王德中，等，譯. 北京：機械工業出版社，1988：184-185.

須有權變觀念，靈活運用。

(一) 組織結構與競爭戰略的匹配

(1) 如果是小型企業或剛創業的企業，執行集中化競爭戰略，則可選用簡單型結構，業務擴展，須要掌握時機，向職能型結構過渡。

(2) 如果企業執行總成本領先戰略，則可選用機械型的職能型結構，突出成本控制。

(3) 如果企業執行差別化戰略，則可選用有機型的職能型結構，促進產品創新和技術創新。

(4) 如果企業執行既成本領先、又差別化的競爭戰略，則須要選用介於機械型與有機型之間的職能型結構，更多地強調橫向協調，如利用矩陣型結構等。

(二) 組織結構與多元化戰略的匹配

實行集中發展戰略的企業，一般可選用職能型結構；如實行多元化戰略，在初期可沿用職能型結構，但進一步發展，則須改為事業部型結構。這又可分為三種情況：

(1) 如果企業執行相關多元化戰略，則可選用合作式的事業部型結構，特點是企業要採取計劃、協調、激勵等多種手段來促進各事業部間的合作，充分發揮來自有形的相互關係的競爭優勢。

(2) 如果企業執行不相關多元化戰略，則可選用競爭式的事業部型結構，特點是強調各事業部都要創造優秀業績，為爭取企業總部多分配一些資源而競爭。當然，企業也應設法發揮來自事業部間相互關係的優勢。

(3) 如果企業執行既相關多元化、又不相關多元化的組合戰略，則可選用戰略經營單位 (SBU) 式的事業部型結構，特點是將事業部組合成若干 SBU，一個 SBU 的事業部是相關的，但各 SBU 之間則大多是不相關的。這樣，企業的層次就多了一級，即在企業總部與事業部之間增加了 SBU 一級，SBU 可稱為超事業部 (Group)。

以上三種事業部型結構的比較見表 11-1。

表 11-1　　　　　　　事業部型結構三種形式的比較

結構特徵	合作式	SBU 式	競爭式
業務活動的集權化	企業總部集權	部分集權 (於 SBU)	分權於各事業部
整合機制的運用	廣泛運用	運用一些	完全不用
對各事業部業績的評估	強調主觀標準	既用主觀標準，又用客觀標準	強調客觀標準 (如財務或投資回報率標準)
對事業部的獎勵	同公司總體業績聯繫起來	同公司、SBU 和事業部的業績都聯繫	僅同事業部的業績聯繫起來

（三）組織結構與國際化經營戰略的匹配

（1）如果企業執行多國戰略，則可選用按地理區域劃分事業部的結構，特點是分權，促使各事業部充分考慮東道國的特殊情況，此時的企業類似於分權制聯盟（Decentralized Federation）。

（2）如果企業執行全球戰略，則可選用按產品組或行業劃分事業部的結構，特點是集權，在全球範圍內合理分配資源，發揮規模經濟優勢，此時的企業類似於集權制聯盟（Centralized Federation）。

（3）如果企業執行跨國戰略，則可選用組合結構（Combination Structure），即上述兩種結構的組合，有一部分事業部按地理區域劃分，另一些事業部又按產品組劃分。採用這種結構既有集權，又有分權，既有須整合的業務，又有不須整合的業務，所以難度較大。

第三節　人事安排與激勵

一、人事安排與戰略

根據戰略實施的要求，企業建立或調整了企業的組織結構之後，緊接著就需進行人事安排，這是戰略實施的第二個步驟。同組織結構一樣，人事安排也跟隨著戰略。

例如，某企業採用向前一體化的擴張型戰略，打算增設若干零售門市部，直接面向顧客，這就須要招聘和培訓許多門市部的經理。又如，企業通過收購，實行同心多元化戰略，那就須要考慮是否調整被收購企業的某些領導人。假如企業採用緊縮型戰略，如轉向戰略，機構將精簡，人員將減少，這就須要研究如何挑選被辭退或被調走的人員。人事安排是一個複雜而困難的問題，但它是實施戰略所不可缺少的一項任務。

在人事安排工作中，最緊要的是如何挑選實施戰略的管理者，使他們的知識、能力、經驗、性格修養和領導風格同將實施的戰略相適應。這些人員身居領導崗位，不同於一般員工，挑選是否恰當，對戰略實施和目標實現有著關鍵性的影響。如美國的大通・曼哈頓銀行（Chase Manhattan Bank）的信託部經理退休時，該部門的業務已基本穩定，銀行的高層領導者決定該部門應採取更加積極進取的戰略。為此，銀行聘用了一位長期在國際商用機器公司任職的人員，而不是尋找一位經驗豐富的銀行家，其理由是那個人有強烈的顧客—市場行銷觀念，可以更有效地實施新戰略。與此相似，科寧玻璃公司（Corning Glass Company）在決定迅速發展初創的光導纖維業務時，將公司電視顯像管部的負責人調來領導這一新的事業，因為此人曾成功地領導了顯像管事業部，使其得到發展。

有一項研究成果，將管理者即領導人劃分為下列幾種類型，他們分別與不同

的戰略相適應:[1]

（1）動態產業的專家。他們的知識、能力、經驗等都集中在某個特定的產業方面（即精通一行），而且積極進取，比較適應於採用縱向或橫向一體化戰略的情況，讓他們獨當一面。

（2）分析型經營組合管理者。他們有分析頭腦，有多種產業的知識，能管理多樣化的產品線，比較適合於採用多元化戰略的情況。

（3）謹慎型利潤計劃者。他們有生產或工程背景，有預算控制和執行標準化程序的經驗，風格比較保守，適應於採用穩定型戰略的情況。

（4）轉向專家。他們有迎接挑戰、為弱小企業尋找出路的經驗，比較適應於採用緊縮型戰略的情況。

（5）職業的清算專家。他們善於為破產企業辦理清算事宜，適應於採用清算戰略的情況。

類似的研究還有很多。不幸的是，企業要使管理者同將實施的戰略相適應，是一個困難的課題，有時是找不到實施某項戰略的管理者，有時又是沒有適合於現有管理者的戰略。與此有關的問題是從內部抑或是從外部去物色管理者。這就須要企業有一個繼承性規劃，通過開發和培養來儲備一批后備人才。他們熟悉企業的生產經營和文化，長期參與企業戰略的制定和實施，較易於解決與戰略相適應的問題。企業從外部聘用新人，也常有必要（如上述大通・曼哈頓銀行之例），人們在無法從內部找到適合的管理者時就須採用這個辦法。

二、組織文化與戰略

企業實施戰略，就須要採用多種形式、大張旗鼓地宣傳戰略，做好員工的思想教育工作，使企業戰略為員工所認同，並願為其實施貢獻力量。在此過程中，企業應當注意的一個問題是，使組織文化與戰略相適應，組織文化應像組織結構和人事安排一樣，跟隨著戰略。

組織文化即公司文化。在前面已經提到，它就是組織全體成員共有的價值觀、信念和期望的集合體，並一代代地傳下去，它建立了規範組織全體成員行為的標準。由於組織文化對全體成員的行為有如此巨大的影響，它就能有影響組織改變其戰略方向的能力。一個長期堅持的公司文化可能產生「戰略上的近視症」（Strategic Myopia），即當公司非常須要改變其戰略方向時，高層領導者發現和解決新問題的能力卻受到了限制。再者，在公司的使命、目標、戰略和方針的改動同公司文化不一致時，就難以成功。實踐證明，根本不存在什麼最優的公司文

---

[1] T L WHEELEN, J D HUNGER. Matching Proposed Chief Executive「Types」with Corporate Strategy [M]. Copyright 1991 by wheelen and Hunger Associates.

化，文化應當為公司的使命和戰略提供最好的支持，所以公司文化應當跟隨著戰略，如戰略發生了重大變化，則公司文化就應隨之變化或完善。

應當承認，組織文化的修改是一件困難的事情。然而由於目標建立和戰略選擇都受到組織文化的巨大影響（見本書第六章和第十章），文化與戰略完全不相干的事例並不多見。公司文化的局部或微小修改是有可能的，在此情況下，最高領導者可加強對員工的溝通，說明完善公司文化之必要，獲得員工的支持。

企業在實施兼併、收購戰略時，特別要解決好收購方與被收購方的文化差異，盡快形成一致接受的公司文化。在特殊情況下，例如被收購方仍保持一定的獨立性，也允許其文化繼續存在。企業在從事國際化經營時，尤其要解決好中外文化差異問題，見新視角 11-1。

新視角 11-1：

如何當外國員工的中國老板

近年來，從事海外經營的中國企業越來越多，但要當好外國員工的老板並不容易，還真要下一番功夫。

在三一重工公司花巨資收購了德國混凝土泵龍頭企業普茨邁斯特公司后不久，德國公司 900 多名員工不肯上班，進行了「反對中國企業收購」的抗議，說是擔心收購會導致他們失業。有一位在德國的中企老板說：「這就是德國員工對中國老板的典型關係。」他說，習慣了家長制管理的中國老板到德國必須改變作風。

在三一公司工作的托馬斯說，當初公司招聘時，他決定試一試，因為他看好中國公司的前景。但有朋友勸阻他，並總結出「中國老板的特點」：喜歡發號施令，希望員工「以廠為家」，休假日也會向員工發郵件。待他進了公司后，發現情況並非如他的朋友所說。他認為，有些事只不過是中德企業文化的差異，德國員工也應努力適應它。他還發現中國老板的優點，比如「有人情味」，逢年過節，老板都要請員工聚餐。

中國企業向海外擴張時，許多老板喜歡去德國，現在，在德國有上千家中國企業，原因是看重了德國員工的高素質。中興德國分公司計劃在今后幾年將德國員工比例提高到 60%，使公司與德國客戶的交流更加順暢。但要讓德國員工把「心」交給企業並非易事。有一位已在德國經營十多年的老板說：一，公司福利得趕超當地德國企業；二，盡量不辭退員工；三，與工會建立平等合作的關係，不要因員工關係鬧上法庭。最重要的是不要坐在辦公室當老板，盡可能多下車間，傾聽員工意見，德國人最佩服的是「實幹型老板」。

近些年來，中國企業已在這些方面做了許多努力，並獲得當地認可。一些德國地方政府認為，中國企業在德投資具有連續性，值得信任。有媒體稱：「『海外的中國老板』將成為中國和世界經濟新的超級力量。」

資料來源：2012年2月7日《環球時報》。

三、激勵和約束

為了實施戰略，領導者在做好員工的思想教育工作基礎上，還要強化對員工的激勵和約束。

許多管理學者都非常重視人員的激勵。首先，要做到物質激勵與精神激勵相結合，既重視員工的物質利益，反對「精神萬能」，又充分運用精神激勵，反對「金錢萬能」和一切形式的拜金主義。精神激勵不限於評選先進、給先進人物授榮譽稱號、發獎狀獎旗等，應當尊重員工的人格，提高他們的社會地位，合理安排他們的工作，讓他們從工作的成就和進展中感到滿意。物質激勵包括貫徹按勞分配原則、搞好工資獎勵、做好生活福利和社會保險工作等。在工資獎勵制度的制定上，既要使個人的報酬同對戰略的實施和組織的績效所做出的貢獻直接掛勾，又要使個人報酬同所在部門、單位和整個企業的績效掛勾，提倡集體主義和協作精神。

其次，要做到個人激勵同群體激勵相結合，將個人榮譽同群體榮譽、個人利益同群體利益正確地結合起來。中國企業內部推行責、權、利相結合的多種形式的經濟責任制，就是一個成功經驗，我們應當堅持執行並不斷完善。

激勵要以客觀、公正的業績評價作為依據，這在中國企業人事管理工作中尚屬薄弱環節，亟待總結經驗，逐步加強和完善。

我們在強調重視激勵的同時，還必須加強對員工的約束。企業內部的勞動紀律和規章制度，就起著約束的作用，每時每刻都不可缺少。當然，這種約束是建立在思想教育、啟發自覺的基礎之上的。在紀律和制度面前，應當人人平等，任何人都不能享有特權。各級管理者應以身作則，帶頭示範。

做好激勵和約束工作，形成良好的激勵機制和約束機制，對企業戰略的實施和目標的實現有著非常重要的作用。它貫穿於戰略管理全過程，應引起戰略管理者的高度重視。

第四節　職能性戰略的制定和協調

一、職能性戰略的特點和分類

職能性戰略（Functional Strategy）是在企業總體戰略和戰略經營單位的戰略指導下，由各職能系統分別制定的戰略，其目的是保證企業總體戰略和戰略經營單位戰略的順利實施和預定戰略目標的實現。各職能系統因所處地位和承擔職責不同，在考慮問題的角度和選擇的戰略上難免出現若干差異，還須要企業和戰略經營單位對職能性戰略加以協調。職能性戰略的制定和協調是在戰略實施階段、在組織結構調整和人事安排之後進行的，我們把它列為戰略實施的第三個步驟。

職能性戰略同企業總體戰略相比較，具有下列特點：①其時間跨度一般要比企業總體戰略短些。例如總體戰略的時限為5年，而有些職能性戰略可能只考慮2~3年，期滿再視實際情況延長或新定。②其內容要比企業總體戰略更為具體。總體戰略主要指明經營方向和道路，而職能性戰略則要據以規定出某一職能系統的具體行動方案。③職能性戰略的制定需要中層管理部門和人員的積極參與，聽取他們的意見，而在制定企業總體戰略時，則中層管理部門的參與較少。

企業的職能性戰略如何劃分，各位學者的意見不一致。如有人舉出七種：市場戰略、產品戰略、技術戰略、聯合戰略、供應戰略、銷售戰略、其他戰略。①有人則舉出九種：產品戰略、市場戰略、生產戰略、研究與開發戰略、人力資源開發戰略、財務戰略、企業形象戰略、聯合公司組織發展戰略、企業跨國經營戰略。②筆者曾參與某廠戰略規劃制定工作，當時提出的職能性戰略也有九種：產品戰略、市場行銷戰略、研究與開發戰略、技術改造戰略、生產作業戰略、財務戰略、組織結構調整戰略、人員培訓戰略、精神文明建設戰略。

儘管劃分的內容有所不同，但作為企業經營管理子系統的市場行銷、生產、研究與開發、人事和財務等職能部門，是必須制定職能性戰略的。國外著作講到職能性戰略時，一般也只介紹這幾個子系統的戰略。由於產品戰略不僅同行銷，而且同生產、研究開發、人事、財務等都有密切聯繫，所以一般可以把它從市場行銷職能性戰略中抽出來單列。至於其他方面的工作，則可以根據需要和可能，確定是否制定職能性戰略。職能性戰略分類如表11-2所示。

關於職能性戰略的制定，在幾門專業管理課程（如市場行銷管理、生產運作管理、公司理財、人力資源管理等）中都要分別講授各自領域的戰略問題，本書自然不應重複。這裡僅用表11-3簡要列出幾種主要的職能性戰略所著重考慮的一

---

① 解培才. 工業企業經營戰略 [M]. 北京：中國人民大學出版社，1990：39-141.
② 蔣明新. 企業經營戰略 [M]. 成都：西南財經大學出版社，1995：10.

些問題，仍屬舉例性質。

表 11-2　　　　　　　　　　職能性戰略分類表

必須制定的職能性戰略	可供選擇的職能性戰略
1. 產品戰略。	1. 技術改造戰略。
2. 市場行銷戰略。	2. 國際化經營戰略。
3. 生產戰略。	3. 企業形象戰略。
4. 研究與開發戰略。	4. 組織結構調整戰略。
5. 人事戰略。	5. 精神文明建設戰略。
6. 財務戰略。	

表 11-3　　　　　　　幾種職能性戰略著重考慮的問題

市場行銷
　創造新顧客以擴大銷售
　　1. 地域上的擴張。
　　2. 增添相關產品（產品線擴充）。
　　3. 開發全新產品。
　　4. 開發產品的新用途。
　　5. 開發為顧客定做的產品。
　在現有市場上進行滲透
　　1. 開發競爭性產品。
　　2. 為顧客定做產品。
　　3. 通過定價和服務取得優勢。
　　4. 加強廣告促銷。
　　5. 選好分銷渠道。
　　6. 集中進入細分市場。
　維持市場份額
　　1. 仿製而不創新。
　　2. 增大產品分量或延長產品壽命。
　　3. 抬高顧客的轉換成本。
研究開發
　研究開發的重要問題
　　1. 將應用研究與基礎研究相結合。
　　2. 將產品創新與技術創新相結合。

生產
　生產能力
　　1. 新建或擴建能力。
　　2. 維持現有能力。
　　3. 壓縮現有能力。
　　4. 增加或減少勞動力。
　　5. 增加或減少工作班次。
　　6. 增加或減少存貨。
　　7. 集中化（聯合）或分散化。
　質量生產率
　　1. 組織工人小組。
　　2. 採用單元組合式生產。
　　3. 採用計算機或機器人。
　　4. 實行準時生產制。
　物資供應
　　1. 採用國內的或進口的物資。
　　2. 採用代用材料。
　　3. 獲取廉價材料。
　　4. 集中或分散採購。
人力資源
　招收與培訓
　　1. 從內部或外部招聘。

表 11-3（續）

3. 增加資金投放。
4. 減少資金投入。
技術
  1. 升級。
  2. 維持。
  3. 分包。
財務
  借入短期資金
    1. 商業信用。
    2. 銀行票據。
    3. 短期信貸。
  借入長期資金
    1. 長期信貸。
    2. 發行債券。
    3. 商業票據。
  發行股票
    1. 普通股。
    2. 優先股。
  財務重組
    1. 長短期資金的互相轉換。
    2. 用股票償還借款。
    3. 劃小股份。
  股利政策
    1. 增加或減少股利發放。
    2. 維持現有的股利發放。
    3. 停止股利發放。
	2. 制訂管理人員開發計劃。
	3. 制訂培訓計劃。
	4. 建立挑選和開發的評估。
	業績評價與工資福利
	  1. 建立業績評價制度。
	  2. 建立工資獎勵制度。
	  3. 建立福利制度。
	國際化經營
	  出口行銷
	    1. 對出口對象國的挑選。
	    2. 產品是否須改變以適應。
	    3. 促銷是否須改變以適應。
	    4. 產品創新。
	  技術轉讓
	    1. 轉讓對象國的選擇。
	    2. 轉讓條件。
	    3. 轉讓的成本—效益分析。
	  跨國經營
	    1. 跨國經營的東道國選擇。
	    2. 跨國經營的條件。
	    3. 跨國經營的效益分析。

二、職能性戰略的協調方法

企業內部各職能系統因各自地位和職責不同，各自的任務和目標不同，在考慮問題的角度和選擇的戰略上難免出現若干差異。例如，市場行銷系統主要考慮如何擴大銷售，拓展市場，就希望生產系統組織多品種小批量生產，使可供銷售的產品花色品種齊全，方便顧客挑選；而生產系統則主要考慮如何確保產品質量，提高生產率，降低成本，寧願組織大批量生產或成批輪番生產。又如，物資供應系統從保證生產需要考慮，希望材料儲備多多益善，而財務系統則考慮節約資金占用，必須對材料儲備施加限制，並嚴格控制材料採購資金。不同的職能目標和戰略經常導致企業內部的衝突。

圖 11-3 說明在典型的製造業公司中，市場行銷、生產和財務三系統的職責和目標有一些差別，這些差別最終常會反應到職能性戰略上。如果職能性戰略不協調，企業的總體戰略和事業部戰略的實施將受到嚴重影響。

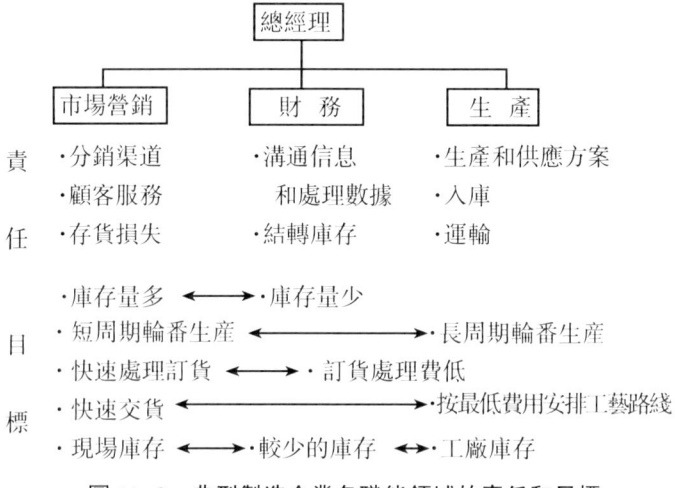

```
                        總經理
          ┌───────────────┼───────────────┐
       市場營銷           財 務           生 產

責    ·分銷渠道        ·溝通信息       ·生產和供應方案
      ·顧客服務         和處理數據     ·入庫
任    ·存貨損失        ·結轉庫存       ·運輸

      ·庫存量多  ←→  ·庫存量少
目    ·短周期輪番生產  ←─────────→  長周期輪番生產
      ·快速處理訂貨  ←→  ·訂貨處理費低
標    ·快速交貨  ←──────────→  ·按最低費用安排工藝路線
      ·現場庫存  ←→  ·較少的庫存  ←→  ·工廠庫存
```

圖 11-3　典型製造企業各職能領域的責任和目標

資料來源：L L 拜亞斯. 戰略管理 [M]. 王德中，等，譯. 北京：機械工業出版社，1988：216.

企業協調職能性戰略的方法有多種。美國教授霍福爾（Charles W. Hofer）曾提出一種分析各職能性戰略相互依存關係的工具，命名為決策樹，如圖 11-4 所示。這個決策樹從左上部開始，到右下部為止，列出所制定的各種職能性戰略的要點，並揭示各職能系統之間複雜的內在聯繫，從中求得戰略的協調。圖 11-4 是一企業接受政府訂貨（小批量、新開發的產品）的例子，列出市場行銷、生產、研究開發和財務四種職能性戰略，不難看到有一條線貫穿全圖的各部分，將各職能領域的活動聯繫起來。

另一種協調職能性戰略的方法是採用目標管理系統。企業實行目標管理，要求各戰略經營單位根據企業總體目標來建立自己的目標，各職能部門根據戰略經營單位目標來建立部門的目標，其下屬單位再依次建立目標，直到崗位和個人。在建立過程中，要經過反覆協商，綜合平衡，以確保上下左右各目標之間保持協調。這樣形成的目標體系，可以保證各職能系統都有一個共同的方向，促使它們在職能性戰略的制定上尋求協調一致。

企業做好職能性戰略的協調工作，最根本的是要通過思想教育工作，讓各級管理者和員工群眾樹立系統、全局觀念，自覺地將局部利益服從企業全局利益，清除各種形式的本位主義、分散主義和自由主義思想。此外，企業在獎勵制度的設計上也要慎重研究。凡著重於各職能系統單獨的表現的獎勵制度，必將導致衝

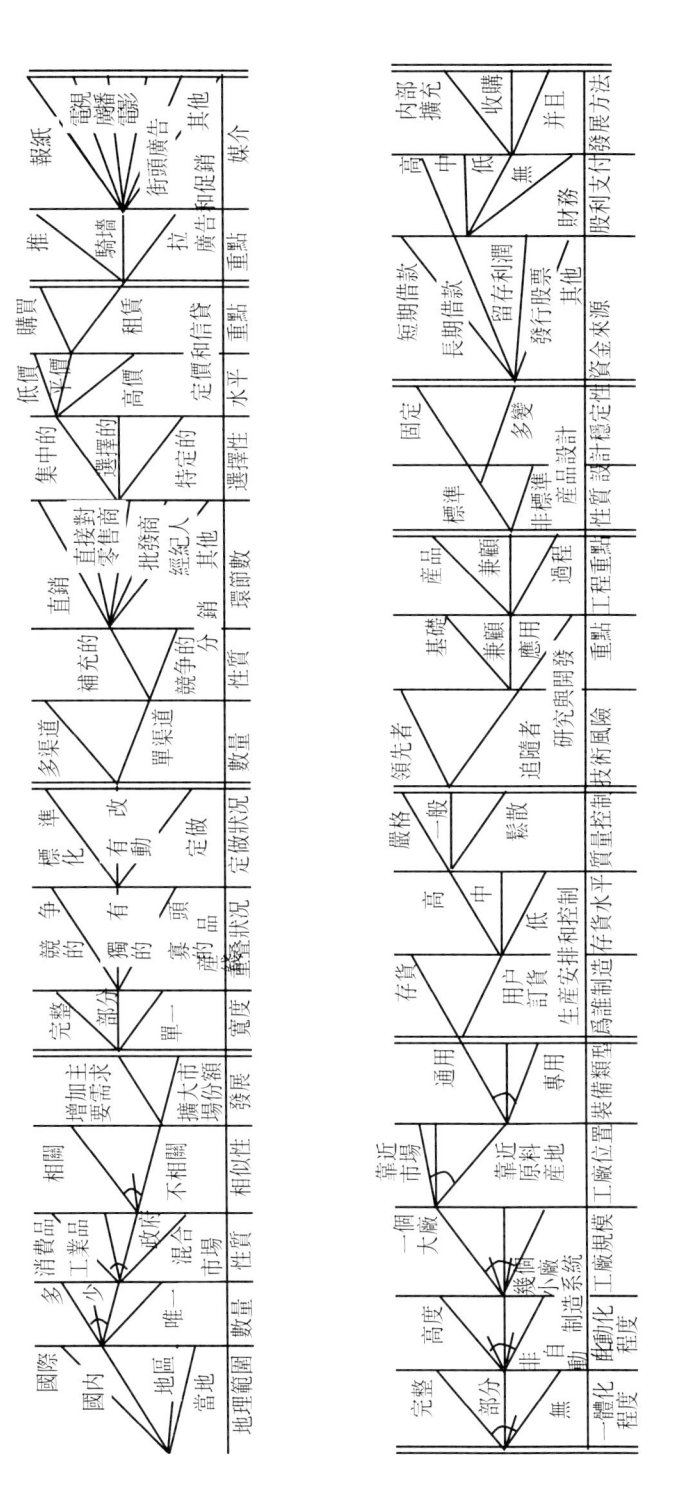

圖 11-4　職能性戰略的決策樹

突；而獎勵各職能系統聯合行動的制度，則有助於減少衝突。因此，一切獎勵制度都要同企業總體業績掛勾，鼓勵大家協作配合地完成企業的總體目標。

三、職能性方針和規章制度的制定

與制定職能性戰略平行的是制定職能性方針。這些方針概括出職能領域內部活動的基本原則，為順利實施戰略和完成目標服務。職能性方針由各職能系統分別制定，但必須與企業方針（見第六章第二節）保持一致，而且各系統方針之間要保持合理聯繫。在第六章提出的制定企業方針應注意的問題，在職能性方針的制定上同樣應當考慮。

美國幾家公司制定的職能性方針見新視角11-2。

新視角11-2：

職能性方針的實例

（1）IBM的市場行銷部門有一方針，不允許將公司的個人計算機贈送給任何個人或組織，意在支持公司的形象戰略，保持公司作為一個專業的、高品位的服務性企業的形象。

（2）南卡羅來納州國民銀行有一業務運行上的方針，要求一切私營借款單位的財務報表按年更新，以支持銀行的職能性戰略，該戰略是將貸款損失比率控制在產業平均標準之下。

（3）快餐業巨頭溫迪國際快餐連鎖集團（Wendy's）有一採購方面的方針，授權給各地門市部經理就地採購新鮮的肉類和農產品，而不必從地區指定的或公司自有的供應點採購，以支持公司每天都能供應新鮮而非冰凍過的漢堡包的戰略。

（4）皇冠柯西—西爾公司（Crown Cork & Seal）在研究和開發方面有一方針，即不在基礎研究上投入任何資源，以支持公司著重用戶服務而不求技術領先的方針。

（5）普通電影院公司（General Cinema）有一財務方針，要求每年用在電影院建設和維護上的投資不超過每年的折舊額，以支持公司將全部利潤用於公司的發展戰略。

（6）3M公司有一人力資源管理方面的方針，允許其員工使用其工作時間的15%去做他想做的與公司產品有關的任何事情，以支持公司成為高度創新型製造商的戰略。該公司要求它的事業部做到其年創產值的1/4來自最近五年內開發的新產品。

資料來源：J A PEARCE II，R B ROBINSON，Jr. Strategic Management [M]. 6th Edition. McGraw-Hill，1997. 東北財經大學出版社1998年重印本。

在制定了職能性戰略和方針之后，企業各部門還有必要根據貫徹執行戰略的要求，制定出合理的規章制度。規章制度是對人們在共同勞動中應當執行的工作職責、工作程序、工作方法等做出的文字規定。它具有法定性和一定的強制性，要求企業的全體成員嚴格地遵守和執行。任何企業不可以一時一刻沒有規章制度，這是共同勞動過程的客觀要求。然而規章制度的數量不宜過多過繁，否則會影響員工的主動性和積極性。各項規章制度之間必須協調一致，企業對於過時的不合理的規章制度要適時地修改或廢除。

　　前面已介紹過的湖南遠大空調有限公司，是一家成功的民營企業。在公司的競爭力中，規章制度是一個重要因素。它設有一個獨立的制度化統籌委員會，專門負責涉及日常管理一切方面的規章制度的編寫和修訂。公司從創業後不久開始，用了大概六年時間，建立起一個龐大而有效的制度化體系。到1998年年底，遠大已制定出的文件達292份、1,983條、7,000條款、50多萬字，覆蓋企業經營管理的每個方面，大大減少了管理的不確定性。同時，為了防止僵化和教條，每位員工都直接或間接地參與了文件的起草，任何人發現制度中的錯誤或感覺條文不合理時，都可以提請修訂或參與修訂，群眾的力量成為遠大公司制度編寫、修訂、執行的動力源泉。[①]

第五節　通過計劃（預算）落實戰略

　　企業在做好組織結構調整和人事安排、職能性戰略的制定和協調之後，就可以將企業的各項目標和戰略落實到年度計劃或預算中，並組織計劃或預算的執行，從而將企業戰略管理同計劃管理結合起來，用嚴格的計劃管理來保證戰略和目標的實現。

　　企業制定的戰略原本是長遠（1年以上）的謀劃，其目標也是長期目標。在前面第六章第三節中已講到，長期目標要分解為年度目標，年度目標還要進一步分解為季度、月度等更短期的目標。這實際上就是長期計劃與年度乃至年度以下的短期計劃的結合問題，即目標和戰略的落實問題。

　　企業所制定的長期目標和戰略都應有分年度的安排和要求。我們可據此安排首先落實第一年的戰略任務和目標，制訂出第一年的年度計劃，明確各部門、單位的目標責任並組織執行，加強對執行情況的檢查監督。待第一年的計劃執行到一定階段時，再根據原定對第二年的安排和要求，結合當時的實際情況，制訂第二年的年度計劃，再組織執行，以此類推。這樣就體現了長期目標和戰略對年度計劃的指導作用和年度計劃對長期目標及戰略的保證作用，將目標和戰略落到實

---

① 吳小波. 大贏家 [M]. 北京：中國企業家出版社，2001：11-13.

處，以利於促進其實現。當然，原定的目標和戰略可不經任何調整修改而全部順利實現的情況是非常罕見的，但目標和戰略落實到計劃上確是戰略實施不可缺少的一個步驟。

日本佳能公司戰略的落實過程，見新視角11-3。

新視角11-3：

佳能公司的戰略落實過程

日本佳能公司是一家成功的企業，具有強大的核心競爭力。其主要產品在全球市場上佔有很大份額，如激光打印機占70%、噴墨打印機占40%（僅次於惠普）。其銷售額從1950年的42億日元增長到1998年的28,269億日元（合235億美元）。

佳能的戰略落實過程如下表所示：

行　為	內　容	1997年的例子
基本的假設、分析和設計（由總部準備，但要經上下公開討論）	·機會與威脅 ·優勢與劣勢 ·商業哲學和信念	·讓顧客滿意 ·同客戶交流思想 ·為共同的利益奮鬥
長期戰略：6年（由總部決定，但要發動各部門參與和討論）	·宗旨（使命） ·長期目標 ·關鍵戰略	·打敗美國施樂 ·世界級別 ·開拓亞洲市場 ·電視播音設備 ·彩色複印機 ·節能型激光打印機
中期戰略：3年（由各產品部門在總部指導下分別制定，再經總部協調）	·佳能本身：資源、文化等 ·環境：一般看法、競爭 ·基本的假設和計劃 ·資源分配 ·目標與政策 ·偶然性 ·時間表	·具體的量化的目標 ·包括資本預算、人力資源和關鍵戰略設計的資源
短期計劃：1年（由各產品部門制定，再經總部協調）	·預算：強調財務目標，建立在中期戰略基礎上	

資料來源：RICHARD LYNCH. 公司戰略［M］.［譯者不詳］. 昆明：雲南大學出版社，2001：722-724.

目標管理是中國企業已較為普遍推行的一種現代化管理方法。它以「目標」作為管理企業一切活動的手段，企業在一切活動開始前要確定目標，一切活動的進行以目標來導向，一切活動的結果以完成目標的程度來評價，從而充分發揮「目標」在企業激勵機制和約束機制形成中的積極作用。企業在戰略和年度計劃的執行過程中，理應採用目標管理這種先進而有效的管理方法。

　　國外企業經常應用的是預算管理，而不稱計劃管理。所謂預算（Budget），是一種用財務指標或數量指標表示的有關預期成果或要求的文件，它表明企業的使命、目標和戰略。預算一般按年編製，戰略依靠預算去落實。預算的種類很多，有銷售預算、生產預算、材料供應預算、資本支出預算、直接費用預算、間接費用預算、銷售和管理費用預算、現金收支預算、損益表預算、資產負債表預算等。

　　預算通常以貨幣為單位，不用貨幣而用實物單位表示的預算有材料供應預算、設備預算等。凡不用貨幣單位表示的預算也要轉化為貨幣形式，以便匯總得出總預算。

　　企業採用預算管理方法，可能出現一些問題[①]：①缺乏靈活性。在外部環境變化迅速和競爭激烈的情況下，有時會導致將企業目標從屬於預算的危險，即按預算辦事變得比實現目標更為重要。②掩蓋無效性。當實際情況已發生重大變化、原定預算已證明為無效時，仍以過去投入的費用作為繼續投入的理由。③搞「預算遊戲」。例如，各部門、單位編製材料需用量、費用支出等預算時，知道上級會削減其數額，就故意對數額加碼；通過誇大未來可能遇到的問題，故意降低預算中的銷售額或增大其費用額；等等。

　　為了防止或克服預算管理可能出現的問題，國外採取了下列有效的改進措施：

　　（1）靈活預算（Flexible Budget）。這是為了克服預算的不靈活性，以及下級搞「預算遊戲」帶來的問題而採用的，通常用於費用的預算。即此預算規定出在不同生產量（或銷售量）下原材料、人工和其他費用的多種限額，便於日後按實際生產量（或銷售量）進行檢查考核。

　　（2）零基預算法（Zero-base Budgeting）。這是為了克服「掩蓋無效性」的問題而採用的一種預算編製方法，即在編製新的年度預算時，所有擬列入預算的項目（包括那些已經投入費用的項目在內），都要一視同仁地進行嚴格的成本—效益分析，按所能帶來的效益排出順序，優選那些效益好的項目。如項目不好，縱使過去已投入費用，也可能被篩選掉。

　　（3）規劃預算法（Program Budgeting）。這也是一種新的預算編製方法，即

---

① 這些問題在中國企業的計劃管理工作中也可能出現，同樣需要防止和解決。

以規劃的項目為對象來安排其預算,而不是像過去那樣按職能部門、單位來安排。每個規劃項目都有一定的目標,其費用是按與目標相聯繫的產出來安排的;如項目要跨年度,則其預算也跨年度,以表明全部的資源需要量和可能的后果;今后按項目的預算來進行檢查考核。美國國防部和其他政府機關在向工商企業訂貨(如軍用飛機訂貨)時,就常採用規劃預算法。

上述幾種預算方法,在中國企業的計劃管理工作中同樣可以應用。

復習思考題

1. 如何理解戰略實施的重要性?
2. 為什麼說「組織結構跟隨著戰略」?
3. 試說明組織結構各種類型的特點及其適用範圍。
4. 試述組織結構與競爭戰略的匹配方式。
5. 為什麼說「人事安排跟隨著戰略」?
6. 在建立激勵和約束機制方面,有哪些基本要求?
7. 什麼是職能性戰略?它有何特點?
8. 為什麼需要對職能性戰略進行協調?如何協調?
9. 能否舉例說明建立規章制度的重要作用?
10. 如何通過年度計劃或預算來落實企業的目標和戰略?
11. 為防止預算管理可能出現的問題,有哪些改進措施?

案例:

中鋁投資秘魯　講究「相處之道」

中國鋁業公司(以下簡稱中鋁)2007年斥資8.6億美元收購了秘魯銅業公司,獲得該國特羅莫克銅礦項目的礦權期權。2008年5月,項目正式著手開發。2013年年底項目正式建成並投入試生產,成為秘魯20年來建成的最大礦業項目,也是中企在海外建成的最大的銅礦山。現在項目處於產能穩步提升階段。

中鋁這筆投資,事前經過了比較充分的調研。公司從2006年開始準備實施海外資源戰略,對全球的礦業資源進行了普選。他們發現秘魯礦產資源豐富,有色金屬和貴金屬的儲量均居世界前列,而且政治穩定,法律體系完善,對外來的礦產投資持歡迎態度。特羅莫克銅礦位於秘魯中部傳統的礦業區,基礎設施相對完善,周邊有現成的鐵路、公路、港口和水、電供應等設施,開發建設的風險較

小。通過認真比較和分析，中鋁最後選擇並成功獲得特羅莫克銅礦項目。

海外投資除了要注意大的投環境外，還要非常關注微觀的（當地的）環境，包括項目所在地的政府機關、社團、新聞媒體和居民群眾等，因為項目的開發和建設更多的是同他們打交道。中鋁在調研中發現，秘魯從中央到地方是分權制管理體制，各級政府首長都是通過選舉產生，並非上級政府任命，這就更須要處理好同微觀環境中的各方面的關係。中鋁在「相處之道」上狠下功夫，主要可舉出下列三方面：

在處理同政府社團的關係方面，中鋁採取的是相互尊重、依法辦事、陽光透明的措施。公司為特羅莫克項目辦的各類許可有300多件，全是遵照有關法規一絲不苟地辦下來的，不曾請客送禮。公司瞭解到秘魯各級地方政府要想動用稅收資金須經中央政府複雜的預算審批程序，很多地方政府無能力完成項目規劃設計，因而無法使用稅收資金。公司就利用自身的人才優勢，幫助其申請，幫大區政府申請到2,000多萬美元的中央預算資金用於興建醫院，百姓得到實惠，大區政府贏得好口碑，公司形象也得到了提升。

在處理同當地民眾的關係方面，中鋁摒棄「先收益再回報」的做法，而是在項目未上馬前就先行回饋社會。公司率先投資5,000多萬美元建一污水處理廠，解決困擾當地70多年的水污染問題。公司為當地民眾創造了1,000多個直接就業崗位和幾千個間接就業崗位，每年為當地中小學生提供十幾萬份免費早餐，還從首都利馬請來醫生為老人治療白內障，為當地牲畜打防疫疫苗。這些舉措深受當地民眾歡迎。公司還請秘魯的民意調查機構對民眾進行隨機調查，瞭解社情民意，以便及時能滿足群眾需求，解決出現的問題。

在處理礦區居民大規模搬遷方面，公司認為礦區建設必須對大量民眾進行整體搬遷，於是選址斥資新建包括1,050套住宅以及學校、醫院、教堂、警察局、市政廳、垃圾處理廠、現代通信設施等的新鎮，2012年新鎮建成。住宅的分配是一大難題，公司走群眾路線，讓當地居民參加制定分配規則，解決他們內部的分歧。結果分房工作在2014年順利完成。

中鋁公司講究「相處之道」，取得了較好的成效。他們表示還將繼續努力，妥善解決日后新出現的問題。

資料來源：2014年8月9日《環球時報》載《投資秘魯，中鋁練就「相處之道」》。

[分析問題]

1. 你認為中鋁投資秘魯講究事前調研和「相處之道」，是否具有普遍的示範意義？
2. 你覺得中鋁的所作所為，是否還有值得注意的問題？

第十二章
戰略控制與戰略變革

本章學習目的

○ 理解戰略控制的類型及其作用
○ 理解作業控制的過程和方法
○ 識別戰略變革的動因、模式和方法

企業在戰略實施過程中，必須加強控制，包括戰略控制和作業控制。企業通過控制，不但有助於既定戰略的順利執行和預定目標的實現，而且使企業能適應形勢變化及時變革戰略，奪取新的勝利。本章將分別討論戰略控制和作業控制，最後研究戰略變革。

第一節　戰略控制

一、戰略控制的概念和作用

企業戰略是它的長遠性謀劃，實施的週期較長（例如3~5年）。在這段時間內，外部環境和內部條件都會發生許多變化，這就要求企業不斷地對外部環境和內部條件進行監測，並據以研究現行戰略是否需要變革，必要時即主動進行戰略變革。戰略控制（Strategic Control）就是企業對戰略實施情況的跟蹤監測，發現主客觀形勢的變化和問題，在必要時對戰略做出調整或變革。

戰略控制的作用是顯而易見的，它帶有主動性、預防性和指導性，隨時向管理者提出下列問題：我們前進的方向是否正確？關鍵活動是否正常？對主客觀形

勢發展趨向和變化的假設是否符合實際？是否在做須要去做的緊要事情？是否應當調整或放棄現行戰略？管理者如能合理地回答這些問題，就可以使企業經常保持頭腦清醒，航向正確，成功地實現目標。

按照對戰略管理過程的自發性理解，企業實施的戰略只是一個方向，須要在實施過程中試驗、適應和總結，逐步形成比較完善的戰略。這樣，戰略控制也就是對戰略方向的試驗、適應過程的監測，為總結經驗和形成完善戰略創造條件，發揮積極作用。

二、戰略控制的類型

戰略控制有四種類型：前提控制、戰略監測、執行控制、特警控制。下面依次說明。

（一）前提控制（Premise Control）

每個戰略都是以某些計劃前提（假設或預測）為依據的。前提控制就是在整個戰略管理過程中系統地、連續地考慮戰略所依據的前提是否仍然有效。假如有一項關鍵的前提已不再有效，則該戰略可能不得不變革。對失效的前提識別和否決得越早，則戰略轉移或變革的機會越好。

（二）戰略監測（Strategic Surveillance）

前提控制集中注意戰略所依據的前提的持續有效性，而戰略監測則無集中注意點。戰略監測是在整個戰略管理過程中比較廣泛地監測企業內外出現的可能影響其戰略進程的事情，其基本觀點是通過對多種信息來源的普遍監測，就可以發現一些重要而預料不到的信息。因此，它應當是一種寬鬆的「環境掃描」活動。

（三）執行控制（Implementation Control）

這是在戰略實施階段執行的控制。戰略的實施須要做許多工作，執行控制就是通過考察這些工作的成果來評估戰略是否應當變革。它又可分為兩種類型：戰略要點監測、里程碑評審。

戰略要點監測（Monitoring Strategic Thrusts）。戰略要點是指為實施戰略而特意制定的一些計劃項目（Projects），例如有關企業成敗的關鍵因素的項目、決定企業前進或停止的關鍵項目等。戰略要點監測是指企業先將戰略要點定出來，管理者特別注意監測，根據監測結果來確定戰略是繼續實施還是需要變革。

里程碑評審（Milestone Review）。里程碑是指企業自定的在戰略實施過程中應當達到的階段性標誌，它可以是關鍵事件、主要資源的分配等。里程碑評審是指企業定出里程碑再據以評審戰略實施過程，視其達到標誌與否即可定戰略是否應當變革。過去，美國的波音飛機公司曾投入大量的人力、財力去開發超音速運輸機，同英法聯合開發的協和式飛機相競爭。由於第二階段的開發項目須投資數十億美元，公司就將這個階段的啟動定為里程碑。經過里程碑評審，公司發現飛

機製造費用高昂，預測今后燃料價將上漲（導致運行成本上升）而乘客不會多，加以公司不像協和式那樣獲得政府的巨額補助，於是決定放棄開發戰略，不惜蒙受高額沉澱成本、自尊心和愛國主義等方面的損失。只有客觀的、大規模的戰略評估才可能導致如此重大的決策。

（四）特警控制（Special Alert Control）

這是指企業在戰略實施階段遇到突發的意外事件時，對執行的戰略所做的迅速而徹底的再思考。例如1973年的石油危機、1997年的東南亞國家的金融危機、2001年的「9·11」恐怖事件等，都可能極大地影響或改變企業的戰略。為執行這類控制，企業應設置專職的預警管理小組，負責對突發意外事件的監測並向企業領導者提出最初的應對報告。

上述四種類型的戰略控制可用圖12-1示意。

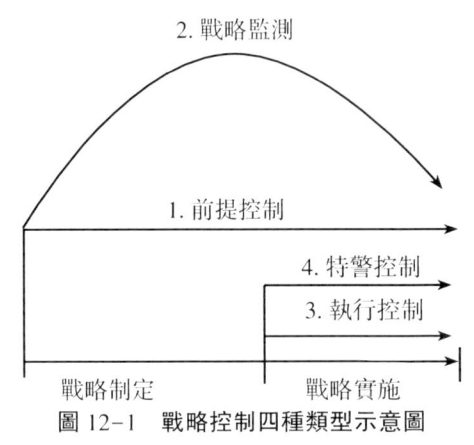

圖12-1　戰略控制四種類型示意圖

資料來源：J A PEARCE Ⅱ, R B ROBINSON. Strategic Management [M]. 6th Edition. McGraw-Hill, 1997. 東北財經大學出版社1998年重印本。

上述四種類型的控制都是對企業外部環境和內部條件的監測，同戰略調研的關係非常密切，所以一般可責成戰略調研責任部門去進行，包括負責特警控制的預警小組也可附設在該部門中。戰略調研部門既為戰略制定提供依據，又為戰略實施及實施過程中的戰略變革提供依據，戰略變革也是一次新的戰略制定。

第二節　作業控制的過程和方法

一、作業控制的過程

第十一章第五節講到企業在戰略實施階段須要將戰略目標落實到年度計劃或預算中，並組織年度計劃或預算的執行，以便用嚴格的計劃或預算管理來保證戰略和目標的實現。這裡就提出一個問題：年度計劃或預算能否順利實施？年度目

標能否圓滿實現？答案是不一定，企業必須對年度計劃或預算的執行過程進行控制。作業控制（Operational Control）就是對企業年度計劃或預算的執行過程進行的控制，它將執行過程的實際業績同預定的目標或標準相比較，發現差異，分析原因，採取措施，糾正差異，借此保證預定目標或標準的實現，或在必要時修改預定目標或標準。

從上述定義看，作業控制同戰略控制是有區別的：

第一，戰略控制關注的是帶長遠性的戰略和目標能否實現，是否需要變革；作業控制則關注年度計劃乃至更短期的季度、月度計劃目標能否實現，是否需要變革。

第二，戰略控制的目的是保證企業的基本方向和戰略的適宜性，及時改變不適宜的戰略；作業控制則是對企業生產經營、業務活動的控制，要求及時糾正不合理的活動。

第三，戰略控制的依據是對企業外部環境和內部條件的連續監測，主要由戰略調研部門提供所需信息；作業控制則側重企業生產經營、業務活動的連續監測，主要由會計、統計等核算部門提供信息。

儘管如此，作業控制同戰略控制又是有聯繫的：第一，這裡的作業控制對象是由戰略落實而來的年度計劃乃至更短期的計劃，這些計劃的實現是戰略實現的條件，所以兩種控制的終極目的是一致的；第二，在作業控制中同樣可能發現戰略是否需要變革的問題，這就同戰略控制結合起來了。

作業控制是一個過程，可劃分為五個步驟，如圖 12-2 所示。

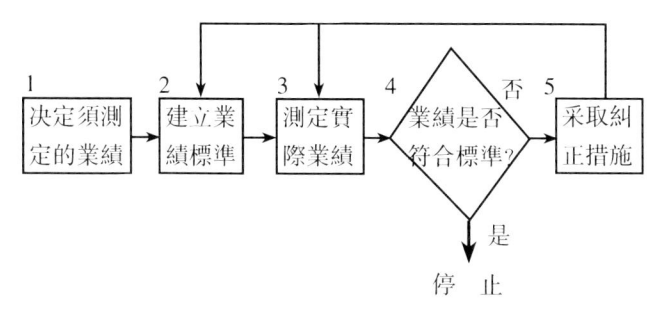

圖 12-2　作業控制過程

（1）決定必須測定（或評估）的業績。企業的活動內容很多。在計劃實施過程中，須要對哪些活動的過程及其結果進行測定，必須事先研究確定。這些活動的過程及其結果應當是能夠以比較客觀和連續一貫的方式來測定或評價的，應當是為實現企業計劃目標至關緊要的環節和因素。

（2）建立業績標準。對於必須測定的業績，就應建立若干標準。標準是計劃目標的細化，是測定可以接受的業績成果的尺度。每項標準通常都有一個容許範圍，在此範圍內的業績就視為可接受的。標準不限於最終的產出，對於活動過程

中間階段的產出以及過程的投入，都須要建立標準。

（3）測定實際業績。這項工作必須按照預定的時間和頻率來進行。

（4）將實際業績與標準相比較。如實際業績成果在標準的容許範圍之內，控制過程即告終結。

（5）採取糾正措施。如實際業績落在標準的容許範圍之外，就必須採取行動糾正。這裡要考慮下列問題：①這一差異是否只是臨時性波動？②計劃的執行是否有誤？③外部環境是否有重大變化而導致原定計劃和目標已脫離實際？採取的糾正措施要針對出現差異的根源，防止其今后再度出現。

如將上述步驟適當兼併，我們可以認為作業控制過程包括：①建立業績標準；②測定實際業績；③反饋（主要是採取糾正措施）。這三者常被稱為作業控制的三要素。

二、常用的作業控制系統和方法

作業控制可用的方法很多，現介紹幾種常用的控制系統和方法。

(一) 杜邦公司的財務控制系統

杜邦公司從1919年開始就使用投資回報率作為測定公司總體業績的關鍵指標，建立起財務控制系統，此系統在美國工業界已得到廣泛應用。圖12-3列出杜邦系統的簡化模型。

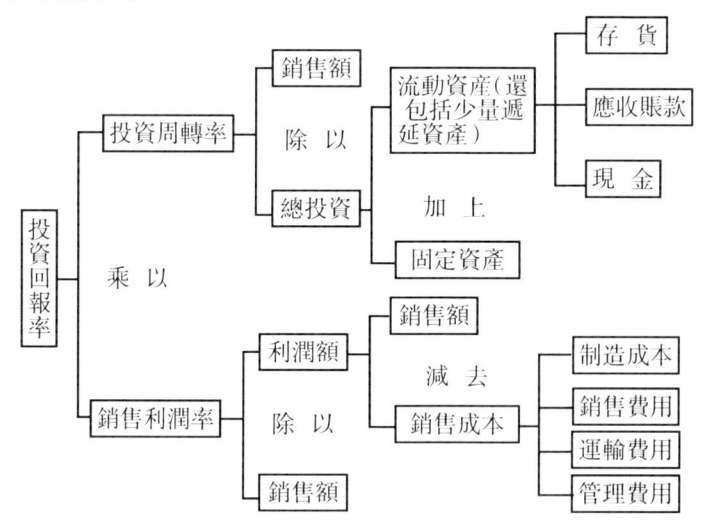

圖12-3 杜邦公司財務控制系統模型

杜邦系統的依據是下列公式：

$$投資回報率 = \frac{利潤額}{投資額}$$

$$= \frac{銷售額}{投資額} \times \frac{利潤額}{銷售額}$$

$$= 投資週轉率 \times 銷售利潤率$$

我們通過將投資額和利潤額展開，就可以對各類資產和成本費用進行控制。這個系統特別適用於產品多樣化的大型企業，它們分設產品事業部，並規定為投資中心，按投資回報率進行控制和評價，以促使各事業部努力提高投資回報率。表12-1是應用杜邦系統對比事業部業績的簡例。

表 12-1　　　　　某公司下屬事業部的投資回報率　　　　　單位：千元

事業部		銷售額		投資額	經營利潤額	投資回報率（%）
		絕對數	占總額的%			
某年	產品A	39,300	40	20,700	4,800	23.1
	產品B	29,500	30	16,900	2,800	16.4
	產品C	19,600	20	8,900	2,100	23.9
	產品D	9,800	10	2,700	500	18.5
	合計	98,200	100	49,200	10,200	20.7
當年	產品A	48,100	25	28,400	5,600	19.7
	產品B	96,200	50	75,300	8,500	11.2
	產品C	38,500	20	19,500	3,900	20.1
	產品D	9,600	5	2,900	500	17.2
	合計	192,400	100	126,100	18,500	14.7

說明：經營利潤額是尚未扣除財務費用和應繳所得稅的利潤額。

資料來源：H KOONTZ, H WEIHRICH. Management [M]. 9th Edition. McGraw-Hill, 1988：573.

（二）預算控制

第十一章已講到，利用計劃或預算來落實戰略。預算是一種以貨幣單位或實物單位來表示的有關預期成果或要求的文件。我們用預算作為業績標準，並將實際業績與預算相比較，就可以對戰略實施過程進行有效控制。所以，預算控制成為一種控制方法，應用得極為廣泛。表12-2是預算報表的簡化示例。

表 12-2　　　　　　　　　預算報表的簡化示例

項目	6月份		前5個月	
	總成本（美元）	產量（件）	總成本（美元）	產量（件）
預算數	4,000	100,000	20,000	1,000,000
實際數	5,000	120,000	20,500	1,000,000
差異數	+1,000	+20,000	+500	——
差異%	+25%	+20%	+2.5%	——

資料來源：L L 拜亞斯. 戰略管理 [M]. 王德中，等，譯. 北京：機械工業出版社，1988：240.

企業實行預算控制，首先要編製合適的預算，第十一章提到預算可能出現的問題以及改進的預算方法，在預算控制中仍然須要注意。此外，預算在實施過程中，也可能因內外部環境的變化而須要改動。

（三）審計

審計是對組織的會計、財務和其他業務活動所作的審核、檢查和評價。它可以由政府審計人員或獨立的專業審計人員來進行，也可以由企業內部的審計人員來進行。審計工作除了審查會計帳目、財務報表等是否真實、準確地反應實際情況以外，還可對企業的各項目標、戰略、計劃、程序的運用，決策質量和工作質量，管理效率和工作效率，以及各種專門問題進行測定和評價，加強各方面的監督和控制。

企業的內部審計可根據有關職能的規定按期或經常地進行，其有效性取決於企業高層領導人的支持程度和中下層管理人員的接受程度，取決於審計負責人的領導才能和審計人員的水平。

（四）目標管理與網路技術

目標管理這種現代化管理方法既可用於計劃工作，又可用於實施控制。前面已經提到的用於建立目標和職能性戰略的協調，屬於計劃工作的範疇；而在目標執行過程中不斷地用實際業績同目標相比較，發現差異，採取糾正措施，以確保預定目標的實現，就是控制過程。所以目標管理又是一種控制方法。

網路技術是指在20世紀50年代後期發展起來的計劃評審法（PERT）和關鍵路線法（CPM）。它們都採用網路圖形式來安排某一工程或任務所必需的各項工作，目的是盡可能縮短工期，合理利用人力資源，降低成本費用。網路圖實際是一種計劃形式，而根據網路圖來檢查工程或任務的進展情況，發現差異，採取必要的調度措施，以保證其按期或提前完成，就屬於控制活動。目前，網路技術已在中國得到普遍應用。

（五）全面經濟核算

經濟核算是企業經濟管理的一項重要工作，包括會計核算、統計核算和業務核算三項內容。它與計劃工作相配合，嚴格地盡可能準確地控制、核算和分析企業生產經營活動的成果和消耗、收入和支出、盈利和虧損，以促進企業加強管理，提高工作效率和經濟效益，所以經濟核算是控制企業全面業績的有力手段。

在中國，經濟核算已發展成為全面的核算，即包括企業所有部門單位、生產經營所有環節和全體員工的核算。各部門、單位都應當是經濟責任中心，分別進行核算，測定其業績並與獎懲制度掛勾。邯鄲鋼鐵公司的「模擬市場核算、成本否決」，就是全面經濟核算獲得巨大成效的典型。

企業建立全面經濟核算系統的組織原則是：統一領導，分級管理；專業管理與群眾管理相結合。必須以公司（廠）級核算為中心，把各級、各單位的核算結

合起來；以計劃、財務部門為中心，把各職能部門的核算結合起來；以專業核算為主導，把專業核算與群眾核算結合起來。

三、企業的業績測定

企業在運用上述作業控制方法時，須要事前解決好業績測定問題，它涉及確定必須測定的業績、建立業績標準和測定實際業績等項活動，對作業控制的有效性有很大影響。

企業總體的業績顯然就是它所建立的經營目標（見第六章第三節），長期目標要分解為短期目標，據以制定作業控制的業績標準。短期目標的內容很多，一般往往側重綜合性強的財務目標，如銷售額、盈利率等。有些反應業績的財務指標又有多種，企業究竟應當選擇哪一種還存在不同的意見，值得研究。

例如公司的盈利率指標，最常採用的是投資回報率（Return on Investment ROI），即利潤（一般為稅后利潤）與投資總額（或資產總額）之比率。它較之利潤額和銷售利潤率等指標有著明顯的優點：可考核投資的盈利性，檢驗投資決策的正確性；各個企業之間易於比較；促進更有效地利用現有資產，只在能增加收益時才新增資產等。但它也有缺點：易受固定資產折舊政策的巨大影響（快速折舊將降低回報率）；不利於採用那些短期內不易收回投資但從長期看卻很有利的項目，導致行為短期化；未考慮產業環境的影響等。所以投資回報率並不是理想的指標。

為了彌補投資回報率指標之不足，一些學者提出了自己的建議，見新視角12-1。美國一些大公司已開始採用經濟增加值指標來取代投資回報率，反應投資對股東財富的貢獻。尚未採用這種辦法的許多公司也在著手試用中。

公司要運用不同的方法來評價和測定下屬事業部與職能部門的業績，一般採用責任中心制。責任中心制是按照事業部和職能部門的特性，分別明確其經濟責任，並考核其責任履行情況，給以評價。責任中心有下列基本類型：

（1）成本（或標準成本）中心。它主要適用於製造部門（如分廠、車間等），即對其產品根據歷史資料規定出標準成本（視為產品的內部價格）。企業在評價該中心的業績時，按標準成本和產量算出標準總成本，再用以同實際總成本相比較，發現節約或超支，據此評定成績優劣。

（2）收入中心。它主要適用於銷售部門，即對其銷售收入規定出目標或標準作為經濟責任。企業在評價其業績時，就用實際的收入同目標或標準相比較，發現責任完成的好壞。這裡主要是測定工作的有效性而不是效率，一般不計算銷售部門的費用開支，更不計算該部門的利潤，因為該部門對售出產品的成本的影響極為有限。

新視角 12-1：

霍福爾和米勒的建議

一、霍福爾建議採用多指標

美國紐約大學教授霍福爾（Charles W. Hofer）認為，任何單一的指標都存在這樣或那樣的缺點，所以我們應同時採用多種指標來評價公司的業績。他推薦以增加值（Value Added）為基礎的三個指標，見下表：

業績特徵	一些傳統的指標	推薦的新指標
成長（發展）	銷售收入、資產總值	增加值
效率	毛利潤、純利潤、銷售利潤率	增加值利潤率
資產利用	投資回報率、權益回報率、每股收益	增加值利潤率/投資回報率

說明：1. 增加值=銷售收入−原材料和外購件的費用−固定資產折舊。
2. 銷售利潤率=純利潤/銷售收入。
3. 增加值利潤率（ROVA）=稅前利潤/增加值。

資料來源：C W HOFER. ROVA: A New Measure for Assessing Organizational Performance [J]. in Advances in Strategic Management, 1983 (2): 50.

從上表可看出，增加值就是淨產值，而增加值利潤率是稅前利潤與增加值之比率（用百分率來表示）。霍福爾提出，就大多數產業而言，在市場發展的成熟即飽和階段，其增加值利潤率趨向於穩定在12%和18%之間。他堅持認為，同當前使用的其他指標相比，增加值利潤率是測定不同產業公司業績的較好的指標，可反應公司對社會的貢獻。不過，霍福爾推薦的指標也有缺點，主要是增加值指標難以從傳統的財務報表中直接得出。

二、米勒建議採用經濟增加值

美國學者米勒（Alex Miller）推薦用經濟增加值（Economic Value Added, EVA）來衡量公司業績。EVA是公司的投資回報率與投資成本的差額，反應公司為其股東增創的價值。戰略就是要通過建立競爭優勢去創造EVA，有了EVA，股東所得股利以及股票價格就會上升。

資料來源：A MILLER. Strategic Management [M]. 3rd Edition. McGraw-Hill, 1998. 機械工業出版社同年重印本。

（3）費用中心。它主要適用於管理、服務和研究開發部門，即對其費用開支規定預算或限額，然后視其節約或超支來測定其業績。這些部門有費用，卻難以同產品成本直接掛勾，對企業收入也只有間接的影響。

（4）利潤中心。它主要適用於具有較大獨立性的產品事業部，它們利用公司分配的資源來生產和經營產品，既有銷售收入，又可計算成本費用，從而得出利潤。因此，企業可以規定它們應實現的利潤目標，並根據目標完成情況來測定其業績。在執行縱向一體化戰略的公司中，也常建立這類中心。

一些並未具備較強獨立性的單位，如製造部門，也可以成為利潤中心。這就是企業在規定其產品的內部價格時，在標準成本基礎上加少量的生產利潤，並給它們按期制定出生產利潤目標，這些部門的業績就按其實現生產利潤目標的情況來評定。假如它們降低了產品成本，增產了適銷的產品，都可以增加生產利潤。

5. 投資中心。與利潤中心相似，投資中心的業績也是按其銷售收入與成本費用的差額來測定的，但不是看利潤的絕對額或規定利潤目標，而是將利潤同投資（或所使用的資產）聯繫起來，計算投資回報率，規定投資回報率目標。考慮到許多公司的事業部投資巨大，資產很多，測定投資回報率指標顯然比單純測定利潤額更為有效。前面介紹的杜邦公司財務控制系統，就是採用投資中心的業績測定法。

上述五種責任中心在中國企業推行全面經濟核算時均已被採用。絕大多數企業尤其是單一經營的企業常採用成本中心、收入中心和費用中心的組合，它們一般採用職能型結構，多數管理者是職能型專家，利潤由企業統一核算。有些企業從事小範圍的多種經營，但其收入和利潤的大部分仍然來自單一的產品線時，往往採用成本中心、收入中心、費用中心和利潤中心的組合，即對小範圍的多種經營單位規定和考核利潤目標。少數大型企業包括新興的企業集團，從事多種經營，業務廣泛，就適宜採用投資中心，而其他幾種責任中心在企業內部的各單位加以應用。各單位無論採用何種責任中心，都要注意加強各中心之間的協作，共同完成企業總體目標，而不能各自為政或鬧獨立。

四、分析差異和採取措施

企業經過業績測定，即可將實際業績與預定標準相比較，發現差異，採取糾正措施，這便是作業控制的反饋過程。

企業的生產經營活動受到外部環境、內部條件的變化和人們的認識能力、解決問題的能力等諸多限制，實際業績與預定標準完全一致的情況是極少見的。對管理者來說，重要的問題不是工作有無差異或是否可能出現差異，而是能否及時發現已出現的超過容許範圍的差異，或通過對正在進行的工作深入瞭解，預測未來可能出現的差異。

企業利用上述的控制系統和控制方法，發現差異之後，首先要查明產生差異的原因，以便對症下藥，採取糾正措施。差異的產生可能有多方面的原因，概括起來可分三類：①戰略（計劃）實施中的原因。如組織結構調整不合適、主要執行者挑選不恰當、資源分配不合理、思想教育和組織領導工作不得力、職能性戰略安排有問題、預定措施未實現等。②戰略（計劃）制定階段中的原因。如因外部環境發生重大變化，原來選擇的經營範圍和制定的方針、目標和戰略已嚴重脫離實際；或原來為應付多種情況而制定的應變戰略未能付諸實施；或者外部環境並未發生多大變化，但因過去對外部環境和內部狀況的調研分析過於樂觀或悲觀，而使原制定的目標過高或過低，選擇的戰略不夠適當；等等。③既有戰略（計劃）實施中的原因，又有戰略（計劃）制定中的原因，問題比較複雜。

　　由於人們所處的地位和承擔的責任不同，在分析差異產生的原因和性質時，難免有不同的看法，引起矛盾和衝突。對此，企業高層管理者必須從全局出發，實事求是地分析問題，有時尚須親自做一些調查研究，掌握第一手材料；還要善於溝通和協調，統一各有關部門和人員的認識，共同設法消除差異。

　　差異有已經出現和預測未來將出現的兩種。對於已出現的差異，如產生的原因比較簡單，可直接研究和採取糾正措施；如產生原因較為複雜，一般可先採取臨時性措施使問題得到暫時緩解或停止，待原因查明后再採取有針對性的糾正措施。對於預計將出現的差異，則須立即採取預防措施。

　　由於差異產生的原因不同，糾正和預防措施也可以分成三類：①如原定目標、戰略（計劃）並無不當，只是實施階段中出現了問題，則應針對問題採取相應措施，消除產生差異的根源或可能出現的差異，保證原定目標和標準的實現；②因外部環境的重大變化或原來制定時的失誤，導致目標和戰略（計劃）嚴重脫離實際，則應根據新情況建立新目標，修改或調整戰略（計劃），為實現新目標而努力；③如上述兩種原因兼而有之，就要同時採用上述兩類措施，既解決實施中的問題，又適當變革目標和戰略（計劃）。

　　分析差異原因和採取糾正措施，將直接涉及戰略管理過程前面的每個階段步驟，這就是戰略控制的反饋。圖12-4是第一章已介紹的戰略管理過程模式，是構建本課程體系的依據，圖中的虛線就表明戰略控制對戰略管理過程各階段步驟的反饋作用。由於有了反饋，原定戰略才可能順利實施，戰略目標才可能圓滿實現，企業有時須對原定目標和戰略進行變革，所以可將整個戰略管理過程視為一個反饋系統。

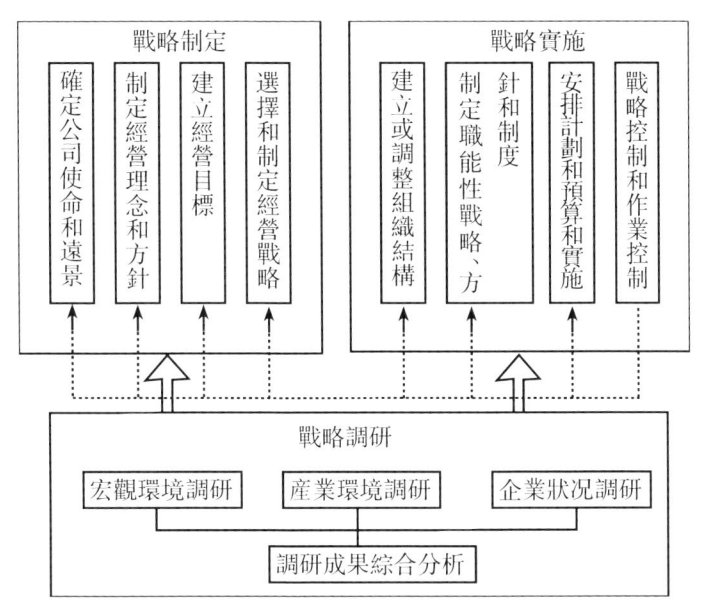

圖 12-4　戰略控制的反饋作用

說明：戰略控制的反饋用虛線表示。

第三節　戰略變革

一、戰略變革的動因

這裡所說的戰略變革（Strategic Change），包括了企業對其實施的戰略的修改調整，以及從原戰略轉移到新戰略。新視角 12-2 介紹了芬蘭諾基亞公司的戰略變革。

為什麼要變革戰略？原因是多種多樣的，各學者有不同的理解。我們認為變革的動因可概括為兩大類：①來自企業外部環境的原因，例如宏觀環境（包括政治法律、經濟、社會文化、科學技術諸因素）的變化給企業帶來新的機會和威脅，產業地位和發展階段的變化，競爭形勢的加劇等新情況的出現；②來自企業自身狀況的原因，例如企業規模的擴大或縮小，競爭實力的增強或削弱，企業下屬各部門發展的不平衡，人員（尤其是高層領導者）變動引起的權力關係變化等。這兩類原因有時又交織在一起，導致戰略的變革。進入 21 世紀，企業的環境更加複雜多變，企業自身的變化也增多，戰略變革的頻率和幅度定將會增大。任務在於通過有效的戰略控制和作業控制，使戰略變革更有效地促進企業的成功。

新視角 12-2：

諾基亞公司的戰略變革

在 20 世紀 80 年代末期，芬蘭的諾基亞（Nokia）公司業務範圍很廣：它生產電視機和其他家用電器，號稱「歐洲第三」；它在工業電纜和相關機械方面的業務蓬勃發展；它還從事森林採伐和船舶製造。公司從 20 世紀 60 年代以來就開始迅速擴張，從事多種經營，管理層承受著巨大的壓力，以致公司當時的總裁竟由於壓力太大而自殺。

1991—1992 年，公司的主要業務虧損了 4.82 億芬蘭馬克（合 1.2 億美元），公司必須尋找新的戰略來走出困境。當時，它已削減了一些業務，只留下電話業務、不盈利的電視和收音機製造業務，以及有競爭力的工業電纜業務。管理層經過深思熟慮，決定再次精簡，僅保留和發展兩項業務：移動電話和電信設備（開關和電話交換機）。在這項決策中，以下列情況和判斷作依據：

（1）據推斷，移動電話市場在全球範圍內有巨大的增長潛力，且增長迅速。

（2）諾基亞在該領域中已經盈利。

（3）全球電信市場的管制取消和私有化為電信設備帶來了特別的機遇。

（4）技術變化的速度快，也帶來市場機遇。

但公司實施這一新戰略，面臨很大困難：第一是公司嚴重虧損，不能提供與主要競爭對手（美國的摩托羅拉公司和瑞典的愛立信公司）同樣多的資金用於研究開發；第二是需要很多熟練的新員工，而培訓又需要投資。

儘管困難很大，諾基亞公司採取了下述辦法加以克服：

（1）出售精簡下來的事業部，不但籌集了資金，而且減輕了維持公司運轉所需資源的壓力。

（2）將研究與開發集中在少數確定的市場上，而不是分散到許多領域，當然這裡也潛伏著進入錯誤領域的風險。

（3）在本國和國外的工廠中大力開展員工培訓。到 1995 年的三年間，移動電話的員工增長兩倍，達 9,000 名；在 1994—1995 年的兩年中，電信設備的員工數也翻番，達到 11,000 名。

（4）運用專門的培訓項目將公司文化和管理風格同員工們溝通，特別是同外國員工溝通，使他們能認同。

經過這些努力，公司解決了戰略變革初期面臨的問題。接著，公司將大部分力量投放到移動電話上，特別是技術設計和市場行銷，它開發了外觀頗有吸引力，並在數字技術方面具有創新性的一系列新款手機。

資料來源：RICHARD LYNCH. 公司戰略 [M]. [譯者不詳]. 昆明：雲南大學出版社，2001：585-587.

在實際生活中，引起特定企業的戰略變革還有更為具體的原因。如企業要有效地管理戰略變革，就須要對具體的原因做出具體分析。同諾基亞公司一樣，中國地產業第一品牌——深圳萬科企業股份有限公司也在 20 世紀 90 年代實現了戰略變革，從多元化轉到高度集中發展，見新視角 12-3。這兩家公司實行戰略變革的具體原因都可歸結為：縮短戰線，集中資源，發展最具有市場潛力而自身又最具競爭優勢的產業。這對於受到資源限制（如萬科）或經營業績下滑（如諾基亞）的企業有著極為重要的作用，從而促使企業走向成功。

新視角 12-3：

深圳萬科的戰略變革

深圳萬科公司的前身是創辦於 1984 年的「現代科技儀器展銷中心」，經營辦公設備、視頻器材的進口銷售業務，是當時深圳市最大的進口銷售商。后來，其業務擴展至全國，又改整機進口為散件引進、國內組裝銷售，其發展順利。1988 年，其更名為「萬科企業股份公司」，開始多元化經營，興辦了三家來料加工廠，又以 2,000 萬元投標買地，進入房地產業。1989 年公司改制上市，1991 年公司 A 股在深交所掛牌交易。

1990 年，公司決定向連鎖零售、電影製片、激光影碟等新領域投資，初步形成商貿、工業、房地產和文化傳播四大領域的經營架構。1991 年，公司確定了向綜合商社發展的模式。公司從 1992 年開始跨地域經營，重點開發東部地區的房地產和股權投資業務，上海、青島、天津等地項目發展順利，下屬 36 家聯營和附屬企業遍布全國 15 個重要城市。

1993 年 1 月，公司管理層在上海開會，對公司發展做了總結和反思，鑒於自身實力限制，決定放棄綜合商社發展模式和多元化戰略，專業發展房地產業，以加速資本累積，迅速形成經營規模。這次戰略調整有三個層次：一是從多元化向專營房地產集中；二是在房地產業中，從多品種經營向住宅集中；三是在地域上從全國 12 個城市向京、津、滬、深（圳）集中。上述集中，就是收縮戰線，將其他的業務都賣掉，集中資金辦大事。

這次戰略變革用了四年時間。如房地產業，1993 年有 75% 是寫字樓，25% 是住宅；1997 年調整到住宅占 75%，寫字樓占 25%。公司下屬的其他單位陸續處理，到 1997 年 10 月最后兩個工廠賣出，非核心業務的調整基本完成。

2000 年 8 月，中國華潤總公司取代深圳特區發展集團公司成為萬科的第一大股東，有利於萬科的發展。

> 2010年萬科正式進入商業地產，在多地成立商業管理公司。近幾年，萬科仍一直以住宅開發為主，但在商業地產領域卻動作頻頻，已形成萬科廣場、萬科紅、萬科大廈、萬科2049四大商業產品線，在全國在建、規劃18個購物中心項目，商業面積達150萬平方米。
>
> 2013年，萬科的營業收入為1,354.2億元，營業利潤為242.6億元，淨利潤為151.1億元，市值達1,056億元。

二、戰略變革的模式

戰略管理學者按照戰略變革的速度和程度將變革歸納成三種模式：漸進變革、激進變革、動態均衡變革。[1]

（一）漸進變革模式

這是以對企業的改進和完善為目的，逐步實行戰略的變革，在比較長的時間內實現變革目標的過程。諾基亞公司和萬科公司從多元化戰略到集中發展戰略都經歷了4~5年，可以看作屬於漸進變革。漸進變革的優點是承受的阻力和風險都較小，容易得到企業上下的認同；其缺點則是進度緩慢，當外部環境要求企業快速改變戰略時，就不能適應。

（二）激進變革模式

這是企業為了應付快速變動的環境而進行的革命性的、快速的戰略變革。在產品壽命週期短、競爭環境變化快的產業裡，快速的戰略變革是關係企業存亡的關鍵。企業在遇到某些突發的意外事件或企業內部存在嚴重惰性時，更加須要革命應變，以維繫企業的生存和發展。激進變革的優點是能適應快速變動的外部環境，其缺點則是可能承受較大的阻力和風險，對決策的質量要求很高。

（三）動態均衡變革模式

這是處於中間狀態的模式，即企業有時處於相對均衡、穩定發展的環境，有時又處於快速變動的環境。企業在前一種狀態下，適於採用漸進變革模式；而在后一種狀態下，則要求採用激進變革模式。這種從實際出發、靈活運用上述兩種變革模式的做法，是權變觀念的應用，能吸收上述兩種模式的優點而克服其缺點；但應用的難度加大，對管理者素質提出了很高的要求。

---

[1] 德威特，梅耶爾．戰略管理 [M]．江濤，譯．北京：中國人民大學出版社，2008.

三、戰略變革的方法

戰略變革並沒有什麼特定的方法。無論是漸進變革模式或連續變革模式，變革的過程大體是相似的，只是在工作的快慢和粗細程度上有所不同。這個過程可細分為下列步驟：

（1）高層管理者逐漸意識到變革的需要（由戰略變革的動因所引起）。

（2）高層管理者將問題提出來，讓有關人員瞭解必要的信息，啟發思考。

（3）由高層管理者組織有關人員對變革問題展開討論，在是否需要變革上統一認識。

（4）廣泛動員，收集戰略變革的可行方案。

（5）採用一定的程序優選方案，做出決策。

（6）統一組織新戰略的實施，做好宣傳動員和思想教育工作。

（7）配合戰略變革做好組織變革，包括組織結構調整和人事安排。

（8）收集新戰略實施取得成效的信息，廣泛交流，以增強員工信心，將新戰略堅持下去。

在這一過程中，關鍵是要掌握好幾個工作重點，防止出現失誤：

第一，思想敏銳，克服惰性。高層管理者要能及時發現變革的需要，必須思想敏銳，克服惰性。惰性是妨礙變革的消極因素，其產生有內部原因和外部原因。內部原因包括企業的組織結構、行政管理體制、規章制度、對生產設施的巨額投資、企業的歷史成就和經驗累積等，高層管理者一旦對結構、制度、成績、經驗等產生迷信，習以為常而不與時俱進，就成為惰性。外部原因包括產業的進入和退出障礙、政府的保護性措施等，它們也會使企業產生盲目的安全感而成為惰性。

深圳萬科公司的董事長王石的思想就很敏銳，極少有惰性。在1992年中國大炒房地產、業界喊出「利潤率低於40%不做」時，他卻說「萬科高於25%的利潤不做」，因為他已看到房地產業的暴利時代宣告結束，只能追求平均利潤。他發現萬科在1993年跨地區、跨行業經營，攤子已鋪得很大，人力、財力資源深感不足，管理跟不上，工作常出差錯，再看境外的大房地產公司的雄厚實力，國內公司無法同它們競爭，所以在別人都大搞多元化經營時，他卻下決心放棄多元化而走高度集中發展優秀住宅（城市花園）之路，並盡力爭取境外投資。

第二，統一認識，堅定決心。這是指高層管理者意識到變革的需要之後，還要善於統一領導班子成員和有關管理者的認識，博得他們的認同，共同做出科學的決策，下決心堅持貫徹執行。企業領導班子成員和有關管理者的思想認識水平是不一致的，不一定都意識到有必要對戰略實行變革，如認識不統一，將很難齊心協力地制定和貫徹變革的決策。因此，高層管理者要耐心做思想工作，用具體的事實和數據說話，讓大家真心贊同而盡量少地利用自身的地位和權力去壓服。

第三，消除阻力，堅決貫徹。新戰略的實施要依靠企業各級管理者和全體員工，觸及他們的切身利益，支持變革者不會少，反對變革者也可能較多。這就須要企業大力加強宣傳教育工作，加強溝通，並採取多種措施，把支持因素增強，反對因素減弱，以保證變革的順利實施。庫爾特·盧因（Kurt Lewin）在20世紀50年代提出的「力場分析法」，是經過實踐檢驗的消除阻力、推動變革的有效方法，我們可以學習運用。① 由於阻力太大，新戰略難以實施而走回頭路的事例，也時有所聞，我們應當盡量避免。

第四，組織變革同戰略變革相結合。組織變革的基本內容包括：改變組織結構、人員配備和管理團隊，改革規章制度和報酬政策，修改企業文化等。戰略的變革經常涉及經營方向和範圍的改變，經營單位的增減，從業人員的調整，這就要求組織變革與它相配套，否則，戰略變革將無法貫徹執行。此外，戰略變革也還須要解決一些常見的「企業病」，如組織結構的官僚化、企業文化的僵化、對市場和顧客的漠視、對環境變化不關心等。所以組織變革不僅是戰略變革的重要保證，也是戰略變革深入一定階段的必然要求。

美國有一些專門從事「變革管理」研究的學者，提出了許多有價值的意見。例如坎特（R. M. Kanter）等人於1992年提出「實施變革的十個必要條件」，見新視角12-4；約翰·科特（John P. Kotter）於1995年提出「導致組織變革失敗的八個錯誤」和「導致組織變革成功的八個步驟」，見新視角12-5。他們的這些看法都可應用於戰略變革，供企業高層管理者參考。

新視角 12-4：

實施變革的十個必要條件

美國學者坎特（R. M. Kanter）等人於1992年合著了《組織變革的挑戰》一書，其中提出了實施變革有十個必要條件，它們是：
(1) 分析組織以及它對變革的需求。
(2) 創造一個共同的遠景和方向。
(3) 與過去分開。
(4) 創造一個緊急的氣氛。
(5) 支持一個強有力的領導角色。
(6) 獲得政治支持。
(7) 構造實施計劃。

---

① 劉詩白. 經營管理大系·管理組織卷［M］. 上海：上海人民出版社，1990：571-574.

（8）發展有能力的組織結構。
（9）交流，動員人們，必須誠實。
（10）加強變革，並使其制度化。

資料來源：R M KANTER, et al. The Challenge of Organizational Change: how companies experience it and leaders guide it [M]. New York: The Free Press, 1992.

新視角 12-5：

導致變革失敗的八個錯誤及改正步驟

約翰·科特是哈佛商學院教授，1995年在《哈佛工商評論》的3~4月號上發表了《領導變革：為什麼轉變失敗?》一文，影響很大。1996年他寫了《領導變革》一書，進一步引申和闡述了他在論文中的觀點。科特在論文中提出導致變革失敗的八個錯誤，它們是：

（1）缺乏足夠的緊迫感。
（2）未能建立一個強有力的領導聯盟。
（3）缺乏遠景規劃。
（4）缺乏對遠景規劃的溝通。
（5）沒有掃清實現新遠景規劃道路上的障礙。
（6）沒有系統的計劃和奪取短期勝利。
（7）過早地宣布大功告成。
（8）未能讓變革在企業文化中根深蒂固。

后來，在他1996年的著作中，科特認為這些錯誤的結果是：

（1）新戰略不能很好實施。
（2）不能獲得協同效應。
（3）重組要花費太多的財力和時間。
（4）方案不能獲得預期的結果。

為了減少他所說的八個錯誤，科特在其論文中提出了促使變革成功的八個步驟：

（1）產生緊迫感。
（2）建立強有力的領導聯盟。
（3）構建遠景規劃。
（4）溝通這種遠景規劃。
（5）授權他人實施這種遠景規劃。

（6）計劃並奪取短期勝利。
（7）鞏固已有成果，深化變革。
（8）使新的工作辦法制度化。

科特強調八個步驟構成一個過程，成功的變革都要經過這八個步驟，忽略了任何一個步驟，幾乎經常會出現問題。

資料來源：約翰 P 科特，等．變革 [M]．李原，孫健敏，譯．北京：中國人民大學出版社，1999：1-20；BERNARD BURNES．變革時代的管理 [M]．[譯者不詳]．昆明：雲南大學出版社，2001：398-399.

復習思考題

1. 什麼是戰略控制？它在戰略管理過程中起什麼作用？
2. 企業的戰略控制有哪些類型？
3. 什麼是作業控制？它與戰略控制有什麼區別和聯繫？
4. 常用的作業控制系統和方法有哪些？
5. 企業對下屬的事業部和職能部門，可建立哪幾種責任中心？
6. 如何理解作業控制的反饋作用？
7. 企業為什麼要變革其戰略？戰略變革有幾種模式？
8. 實行戰略變革，大體上有幾個步驟？要掌握哪些工作重點？

案例：

數碼時代拋棄膠卷巨人

總部設在美國紐約的全球膠卷巨頭柯達公司竟於 2012 年年初申請破產保護，令世人震驚。

柯達是一家百年老店，有著極為輝煌的歷史。它是黑白膠片和彩色膠片的全球領先企業，它製造的 Browrite 相機至少引導三代美國人學會拍照，它發明的「傻瓜相機」使昂貴的像謎一樣的攝影技術走進尋常百姓家。在其鼎盛時期，它在全球擁有 14.5 萬員工，把最優秀的科學家招到紐約總部，創造出成千上萬的科技專利，進入柯達工作成為許許多多美國人的夢想。它還曾把照相機送上太空，代表了美國夢。

柯達進入數字照相技術的時間並不晚，甚至可說是數字攝影技術的發明者。

早在1991年，它就與尼康合作推出了一款專業級數碼相機。1996年，它推出了首款「傻瓜相機」。問題是它在這方面的前進步伐太慢了，一直把主要精力放在傳統的模擬相機和膠片生意上。它在1935年推出的彩色膠卷，直到2009年才因數碼相機的普遍使用而停止生產。這一方面是因為公司迷戀過去的輝煌，且膠片利潤較高，而另一方面是因利潤率低，數碼相機對柯達沒帶來多少盈利。

在柯達遲遲未能轉變經營戰略的同時，其他許多公司如佳能、尼康、奧林巴斯、卡西歐等卻抓住了機遇，飛速發展數碼相機業務。與柯達同樣主要從事膠片業務的日本富士公司也十分敏感，很快縮小膠片事業，並積極開展多元化戰略。這些公司都取得了成功。

這樣，在激烈的市場競爭中，柯達必然敗下陣來。自2008年以來，公司一直嚴重虧損，市值只剩下1.2億美元。其實，在2004年，這家老牌公司被驅逐出道瓊斯70指數股行列，已經給公司敲響警鐘。到2012年，公司被迫申請破產，還想賣掉旗下擁有的一系列數字技術專利來維持，這筆收入甚至可能超過公司目前的市值，但是這種「燒了家當取暖」的辦法又能維持多久呢？

有人說：柯達「創新在行，做生意卻不行」。有人認為柯達的破產是由於「數字技術取代了膠片技術」。瑞士《每日導報》則稱，柯達本來有重塑自我的可能，但錯過了一次又一次機會。進入數字時代的飛躍期，它太膽小、太緩慢了。轉型期過渡得太慢，才是這家百年老店走向沒落的關鍵。

資料來源：2012年1月7日《環球時報》第8版，載《「柯達之死」令世界唏噓》一文。

[分析問題]

1. 你認為柯達公司的破產，其根本原因是什麼？
2. 戰略變革掌握時機是十分重要的，為此，企業須要消除一些什麼障礙？

國家圖書館出版品預行編目(CIP)資料

企業戰略管理 / 王德中 著. -- 第四版.
-- 臺北市：財經錢線文化出版：崧博發行，2018.12
　面；　公分
ISBN 978-957-680-318-5(平裝)
1.企業管理 2.策略管理
494　　107019965

書　　名：企業戰略管理
作　　者：王德中 著
發行人：黃振庭
出版者：財經錢線文化事業有限公司
發行者：崧博出版事業有限公司
E-mail：sonbookservice@gmail.com
粉絲頁　　　　　網　址：
地　　址：台北市中正區延平南路六十一號五樓一室
8F.-815, No.61, Sec. 1, Chongqing S. Rd., Zhongzheng Dist., Taipei City 100, Taiwan (R.O.C.)
電　話：(02)2370-3310　傳　真：(02) 2370-3210
總經銷：紅螞蟻圖書有限公司
地　　址：台北市內湖區舊宗路二段 121 巷 19 號
電　話：02-2795-3656　傳真：02-2795-4100　網址：
印　　刷：京峯彩色印刷有限公司（京峰數位）

　　本書版權為西南財經大學出版社所有授權崧博出版事業有限公司獨家發行電子書及繁體書繁體版。若有其他相關權利及授權需求請與本公司聯繫。

定價：600元
發行日期：2018 年 12 月第四版
◎ 本書以POD印製發行